高等学校教材

计算机在材料科学与工程中的应用

杨明波　胡红军　唐丽文　编

化学工业出版社

·北京·

本书为高等学校教材，主要介绍计算机在材料科学与工程中的应用。全书共分 9 章，其中第 1 章主要介绍材料科学与工程的基本知识和计算机在材料科学与工程中的应用概况；第 2 章主要介绍材料科学与工程中数据的计算机处理；第 3 章主要介绍数学模型的建立及数值求解；第 4 章主要介绍材料科学与工程中典型物理场的数值模拟；第 5 章主要介绍 ANSYS 软件及其在材料科学与工程中的应用；第 6 章主要介绍计算机在相图计算及材料设计中的应用；第 7 章主要介绍数据库及专家系统在材料科学与工程中的应用；第 8 章主要介绍人工神经网络及 Matlab 软件在材料科学与工程中的应用；第 9 章主要介绍材料加工成形过程的计算机模拟。

　　本书可作为材料科学与工程专业本科生及研究生的教学用书，也可供从事材料科学及材料加工研究、开发及应用的工程技术人员参考。

图书在版编目（CIP）数据

计算机在材料科学与工程中的应用 / 杨明波，胡红军，唐丽文编. —北京：化学工业出版社，2008.1
（2021.9 重印）
高等学校教材
ISBN 978-7-122-01706-2

Ⅰ. 计… Ⅱ. ①杨…②胡…③唐… Ⅲ. 计算机应用-材料科学-高等学校-教材 Ⅳ. TB3-39

中国版本图书馆 CIP 数据核字（2007）第 196840 号

责任编辑：陶艳玲	文字编辑：冯国庆
责任校对：李　林	装帧设计：史利平

出版发行：化学工业出版社（北京市东城区青年湖南街 13 号　邮政编码 100011）
印　　装：北京七彩京通数码快印有限公司
787mm×1092mm　1/16　印张 14¾　字数 312 千字　2021 年 9 月北京第 1 版第 9 次印刷

购书咨询：010-64518888　　　　　　售后服务：010-64518899
网　　址：http://www.cip.com.cn
凡购买本书，如有缺损质量问题，本社销售中心负责调换。

定　　价：39.00 元

前　　言

　　计算机作为一种现代工具在材料科学与工程中的应用已越来越广泛，从而极大地促进和推动了材料科学与工程研究的深入和发展。本书立足"材料科学与工程"一级学科，系统介绍了计算机在材料科学与工程中的应用，使读者初步掌握如何在材料科学与工程的学习及研究中更好地利用计算机这一工具。本书的最大特点在于注重理论知识讲解的同时，结合计算机在材料科学与工程中的应用实例讲解来培养学生的实际动手能力和创新意识。由于考虑到不同学校前导课程及教学进度的不同、本课程的学时不同、学生的计算机应用能力和材料科学与工程专业基础知识水平参差不齐，因此本书在编写时既注重基础理论知识的介绍，同时又注重实际例子的讲解，各章节涉及的内容较多、面较广，教师在教学时可根据本校的实际情况选用。

　　本书由重庆工学院杨明波、胡红军和唐丽文编写。其中第1章～第4章由杨明波和唐丽文编写，第5章～第9章由胡红军编写。全书由重庆大学张丁非教授主审。

　　由于条件所限，本书未能将所有参考文献一一列出，在此对所有参考文献的作者表示衷心的感谢。此外，本书在编写过程中得到了重庆大学汤爱涛副教授的大力指导，并得到了重庆工学院材料科学与工程学院及教务处的大力支持，在此也表示感谢。

　　由于计算机在材料科学与工程中的应用非常广泛，并且计算机技术的发展日新月异，材料科学与工程中新方法和新工艺不断出现，加之编者学识有限，书中难免有不足之处，敬请读者批评指正。

编　者
2007 年 10 月

目　　录

第1章 绪　论

1.1　材料科学与工程的概念

1.1.1　材料的作用及分类

　　材料是人类生产和生活水平提高的物质基础，是人类文明的重要支柱和进步的里程碑。材料的进步取决于社会生产力和科学技术的进步，同时材料的发展又推动了社会经济和科学技术的发展。因此，从某种角度讲，人类的文明史同时也是一部材料发展史。但是人类在漫长的历史发展中大都是依靠自然的恩赐，仅仅停留在利用天然材料的状态。自从 19 世纪以来，随着社会的发展和科学技术的进步，人们对材料不断提出新的要求，有些要求完全超出天然材料所能提供的性能，从而促进了人类开始对材料从依靠到创造的转变，对材料的认识也逐渐发展到形成一门科学。如图 1-1 所示，人类在经历了石器、铜器和铁器时代后，人们在 20世纪 60 年代把材料、能源和信息称为当代文明的三大支柱；在 20 世纪 70 年代又把新材料、信息技术和生物技术看成新技术革命的主要标志。这表明材料的发展与社会文明的进步有着非常密切的关系。而现代科学技术的发展历程也充分证明了这一点。目前，人们已经逐渐掌握了材料的组成、结构和性能之间的内在关系，能够按照使用要求对材料的性能进行设计创造。在 20 世纪下半叶逐渐形成了以新材料技术为基础的信息技术、新能源技术、生物工程技术、空间技术和海洋开发技术的新技术群，更使材料科学得到飞速发展。

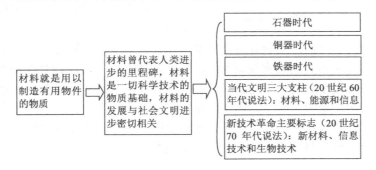

图 1-1　材料的作用

　　材料分类方法很多，根据其组成与结构可以分为金属材料、无机非金属材料、有机高分子材料和复合材料等。根据其性能特征和作用分为结构材料和功能材料。根据用途还可以分为建筑材料、能源材料、电子材料、耐火材料、医用材料和耐腐蚀材料等。图 1-2 显示了材料的简单分类。

1.1.2　材料科学与工程的内容

　　材料科学与工程是关于材料组成、结构、制备工艺与其性能及使用过程间相互关系的知识开发及应用的学科。研究的内容包括材料的组织、结构、杂质、缺陷与性能之间的关系，材料的形成机理和制备方法，材料在加工、使用过程中的变化和失效机理，材料性能的测试

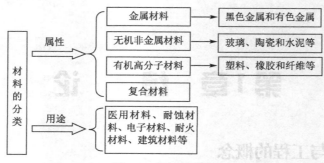

图1-2　材料的分类

和材料的工程应用等。与其他的事物发展过程一样，材料科学的发展经历了一个由简单到复杂，由以经验为主到以材料知识为主，逐步形成了独立的材料科学与工程体系的学科。其中材料科学侧重于发现和揭示四要素之间的关系，提出新概念和新理论；而材料工程则侧重于寻求新手段实现新材料的设计思想并使之投入应用，两者相互依存。图1-3显示了材料科学

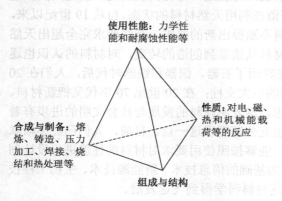

图1-3　材料科学与工程的四大要素

与工程的四大要素，图中材料的性质主要是指材料对电、磁、光、热、机械载荷的反应，而这些性质主要取决于材料的组成与结构。使用性能是材料在使用状态下表现出来的行为。它与设计和工程环境密切相关，有些材料在实验室环境下表现出很好的性能，但在特定的使用条件下，如氧化与摩擦、疲劳及其他复杂载荷条件下，就不能满足使用要求。此外，使用性能还包括可靠性、耐用性、寿命预测和延寿措施。而材料的合成与制备过程内容很多，包括传统的冶炼、制粉、压力加工和焊接等，也包括各种新发展的真空溅射、气相沉积等新工艺；从微观水平到宏观产品，从制备高纯度单一元素到多种材料复合，各种化学、物理、机械加工方法均应综合应用，这对实现新材料的生产应用往往有着决定性的影响。

材料科学与工程是多学科交叉的新兴学科，它与许多基础学科有着不可分割的联系，如固体物理学、电子学、光学、声学、化学、有机化学、无机化学、数学与计算机技术等。目前，材料科学与工程学科还是一门发展不成熟的学科，对它的研究很大程度上还基于事实和经验的积累，系统地研究材料还需要一个很长的过程。

1.2　计算机在材料科学与工程中的应用简介

计算机作为一种现代工具，在当今世界的各个领域日益发挥巨大的作用，它已渗透到各门学科领域以及日常生活中成为现代化的标志。在材料科学与工程领域，计算机也正在逐渐成为极其重要的工具，计算机在材料科学与工程中的应用正是材料研究和开发飞速发展的重要原因之一。目前，计算机在材料科学与工程中的应用主要表现在以下几个方面。

1.2.1　用于新材料和新合金的设计

新材料和新合金的设计开发，长期以来采用的是配方方法，有人比作"炒菜式"的方法。一般需经对成分-组织-性能关系的调整做多次反复实验，即"炒作"才能获得较满意的结果。

这种方法有相当大的盲目性，费功、费时、经济损耗大。为此，人们期望从实验比较和总结归纳的研制方式走向演绎计算的方法，而计算机技术的飞速发展恰恰迎合了这一发展趋势，即按所需材料性能来设计、制备新材料和新合金，并使所设计的合金成分、组织或工艺达到最佳配合。这种设计的基本原理是基于已有的大量数据和经验事实出发，利用已有的各种不同结构层次的数学模型，如合金的成分、组织、结构与性能关系的数学模型及相关数据理论，通过计算机运算对比和推理思维来完成优选新合金和新材料的设计过程，其中引入了数学上的最优化理论来获得最佳方案的材料配方及生产工艺。

近年来，又有人提出材料设计的专家系统。如图 1-4 所示，在专家系统中两个最重要的部分是材料数据库和材料知识库。其中材料数据库中存储的是具体有关材料的数据值，它只能进行查询而不能推理，而材料知识库存储的是规则。当从数据库中查询不到相应的性能值时，知识库却能通过推理机构以一定的可信度给出性能的估算值，从而实现性能预测功能。同时，也可用知识库进行组分和工艺设计。目前，人工神经网络研究的突破又为新材料和新合金的设计提供了一种新的思路。人工神经网络 ANN 是用工程技术手段模拟生物神经网络的结构和功能特征的一类人工系统，它的特点是：①既可解决定性问题又可解决定量问题；②擅长于处理复杂的、多维的非线性问题③具有自学习能力，即从已有的实验数据中自动总结规律，而不依赖于"专家"头脑。目前进行材料设计的方法都涉及材料的组分、工艺性能和使用之间的关系，而当前材料特别是新材料的内在规律尚不甚清楚。人工神经网络的自学习功能正好适用于材料设计或性能预测这一类问题。

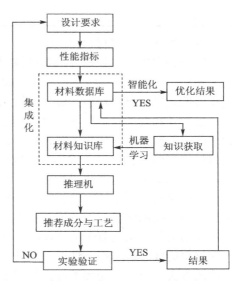

图 1-4 材料设计专家系统流程图

1.2.2 用于材料科学研究中的模拟

采用各种新颖算法的模拟技术，并结合运算功能强大的计算机，人们能够细致、精确地对物质内部状况进行研究。这导致计算机模拟在材料科学中的应用越来越广泛，并由此产生了一门新的材料研究分支——计算材料科学（computational materials science）。采用模拟技术进行材料研究的优势在于它不但能够模拟各类实验过程，了解材料的内部微观性质及其宏观力学行为，并且在没有实际备制出这些新材料前就能预测它们的性能，为设计出优异性能的新型结构材料提供强有力的理论指导。材料科学研究中的模拟"实验"比实物实验更高效、经济、灵活，并且在实验很困难或不能进行的场合仍可进行模拟"实验"，特别是在对微观状态与过程的了解方面，模拟"实验"更有其独特性甚至有不可替代的作用。一般而言，材料研究主要针对三类不同的尺度范围。

① 原子结构层次　主要是凝聚态物理学家和量子化学家处理这一微观尺度范围。

② 介观层次　即介于原子和宏观之间的中间尺度，在这一尺度范围主要由材料学家、冶金学家、陶瓷学家处理。

③ 最后是宏观尺寸　此时大块材料的性能被用作制造过程，机械工程师、制造工程师等分别在这一尺度范围进行处理。

既然材料性质的研究是在不同尺度层次上进行的，那么，计算机模拟也可根据模拟对象的尺度范围而划分为若干层次,见表1-1。下面以热加工过程的计算机模拟为例,简单介绍宏观层次的模拟。

表1-1 计算机模拟的层次

模 拟 层 次	空 间 尺 度	模 拟 对 象
电子层次	0.1～1nm	电子结构
原子分子层次	1～10nm	结构、力学性能、热力学和动力学性能
微观结构层次	约 1μm	晶粒生长、烧结、位错、粗化和织构
宏观层次	>1μm	铸造、焊接和锻造和化学气相沉积等

　　众所周知,金属材料仍是应用范围最为广泛的机械工程材料,而材料的热加工工艺如铸造、锻压、焊接、热处理等仍是机械制造业重要的加工工序,其也是材料与制造两大行业的交叉和接口技术。材料经热加工才能成为零件或毛坯,它不仅使材料获得一定的形状、尺寸,更重要的是赋予材料最终的成分、组织与性能。由于热加工兼有成形和改性两个功能,因而与冷加工及系统的材料制备相比,其过程质量控制具有更大的难度。因此,对材料热加工过程进行工艺模拟进而优化工艺设计,具有更为迫切的需求。近二十多年来,材料热加工工艺模拟技术得到迅猛发展,成为该领域最为活跃的研究热点及技术前沿。

　　使金属材料热加工由"技艺"走向"科学",彻底改变热加工的落后面貌。金属材料热加工过程是极其复杂的高温、动态、瞬时过程,难以直接观察。在这个过程中,材料经液态流动充型、凝固结晶、固态流动变形、相变、再结晶和重结晶等多种微观组织变化及缺陷的产生与消失等一系列复杂的物理、化学、冶金变化而最后成为毛坯或构件。必须控制这个过程使材料的成分、组织、性能最后处于最佳状态,必须使缺陷减到最小或将它驱赶到危害最小的地方去。但这一切都不能直接观察到,间接测试也十分困难。长期以来,基础学科的理论知识难以定量指导材料加工过程,材料热加工工艺设计只能建立在"经验"基础上。近年来,随着试验技术及计算机技术的发展和材料成形理论的深化,材料成形过程工艺设计方法正在发生着质的改变。材料热加工工艺模拟技术就是在材料热加工理论指导下,通过数值模拟和物理模拟,在试验室动态仿真材料的热加工过程,预测实际工艺条件下材料的最后组织、性能和质量,进而实现热加工工艺的优化设计。它将使材料热加工沿此方向由"技艺"走向"科学",并为实现虚拟制造迈出第一步,使机械制造业的技术水平产生质的飞跃。

　　计算机模拟是预测并保证材料热加工过程质量的先进手段,特别对确保关键大件一次制造成功,具有重大的应用背景和效益。我国重大机电设备研制、生产的一个难点是大件制造;大件制造的关键又是热加工。我国在2015年以前,水电、火电、核电、冶金、矿山、石化等重大机电设备对关键大件制造均有迫切的需求。以三峡水电机组为例,单机容量达70万千瓦,五大部件(转轮、蜗壳、主轴、座环、顶盖)的质量和尺寸均居世界第一。其转轮直径达9.8m,质量达500t,采用铸焊结构,制造难度很大。由于大件形大体重,品种多,批量小,生产周期长,造价高,迫切要求"一次制造成功",一旦报废,在经济和时间上都损失惨重,无法挽回。由于传统的热加工工艺设计只能凭经验,采用试错法(test and error method)无法对材料内部宏观、微观结构的演化进行理想控制,因而发生多次大件报废的惨痛事故,投入使用的大件,也难以消除缩孔、缩松、夹杂、偏析、热裂、冷裂、混晶等缺陷,很多大件"带伤"运行。建立在工艺模拟、优化基础上的热加工工艺设计技术,可以将"隐患"消灭在计算机拟实加工的反复比较中,从而确保关键大件一次制造成功。这已为国内外不少应用实例所证实。

　　经多年研究开发,已经形成一批热加工工艺商业软件,主要有 MAGMA、PROCAST、SIMULOR、SOLDIA、SOLSIAR、AFS Solidification System3D(铸造)、DEFORM

AUTOFORGE、SUPERFORGE（体积塑性成形）、DYNA3D、PAM-STAMP、ANSYS（板料塑性成形）、ABAQUS（焊接）等。已在铸造、锻压行业生产中得到较广泛应用，如日本已有约 10%铸造工厂采用此项技术；美国福特、通用汽车公司在开发新车型时，已将板材冲压过程的数值模拟作为一个重要技术环节；法国应用此技术对 400t 重的核电转子锻件的锻造工艺进行了校核、优化，确保了一次制造成功。

数值模拟已逐步成为新工艺研究开发的重要手段和方法。在工业发达国家（如美国），应用商业软件进行数值模拟已成为与实验同样重要的实现技术创新、开发新工艺的基本研究手段。选择合适的商业软件为软件平台，结合具体问题，进行改进提高研究，逐步成为多、快、好、省的研究方法。具体方式有：①对现有软件的某些技术问题进行理论研究；②为解决具体问题插入自编软件模块；③应用理论分析补偿法、实验补偿法等，找出并消除商用软件的误差，使模拟结果更精确；④与软件公司合作，增加软件功能，实现软件升级。

我国目前的研究工作，有一些已接近或达到世界先进水平。如焊接凝固裂纹精确评价技术及开裂判据；焊接氢致裂纹精确评价技术及开裂判据；伴随有动态再结晶过程的金属热塑性本构关系；三维塑性成形晶粒度演化模拟及组织预测；板料成形模拟的半显示时间积分的有限元算法；金属材料准固相区热应力本构方程及模拟仿真；电渣熔铸工艺过程三维模拟及优化；球墨铸铁及镍基合金的微观组织模拟；固态相变条件下弹塑应力场应变分量的理论分析及模拟；并行工程环境下金属热成形模拟仿真。

1.2.3 用于材料工艺过程的优化及自动控制

材料工艺过程的优化及自动控制、材料加工技术的发展主要体现在控制技术的飞速发展。微型计算机和可编程控制器在材料加工过程中的应用正体现了这种发展和趋势。在材料加工过程中应用计算机不仅能减轻劳动强度，而且能改善产品质量和精度，提高产量。

用计算机可以对材料加工工艺过程进行优化控制。如在计算机模拟和对工艺过程的数学模拟进行研究的基础上，可以用计算机对渗碳、渗氮全过程进行控制，可以用计算机精密控制注塑机的注射速度。计算机技术、微电子技术和自动控制技术相结合，使工艺设备、检测手段的准确性和精确度等大大提高。以在热处理中的应用为例，计算机首先应用于炉温控制，其后迅速扩展到气氛控制，真空热处理控制，气体渗碳、渗氮控制，离子化学热处理控制，激光热处理的控制，渗碳、淬火、清洗和回火的整个生产过程的控制等。控制技术也由最初的简单顺序控制发展到数学模型在线控制和统计过程控制，由分散的个别设备的控制发展到计算机综合管理与控制，控制水平提高，可靠性得到充分保证。计算机在材料加工中的应用不仅可以减轻劳动强度，而且可以改善产品质量和精度，提高产量。

1.2.4 用于材料组成和微观结构的表征

目前，材料组成和结构表征研究主要采用各种大型分析设备进行，如扫描电镜（SEM）、透射电镜（TEM）、分析电镜（AEM）、扫描探针显微镜（SPM）等各种电镜，以及可见光谱、红外光谱、拉曼光谱、原子吸收光谱、等离子体发射光谱、荧光光谱等各种谱仪和 X 射线衍射、电子衍射、中子衍射等各种衍射仪。这些大型分析设备几乎无一例外的是在计算机的控制之下完成分析工作的。这些分析设备提供有不同的分析模拟软件以及相应的数据库，而且这些分析模拟软件的功能非常强大，大大减轻了数据处理的工作量，可以给出各种图表。

1.2.5 用于数据和图像处理及其他

材料科学研究在实验中可以获得大量的实验数据，借助计算机的存储设备，可以大量保存数据，并对这些数据进行处理（计算、绘图，拟合分析）和快速查询等。同时，材料的性能与其凝聚态结构有密不可分的关系，其研究手段之一就是光学显微镜和电子显微镜技术，这些技术以二维图像方式表述材料的凝聚态结构。利用计算机图像处理和分析功能就可以研究材料的结构，从图像中获取有用的结构信息，如晶体的大小、分布、聚集方式等，并将这些信息和材料性能建立相应的联系，用来指导结构的研究。

此外，材料科学与工程是一门综合性的学科，它所涉及的领域几乎涵盖整个科学研究的所有基础领域。借助于计算机网络，从事材料研究的科学工作者可以相互交流，及时了解材料科学的发展动向，阅读相关杂志，查询已经发表的论文，建立网页介绍自己的研究成果等。这种新的研究手段正成为材料科技工作者手中的一种工具，可以极大简化文献检索的繁琐，更快、更准确地获得需要的材料科学研究信息。

第 2 章　材料科学与工程中数据的计算机处理

材料科学与工程研究中获得的大量原始数据需要经过处理才能得到所需要的结果并加以保存，计算机的飞速发展使得不但可以利用计算机大量保存并方便快速查找实验数据，而且可以对数据进行进一步的后续处理（如计算、绘图、拟合分析等）。

本章在论述数据处理基本理论的基础上（包括最小二乘法和插值法），引入了数据处理功能强大的 Origin7.0 软件和 Excel2003 软件，结合大量的应用实例，介绍了软件在材料科学与工程中的应用方法和步骤。

2.1　数据处理的基本理论

2.1.1　曲线拟合与最小二乘法

在科学研究和实际工作中，常常会遇到这样的问题：给定两个变量 x、y 的 m 组实验数据 $(x_1, y_1), (x_2, y_2), \cdots, (x_m, y_m)$，如何从中找出这两个变量间的函数关系的近似解析表达式（也称为经验公式），使得能对 x 与 y 之间的除了实验数据外的对应情况作出某种判断。

这样的问题一般可以分为两类：一类是对要对 x 与 y 之间所存在的对应规律一无所知，这时要从实验数据中找出切合实际的近似解析表达式是相当困难的，俗称这类问题为黑箱问题；另一类是依据对问题所做的分析，通过数学建模或者通过整理归纳实验数据，能够判定出 x 与 y 之间满足或大体上满足某种类型的函数关系式 $y = f(x, a)$，其中 $a = (a_1, a_2, \cdots, a_n)$，是 n 个待定的参数，这些参数的值可以通过 m 组实验数据来确定（一般要求 $m > n$），这类问题称为灰箱问题。解决灰箱问题的原则通常是使拟合函数在 x_i 处的值与实验数值的偏差平方和最小，即 $\sum_{i=1}^{n} [f(x_i, a) - y_i]^2$ 取得最小值。这种在方差意义下对实验数据实现最佳拟合的方法称为"最小二乘法"，$a_1, a_2, \cdots, a_n$ 称为最小二乘解，$y = f(x, a)$ 称为拟合函数。

曲线拟合（fitting a curve）：根据一组数据，即若干点，要求确定一个函数，即曲线，使这些点与曲线总体来说尽量接近。曲线拟合的目的：根据实验获得的数据去建立因变量与自变量之间有效的经验函数关系，为进一步的深入研究提供线索。

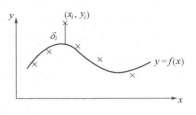

图 2-1　最小二乘法原理图

已知数据对 $(x_j, y_j)(i, j = 1, 2, \cdots, n)$ 如图 2-1 所示，求多项式

$$y = f(x) \tag{2-1}$$

使得

$$\delta_i = y_i - \hat{y}_i$$

$$Q = \sum_{i=1}^{n} (y_i - \hat{y}_i)^2 = \sum_{i=1}^{n} [y_i - f(x)]^2 \tag{2-2}$$

求解（1，2）为最小，这就是一个最小二乘问题。

（1）一元线性拟合

一元线性回归分析是处理两个变量之间关系的最简单模型，它所研究的对象是两个变量之间的线性相关关系。一元线性拟合是用直线回归方程表示两个数量变量间依存关系的统计分析方法，属双变量分析的范畴。如果某一个变量随着另一个变量的变化而变化，并且它们的变化在直角坐标系中呈直线趋势，就可以用一个直线方程来定量地描述它们之间的数量依存关系，这就是直线回归分析。直线回归分析中两个变量的地位不同，其中一个变量是依赖另一个变量而变化的，因此分别称为因变量（dependent variable）和自变量（independent variable），习惯上分别用 y 和 x 来表示。

例 1：为了研究氮含量对铁合金溶液初生奥氏体析出温度的影响，测定了不同氮含量时铁合金溶液初生奥氏体析出温度，得到表 2-1 给出的 5 组数据。

表 2-1　氮含量与灰铸铁初生奥氏体析出温度测试数据

序号	氮含量 x/%	初生奥氏体析出温度 y/℃	序号	氮含量 x/%	初生奥氏体析出温度 y/℃
1	0.0043	1220	4	0.0100	1208
2	0.0077	1217	5	0.0110	1205
3	0.0087	1215			

如果把氮含量作为横坐标，把初生奥氏体析出温度作为纵坐标，将这些数据标在平面直角坐标上，则得图 2-2，这个图称为散点图。

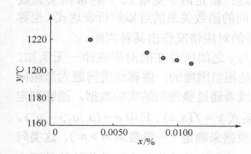

图 2-2　氮含量与灰铸铁初生奥氏体析出温度

从图 2-2 可以看出，数据点基本落在一条直线附近。这告诉人们，变量 x 与 y 的关系大致可看作是线性关系，即它们之间的相互关系可以用线性关系来描述。但是由于并非所有的数据点完全落在一条直线上，因此 x 与 y 的关系并没有确切到可以唯一地由一个 x 值确定一个 y 值的程度。其他因素，诸如其他微量元素的含量以及测试误差等都会影响 y 的测试结果。如果要研究 x 与 y 的关系，可以作线性拟合。

$$\hat{y} = a + bx \tag{2-3}$$

称式（2-3）为回归方程，a 与 b 是待定常数，称为回归系数。从理论上讲，有无穷多组解，回归分析的任务是求出其最佳的线性拟合。

直线回归分析的一般步骤：将 n 个观察单位的变量对（x，y）在直角坐标系中绘制散点图，若呈直线趋势，则可拟合直线回归方程，求回归方程的回归系数和截距。写出回归方程，$\hat{y} = a + bx$，画出回归直线。对回归方程进行假设检验。

$$Q = \sum_{i=1}^{n}(y_i - \hat{y}_i)^2 = \sum_{i=1}^{n}[y_i - (a + bx_i)]^2 = \min \tag{2-4}$$

$$\frac{\partial Q}{\partial a} = -2\sum_{i=1}^{n}(y_i - a - bx_i) = 0 \qquad \frac{\partial Q}{\partial b} = -2\sum_{i=1}^{n}x_i(y_i - a - bx_i) = 0 \tag{2-5}$$

其中

$$\bar{x} = \frac{1}{n}\sum_{i=1}^{n}x_i, \quad \bar{y} = \frac{1}{n}\sum_{i=1}^{n}y_i \tag{2-6}$$

$$l_{xy} = \sum_{i=1}^{n} (x_i - \overline{x})(y_i - \overline{y}) \tag{2-7}$$

$$l_{xx} = \sum_{i=1}^{n} (x_i - \overline{x})^2 \tag{2-8}$$

$$a = \overline{y} - b\overline{x}, \quad b = \frac{l_{xy}}{l_{xx}} \tag{2-9}$$

一元线性拟合精度：相关系数 γ

$$\gamma = \frac{l_{xy}}{\sqrt{l_{xx}l_{yy}}} \tag{2-10}$$

$$l_{yy} = \sum_{i=1}^{n} (y_i - \overline{y})^2 \tag{2-11}$$

$\gamma = 1$，存在线性关系，无实验误差；

$\gamma = 0$，毫无线性关系。

剩余平方和

$$Q = \sum_{i=1}^{n} (y_i - \hat{y}_i)^2 = \sum_{i=1}^{n} [y_i - (a + bx_i)]^2 \tag{2-12}$$

回归平方和

$$U = \sum_{i=1}^{n} (\hat{y}_i - \overline{y})^2 = \sum_{i=1}^{n} [(a + bx_i) - \overline{y}]^2 \tag{2-13}$$

离差平方和

$$S = \sum_{i=1}^{n} (y_i - \overline{y})^2 = \sum_{i=1}^{n} (y_i - \hat{y}_i)^2 + \sum_{i=1}^{n} (\hat{y}_i - \overline{y})^2 = Q + U \tag{2-14}$$

应用直线回归的注意事项如下。

① 作回归分析要有实际意义，不能把毫无关联的两种现象，随意进行回归分析，忽视事物现象间的内在联系和规律；如对儿童身高与小树的生长数据进行回归分析既无道理也无用途。另外，即使两个变量间存在回归关系时，也不一定是因果关系，必须结合专业知识作出合理解释和结论。

② 直线回归分析的资料，一般要求应变量 y 是来自正态总体的随机变量，自变量 x 可以是正态随机变量，也可以是精确测量和严密控制的值。若稍偏离要求时，一般对回归方程中参数的估计影响不大，但可能影响到标准差的估计，也会影响假设检验时 P 值的真实性。

③ 进行回归分析时，应先绘制散点图（scatter plot）。若提示有直线趋势存在时，可作直线回归分析；若提示无明显线性趋势，则应根据散点分布类型，选择合适的曲线模型（curvilinear modal），经数据变换后，化为线性回归来解决。一般说，不满足线性条件的情形下去计算回归方程会毫无意义，最好采用非线性回归方程的方法进行分析。

④ 绘制散点图后，若出现一些特大特小的离群值（异常点），则应及时复核检查，对由于测定、记录或计算机录入的错误数据，应予以修正和剔除。否则，异常点的存在会对回归方程中的系数 a、b 的估计产生较大影响。

⑤ 回归直线不要外延。直线回归的适用范围一般以自变量取值范围为限，在此范围内求出的估计值 $\hat{y}$ 称为内插（interpolation）；超过自变量取值范围所计算的 $\hat{y}$ 称为外延（extrapolation）。若无充足理由证明，超出自变量取值范围后直线回归关系仍成立时，应该避

免随意外延。

（2）多元线性回归

讨论了因变量 y 只与一个自变量 x 有关的一元线性回归问题，但在实际中常常会遇到因变量 y 与多个自变量 $x_1, x_2, \cdots, x_p$ 有关的情况，这就向人们提出了多元回归分析的问题。直线回归研究的是一个因变量与一个自变量之间的回归问题，但在畜禽、水产科学领域的许多实际问题中，影响因变量的自变量往往不止一个，而是多个，比如绵羊的产毛量这一变量同时受到绵羊体重、胸围、体长等多个变量的影响，因此需要进行一个依变量与多个自变量间的回归分析，即多元回归分析，而其中最为简单、常用并且具有基础性质的是多元线性回归分析，许多非线性回归和多项式回归都可以化为多元线性回归来解决，因而多元线性回归分析有着广泛的应用。研究多元线性回归分析的思想、方法和原理与直线回归分析基本相同，但是其中要涉及到一些新的概念以及进行更细致的分析，特别是在计算上要比直线回归分析复杂得多，当自变量较多时，需要应用电子计算机进行计算。

$$\hat{y} = a + b_1x_1 + b_2x_2 + \cdots + b_mx_m \tag{2-15}$$

假设随机变量 y 与 p 个自变量 $x_1, x_2, \cdots, x_p$ 之间存在着线性相关关系，实际样本量为 n，其第 i 次观测值为

$$x_{i1}, x_{i2}, x_{i3}, \cdots, x_{ip} ; \quad y_1, y_2, y_3, \cdots, y_i \tag{2-16}$$

则其 n 次观测值可写为如下形式。

$$\begin{cases} y_1 = \beta_0 + \beta_1x_{11} + \beta_2x_{12} + \cdots + \beta_px_{1p} + \varepsilon_1 \\ y_2 = \beta_0 + \beta_1x_{21} + \beta_2x_{22} + \cdots + \beta_px_{2p} + \varepsilon_2 \\ \vdots \\ y_n = \beta_0 + \beta_1x_{n1} + \beta_2x_{n2} + \cdots + \beta_px_{np} + \varepsilon_n \end{cases} \tag{2-17}$$

式中，$\beta_0, \beta_1, \beta_2, \cdots, \beta_p$ 是未知参数；$x_1, x_2, \cdots, x_p$ 是 p 个可以精确测量并可控制的一般变量；$\varepsilon_1, \varepsilon_2, \cdots, \varepsilon_n$ 是随机误差。和一元线性回归分析一样，假定 ε_i 是相互独立且服从同一正态分布 $N(0, \sigma)$ 的随机变量。

若将式（2-17）用矩阵表示，则有

$$Y = x\beta + \varepsilon \tag{2-18}$$

式中

$$Y = \begin{pmatrix} y_1 \\ y_2 \\ \vdots \\ y_n \end{pmatrix} \quad X = \begin{pmatrix} 1 & x_{11} & x_{12} & \cdots & x_{1p} \\ 1 & x_{21} & x_{22} & \cdots & x_{2p} \\ \vdots & \vdots & \vdots & & \vdots \\ 1 & x_{n1} & x_{n2} & \cdots & x_{np} \end{pmatrix}$$

$$\beta = \begin{pmatrix} \beta_0 \\ \beta_1 \\ \vdots \\ \beta_p \end{pmatrix} \quad \varepsilon = \begin{pmatrix} \varepsilon_1 \\ \varepsilon_2 \\ \vdots \\ \varepsilon_n \end{pmatrix}$$

多元线性回归分析的首要任务就是通过寻求 β 的估计值 b，建立多元线性回归方程

$$\hat{y} = b_0 + b_1x_1 + b_2x_2 + \cdots + b_px_p \tag{2-19}$$

来描述多元线性模型

$$y = \beta_0 + \beta_1x_1 + \beta_2x_2 + \cdots + \beta_px_p \tag{2-20}$$

$$Q = \sum_{i=1}^{n} (y_i - \hat{y}_i)^2 = \sum_{i=1}^{n} [y_i - (a + b_1 x_{1i} + b_2 x_{2i} + \cdots + b_m x_{mi})]^2 \qquad (2\text{-}21)$$

求 Q 为最小值时 a, b_1, b_2, $\cdots$, b_m 的值

$$\frac{\partial Q}{\partial a} = -2\sum_{i=1}^{n} (y_i - a - b_1 x_{1i} - b_2 x_{2i} - \cdots - b_m x_{mi}) = 0 \qquad (2\text{-}22)$$

$$\frac{\partial Q}{\partial b_1} = -2\sum_{i=1}^{n} x_{1i}(y_i - a - b_1 x_{1i} - b_2 x_{2i} - \cdots - b_m x_{mi}) = 0 \qquad (2\text{-}23)$$

$$\frac{\partial Q}{\partial b_2} = -2\sum_{i=1}^{n} x_{2i}(y_i - a - b_1 x_{1i} - b_2 x_{2i} - \cdots - b_m x_{mi}) = 0 \qquad (2\text{-}24)$$

$$\frac{\partial Q}{\partial b_m} = -2\sum_{i=1}^{n} x_{mi}(y_i - a - b_1 x_{1i} - b_2 x_{2i} - \cdots - b_m x_{mi}) = 0 \qquad (2\text{-}25)$$

与一元线性回归分析相同，其基本思想是根据最小二乘原理，求解 $b_0, b_1, \cdots, b_p$，使全部观测值 y_i 与回归值 $\hat{y}_i$ 的残差平方和达到最小值。由于残差平方和

$$Q = \sum_{i=1}^{n} (y_i - \hat{y}_i)^2 = \sum_{i=1}^{n} [y_i - (b_0 + b_1 x_{i1} + b_2 x_{i2} + \cdots + b_p x_{ip})] \qquad (2\text{-}26)$$

是 $b_0, b_1, \cdots, b_p$ 的非负二次式，所以它的最小值一定存在。

根据极值原理，当 Q 取得极值时，$b_0, b_1, \cdots, b_p$ 应满足

$$\frac{\partial Q}{\partial b_j} = 0 \quad (j = 0,1,2,\cdots,p) \qquad (2\text{-}27)$$

由式（2-26），即满足

$$\begin{cases} \sum\limits_{i=1}^{n} [y_i - (b_0 + b_1 x_{i1} + b_2 x_{i2} + \cdots + b_p x_{ip})] = 0 \\ \sum\limits_{i=1}^{n} [y_i - (b_0 + b_1 x_{i1} + b_2 x_{i2} + \cdots + b_p x_{ip})] x_{i1} = 0 \\ \sum\limits_{i=1}^{n} [y_i - (b_0 + b_1 x_{i1} + b_2 x_{i2} + \cdots + b_p x_{ip})] x_{ij} = 0 \\ \sum\limits_{i=1}^{n} [y_i - (b_0 + b_1 x_{i1} + b_2 x_{i2} + \cdots + b_p x_{ip})] x_{ip} = 0 \end{cases} \qquad (2\text{-}28)$$

式（2-28）称为正规方程组，它可以化为以下形式

$$\begin{cases} nb_0 + \left(\sum\limits_{i=1}^{n} x_{i1}\right) b_1 + \left(\sum\limits_{i=1}^{n} x_{i2}\right) b_2 + \cdots + \left(\sum\limits_{i=1}^{n} x_{ip}\right) b_p = \sum\limits_{i=1}^{n} y_i \\ \left(\sum\limits_{i=1}^{n} x_{i1}\right) b_0 + \left(\sum\limits_{i=1}^{n} x_{i1}^2\right) b_1 + \left(\sum\limits_{i=1}^{n} x_{i1} x_{i2}\right) b_2 + \cdots + \left(\sum\limits_{i=1}^{n} x_{i1} x_{ip}\right) b_p = \sum\limits_{i=1}^{n} x_{i1} y_i \\ \quad\vdots \qquad\qquad \vdots \qquad\qquad \vdots \qquad\qquad\qquad \vdots \qquad\qquad \vdots \\ \left(\sum\limits_{i=1}^{n} x_{ip}\right) b_0 + \left(\sum\limits_{i=1}^{n} x_{ip} x_{i1}\right) b_1 + \left(\sum\limits_{i=1}^{n} x_{ip} x_{i2}\right) b_2 + \cdots + \left(\sum\limits_{i=1}^{n} x_{ip}^2\right) = \sum\limits_{i=1}^{n} x_{ip} y_i \end{cases} \qquad (2\text{-}29)$$

如果用 A 表示上述方程组的系数矩阵可以看出 A 是对称矩阵，则有

$$A = \begin{cases} n & \sum_{i=1}^{n} x_{i1} & \sum_{i=1}^{n} x_{i2} & \cdots & \sum_{i=1}^{n} x_{ip} \\ \sum_{i=1}^{n} x_{i1} & \sum_{i=1}^{n} x_{i1}^2 & \sum_{i=1}^{n} x_{i1} x_{i2} & \cdots & \sum_{i=1}^{n} x_{i1} x_{ip} \\ \vdots & \vdots & \vdots & & \vdots \\ \sum_{i=1}^{n} x_{ip} & \sum_{i=1}^{n} x_{ip} x_{i1} & \sum_{i=1}^{n} x_{ip} x_{i2} & \cdots & \sum_{i=1}^{n} x_{ip}^2 \end{cases} = \begin{pmatrix} 1 & 1 & 1 & \cdots & 1 \\ x_{11} & x_{21} & x_{31} & \cdots & x_{n1} \\ x_{12} & x_{22} & x_{32} & \cdots & x_{n2} \\ \vdots & \vdots & \vdots & & \vdots \\ x_{1p} & x_{2p} & x_{3p} & \cdots & x_{np} \end{pmatrix}$$ （2-30）

$$= \begin{pmatrix} 1 & x_{11} & x_{12} & \cdots & x_{1p} \\ 1 & x_{21} & x_{22} & \cdots & x_{2p} \\ 1 & x_{31} & x_{32} & \cdots & x_{3p} \\ \vdots & \vdots & \vdots & & \vdots \\ 1 & x_{n1} & x_{n2} & \cdots & x_{np} \end{pmatrix} = X'X$$

式中，X 是多元线性回归模型中数据的结构矩阵；X' 是结构矩阵 X 的转置矩阵。式（2-30）右端常数项也可用矩阵 D 来表示，即

$$Ab = D$$ （2-31）

或

$$(X'X)b = X'Y$$ （2-32）

如果 A 满秩（即 A 的行列式 $|A| \neq 0$）那么 A 的逆矩阵 A^{-1} 存在，则由式（2-30）和式（2-31）得 β 的最小二乘估计为

$$b = A^{-1}D = (X'X)^{-1}X'Y$$ （2-33）

b 就是多元线性回归方程的回归系数。

为了计算方便往往并不先求 $(X'X)^{-1}$，再求 b，而是通过解线性方程组来求 b。式（2-31）是一个有 $p+1$ 个未知量的线性方程组，它的第一个方程可化为

$$b_0 = \overline{y} - b_1 \overline{x}_1 - b_2 \overline{x}_2 - \cdots - b_p \overline{x}_p$$ （2-34）

式中

$$\begin{cases} \overline{x}_j = \dfrac{1}{n} \sum_{i=1}^{n} x_{ij} & j = 1, 2, \cdots, p \\ \overline{y} = \dfrac{1}{n} \sum_{i=1}^{n} y_i \end{cases}$$ （2-35）

将式（2-34）代入式（2-29）中的其余各方程，得

$$\begin{cases} L_{11}b_1 + L_{12}b_2 + \cdots + L_{1p}b_p = L_{1y} \\ L_{21}b_1 + L_{22}b_2 + \cdots + L_{2p}b_p = L_{2y} \\ \vdots \\ L_{p1}b_1 + L_{p2}b_2 + \cdots + L_{pp}b_p = L_{py} \end{cases}$$ （2-36）

其中

$$\begin{cases} L_{jk} = \sum_{i=1}^{n} (x_{ji} - \overline{x}_j)(x_{ki} - \overline{x}_k) = \sum_{i=1}^{n} x_{ji} x_{ki} - \dfrac{1}{n} \left(\sum_{i=1}^{n} x_{ji} \right) \left(\sum_{i=1}^{n} x_{ki} \right) \\ L_{jy} = \sum_{i=1}^{n} (x_{ji} - \overline{x}_j)(y_i - \overline{y}) = \sum_{i=1}^{n} x_{ji} y_i - \dfrac{1}{n} \left(\sum_{i=1}^{n} x_{ij} \right) \left(\sum_{i=1}^{n} y_i \right) \end{cases}$$ （2-37）

将式（2-35）用矩阵表示，则有

$$Lb=F \tag{2-38}$$

其中

$$L = \begin{pmatrix} L_{11} & L_{12} & \cdots & L_{1p} \\ L_{21} & L_{22} & \cdots & L_{2p} \\ \vdots & \vdots & \vdots & \vdots \\ L_{p1} & L_{p2} & \cdots & L_{pp} \end{pmatrix} \quad b = \begin{pmatrix} b_1 \\ b_2 \\ \vdots \\ b_p \end{pmatrix} \quad F = \begin{pmatrix} L_{1y} \\ L_{2y} \\ \vdots \\ L_{3y} \end{pmatrix}$$

于是

$$b=L^{-1}F \tag{2-39}$$

因此求解多元线性回归方程的系数可由式（2-38）先求出 L，然后将其代回式（2-39）中求解。求 b 时，可用克莱姆法则求解，也可通过高斯变换求解。

（3）可转化为一元线性回归的其它一元线性拟合

实际工作中，变量间未必都有线性关系，如服药后血药浓度与时间的关系；疾病疗效与疗程长短的关系；毒物剂量与致死率的关系等常呈曲线关系。曲线拟合（curve fitting）是指选择适当的曲线类型来拟合观测数据，并用拟合的曲线方程分析两个变量间的关系。曲线直线化是曲线拟合的重要手段之一。对于某些非线性的资料可以通过简单的变量变换使之直线化，这样就可以按最小二乘法原理求出变换后变量的直线方程，在实际工作中常利用此直线方程绘制资料的标准工作曲线，同时根据需要可将此直线方程还原为曲线方程，实现对资料的曲线拟合。常用的非线性函数如下。

幂函数　　　　　　　　$y = ax^b \quad (a > 0)$

指数函数 1　　　　　　$y = ae^{bx} \quad (a > 0)$

指数函数 2　　　　　　$y = ae^{\frac{b}{x}} \quad (x > 0; a > 0)$

对数函数　　　　　　　$y = a + b\lg x$

双曲线函数　　　　　　$\dfrac{1}{y} = a + b\dfrac{1}{x} \quad (a > 0)$

S 形曲线函数　　　　　$y = \dfrac{1}{a + be^{-x}} \quad (a > 0)$

① 指数函数（exponential function）

$$y = ae^{bx} \quad (a > 0)$$

对式两边取对数，得 $\ln y = \ln a + bx$，$b > 0$ 时，y 随 x 增大而增大；$b < 0$ 时，y 随 x 增大而减少。见图 2-3（a）、（b）。当以 $\ln y$ 和 x 绘制的散点图呈直线趋势时，可考虑采用指数函数来描述 y 与 x 间的非线性关系，$\ln a$ 和 b 分别为截距和斜率。更一般的指数函数 $y = ae^{bx} + k$，k 为一常量，往往未知，应用时可试用不同的值。

$$y = a + b\lg x \tag{2-40}$$

② 对数函数（lograrithmic function）　$b > 0$ 时，y 随 x 增大而增大，先快后慢；$b < 0$ 时，y 随 x 增大而减少，先快后慢，见图 2-3（c）、（d）。当以 y 和 $\ln x$ 绘制的散点图呈直线趋势时，可考虑采用对数函数描述 y 与 x 之间的非线性关系，式中的 b 和 a 分别为斜率和截距。更一般的对数函数 $y = a + b\ln(x+k)$，式中，k 为一常量，往往未知。

③ 幂函数（power function）

$$y = ax^b \quad (a > 0) \tag{2-41}$$

式中，$b>0$ 时，y 随 x 增大而增大；$b<0$ 时，y 随 x 增大而减少。对式两边取对数，得 $\ln y=\ln a+b\ln x$，所以，当以 $\ln y$ 和 $\ln x$ 绘制的散点图呈直线趋势时，可考虑采用幂函数来描述 y 和 x 间的非线性关系，$\ln a$ 和 b 分别是截距和斜率。

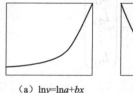 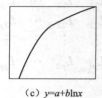 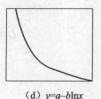

(a) $\ln y=\ln a+bx$ (b) $\ln y=\ln a-bx$ (c) $y=a+b\ln x$ (d) $y=a-b\ln x$

图 2-3　曲线示意图

更一般的幂函数 $y=ax^b+k$，k 为常量，往往未知。

利用线性回归拟合曲线的一般步骤如下。

a. 绘制散点图，选择合适的曲线类型一般根据资料性质结合专业知识便可确定资料的曲线类型，不能确定时，可在方格坐标纸上绘制散点图，根据散点的分布，选择接近的、合适的曲线类型。

b. 进行变量变换 $y'=f(y)$，$x'=g(x)$，使变换后的两个变量呈直线关系。

c. 按最小二乘法原理求线性方程和方差分析。

d. 将直线化方程转换为关于原变量 x、y 的函数表达式。

（4）应用举例及程序框图

为了使读者更好地掌握和运用一元线性回归分析方法，再通过一个实例比较完整地介绍一元线性回归方程的建立过程和分析方法，并在此基础上给出建立一元线性回归方程的程序框图，供读者参考。

例 2：表 2-2 是轴承钢经过真空处理前后钢液中锰的含量。现在研究真空处理后成品轴承钢中锰含量（y）与真空处理前钢液中锰含量（x）的相关关系。

表 2-2　轴承钢真空处理前与成品锰含量比较

炉号	处理前锰含量/%	成品锰含量/%	炉号	处理前锰含量/%	成品锰含量/%	炉号	处理前锰含量/%	成品锰含量/%
1	0.38	0.36	12	0.38	0.35	23	0.32	0.31
2	0.36	0.33	13	0.32	0.31	24	0.37	0.35
3	0.30	0.30	14	0.33	0.32	25	0.35	0.32
4	0.35	0.33	15	0.37	0.35	26	0.36	0.35
5	0.33	0.33	16	0.37	0.35	27	0.34	0.33
6	0.35	0.32	17	0.33	0.31	28	0.33	0.34
7	0.35	0.34	18	0.35	0.32	29	0.35	0.35
8	0.33	0.32	19	0.32	0.32	30	0.39	0.33
9	0.35	0.31	20	0.34	0.32	31	0.36	0.33
10	0.35	0.33	21	0.32	0.32	32	0.37	0.36
11	0.39	0.36	22	0.33	0.32	33	0.35	0.32

绘制实验数据散点图，初步判断有关线性关系。

首先将表 2-2 给出的实验数据标于直角坐标系中作出有关 x 与 y 的散点图（图 2-4）通过对散点图的观察，可以初步判断 x 与 y 之间存在着线性趋势。

计算回归系数 a 和 b，建立初步回归方程

$$\overline{x} = \frac{1}{n}\sum_{i=1}^{n} x_i = 0.3482$$

$$\overline{y} = \frac{1}{n}\sum_{i=1}^{n} y_i = 0.3327$$

$$L_{xx} = \sum_{i=1}^{n}(x_i - \overline{x})^2 = 0.015489$$

$$L_{yy} = \sum_{i=1}^{n}(y_i - \overline{y})^2 = 0.01150439$$

$$L_{xy} = \sum_{i=1}^{n} x_i y_i - \frac{1}{n}\left(\sum_{i=1}^{n} x_i\right)\left(\sum_{i=1}^{n} y_i\right) = 0.010977$$

$$b = \frac{L_{xy}}{L_{xx}} = 0.70869$$

$$a = \overline{y} - b\overline{x} = 0.085934$$

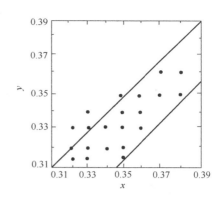

图 2-4　处理前与成品中锰含量的比较

由此得回归方程：$y = 0.085934 + 0.70869x$

例 3：在阴极溅射中，正离子轰击阴极时，使阴极的物质以微粒或碎片形式脱离阴极向四方飞散，轰击阴极的正离子质量越大，阴极溅射越厉害。从直观上看，在离子能量不大、溅射率不高的情况下，离子能量较小的变化就可以引起溅射率的较大变化，在溅射率较大的情况下，则相反。在表 2-3 中只列出惰性气体对铜的溅射实验所得数据以及描点曲线，缺少定量关系，因此有必要从数据处理上得到惰性气体对铜的溅射率与离子能量的关系，在没有物理推导公式的情况下，这种统计公式也能反映其关系。

表 2-3　惰性气体对铜的溅射率与离子能量的实验数据

离子能量/keV	10	20	30	40	50	60	70	80	90
溅射率/%	8.1	15.0	17.0	19.2	19.5	19.8	20.0	20.0	20.1

注：来自《气体放电》。

根据实验数据，在直角坐标系上标出各实验数据点，得出曲线如图 2-5 所示，在坐标图中可以得到溅射率和离子能量之间的大致趋势。可以看出当离子能量开始增加时，溅射率增长较快，到一定时间就基本稳定在一个值上。

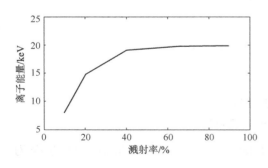

图 2-5　实验数据描点曲线

根据这些特点，并结合常用数学模型知识，可设想 $y = F(t)$，是双曲线型 $1/y = a + b/x$，还可以选定为指数形式，此时可令拟合曲线形如 $y = ae^{b/x}$。下面将在实验数据的基础上，用数值分析的最小二乘法来对两种模型中的参数进行求解。

① 当双曲线模型时，模型为 $1/y = a + b/x$，为了确定 a 和 b，需要将方程转化为直线方程形式，令 $\overline{y} = 1/y$，$\overline{x} = 1/x$，于是可用 $\overline{x}$ 的线形函数 $\overline{y} = a + b\overline{x}$ 拟合数据 $(\overline{x}_i, \overline{y}_i)$，而 $\overline{x}_i$，$\overline{y}_i$ 可根据原始数据计算。

由上面阐述的最小二乘法得

$$(\varphi_0, \varphi_0) = \sum_{i=1}^{8} w_i = 9$$

15

$$(\varphi_0, \varphi_1) = (\varphi_1, \varphi_0) = \sum_{i=0}^{8} \omega_i x_i = 0.2829$$

$$(\varphi_1, \varphi_1) = \sum_{i=0}^{8} \omega_i x_i^2 = 0.0154$$

$$(\varphi_0, f) = \sum_{i=0}^{8} \omega_i f_i = 0.5526$$

$$(\varphi_0, f) = \sum_{i=0}^{8} \omega_i x_i f_i = 0.0227$$

可以得方程组

$$\begin{cases} 9a + 0.2829b = 0.5526 \\ 0.2829a + 0.0154b = 0.0227 \end{cases}$$

方程组解得 $a=0.0357$，$b=0.8190$，还原为双曲线形式 $1/y=0.0357+0.8190/x$，也即 $y=x/(0.0357x+0.8190)$。

② 当指数曲线模型时，待定模型为 $y=ae^{b/x}$，为了便于最小二乘法运算，需要对模型处理，两边取自然对数，$\ln y = \ln a + b/x$，设 $Y=\ln y$，$A=\ln a$，$X=1/x$，即原方程化为 $Y=A+bX$，A、b 可以由原始数据计算得到。由最小二乘法得

$$(\varphi_0, \varphi_0) = \sum_{i=1}^{8} w_i = 9$$

$$(\varphi_0, \varphi_1) = (\varphi_1, \varphi_0) = \sum_{i=0}^{8} \omega_i x_i = 0.2829$$

$$(\varphi_1, \varphi_1) = \sum_{i=0}^{8} \omega_i x_i^2 = 0.0154$$

$$(\varphi_0, f) = \sum_{i=0}^{8} \omega_i f_i = 25.5363$$

$$(\varphi_1, f) = \sum_{i=0}^{8} \omega_i x_i f_i = 0.7357$$

可以得方程组

$$\begin{cases} 9A + 0.2829b = 25.5174 \\ 0.2829A + 3.8416b = 0.7342 \end{cases}$$

方程组解得 $\ln a=2.8840$，即 $a=17.8857$，$b=-1.4851$，所以所得的指数曲线方程为 $y=17.0444e^{-0.1771/x}$。

两种模型的比较和选择：由最小二乘法的原理可以知道，对该方法获得的不同的拟合模型的比较，误差分析是基本的手段。一般方法有两个比较指标，一个是计算各点的误差，$\delta_i = y_i - Y(x_i)$，不同模型各点误差大小不同，总体上误差较小的好；另一个是比较指标是均方差 $\sqrt{\sum_{i=1}^{n} \delta_i^2}$，均方差较小的模型曲线拟合较好。

当双曲线拟合时，计算的各点处的误差如下。双曲线模型时为：0.4034、-1.9537、-1.1270、

–1.3985、–0.2988、0.4634、1.0970、1.7687、2.2214；指数模型是为 7.3173、1.6057、0.0219、–1.9662、–2.1377、–2.3516、–2.4898、–2.4433、–2.5070；而两种模型的均方差为

$$\sqrt{\sum_{i=1}^{n} \delta_{i(1)}^2} = 4.0959$$

$$\sqrt{\sum_{i=1}^{n} \delta_{i(2)}^2} = 9.4096$$

从误差计算和比较的结果看，各点处的误差、均方差两者差别不大，但双曲线比指数曲线稍好。

2.1.2　插值法

插值法是函数逼近的重要方法之一，有着广泛的应用。在生产和实验中，函数 f(x)或者其表达式不便于计算复杂或者无表达式而只有函数在给定点的函数值（或其导数值），此时希望建立一个简单而便于计算的函数φ(x)，使其近似地代替 f(x)，有很多种插值法，其中以拉格朗日（Lagrange）插值和牛顿（Newton）插值为代表的多项式插值最有特点，常用的插值还有 Hermit 插值、分段插值和样条插值。求近似函数的方法：由实验或测量的方法得到所求函数 $y = f(x)$ 在互异点 $x_0, x_1, \cdots, x_n$ 处的值为 $y_0, y_1, \cdots, y_n$，构造一个简单函数φ(x)作为函数 $y = f(x)$ 的近似表达式

$$y = f(x) \approx \varphi(x)$$

使 $\quad\quad\quad \varphi(x_0) = y_0, \quad \varphi(x_1) = y_1, \cdots, \varphi(x_n) = y_n$ （2-42）

这类问题称为插值问题。f(x)称为被插值函数，φ(x)称为插值函数，$x_0, x_1, \cdots, x_n$ 称为插值节点。常用的插值函数是多项式。插值的任务就是由已知的观测点，为物理量（未知量）建立一个简单的、连续的解析模型，以便能根据该模型推测该物理量在非观测点处的特性。最简单的插值函数是代数多项式

$$P_n(x) = a_0 + a_1 x + \cdots + a_n x_n$$ （2-43）

这时插值问题变为求 n 次多项式 $P_n(x)$，使其满足插值条件

$$P_n(x_i) = y_i \quad\quad i = 0, 1, 2, \cdots, n$$ （2-44）

只要求出 $P_n(x)$ 的系数 $a_0, a_1, \cdots, a_n$ 即可，为此由插值条件[式（2-44）]知 $P_n(x)$ 的系数满足下列 $n+1$ 个代数方程构成的线性方程组

$$a_0 + a_1 x_0 + \cdots + a_n x_0^n = y_0$$
$$a_0 + a_1 x_1 + \cdots + a_n x_1^n = y_1$$
$$\cdots$$
$$a_0 + a_1 x_n + \cdots + a_n x_n^n = y_n$$
（2-45）

而 $a_i(i=0,1,2,\cdots,n)$ 的系数行列式是 Vandermonde 行列式。

$$V(x_0, x_1, \cdots, x_n) = \begin{vmatrix} 1 & x_0 & x_0^2 & \cdots & x_0^n \\ 1 & x_1 & x_1^2 & \cdots & x_1^n \\ & & \cdots & & \\ 1 & x_n & x_n^2 & \cdots & x_n^n \end{vmatrix} = \prod_{i=1}^{n}\prod_{j=0}^{i-1}(x_i - x_j)$$ （2-46）

由于 x_i 互异，所以（2-44）右端不为零，从而方程组（2-45）的解 $a_0, a_1, \cdots, a_n$ 存在且唯一。解出 a_i（$i=0, 1, 2, \cdots, n$），$P_n(x)$就可构造出来了。但遗憾的是方程组（2-45）是病态方程组，当阶数 n 越高时，病态越重。

2.2 Origin 软件在数据处理中的应用

2.2.1 Origin 软件介绍

计算机结合专用软件包为主体的方法不仅可以进行原始数据采集，更为重要的是它可以对所采集数据进行更符合现实要求的处理，并以较为直观的可视化图形表示。但在实际过程中这一操作往往会遇到数据多、处理步骤繁杂、人为作图误差较大等困难。

目前，可用于数据管理、计算、绘图、解析或拟合分析的软件很多，有些功能非常强大，有的则相对简单、专业化。经实践证明 Origin 软件包是一种较为理想的选择，尤其是在图形绘制过程中可以避免用手工操作会产生较大的误差，而采用软件包进行复杂实验数据的处理，也能够在很大程度上降低人为因素所引起的误差。Origin 为人们提供了强大的数学计算功能，可以进行非常复杂的数学计算，以满足人们在材料研究中的计算需要。这里以 Microcal Software 公司的 Origin（V7.0）软件为对象，结合材料科学研究中的一些具体实例，介绍计算机在数据处理方面的应用。

数据信息的处理与图形表示在材料科学与技术领域有重要地位，Origin 软件可以对科学数据进行一般处理与绘图。其主要功能和用途为：对实验数据进行常规处理和一般的统计分析，如记数、排序、求均值和标准差、*t*-检验、快速傅里叶变换、比较两列均值的差异、回归分析；用数据作图（用图形显示数据之间的关系）；用多种函数拟合曲线等。

Origin 是美国 Microcal 公司推出的数据分析和绘图软件，功能强大，在科学技术界得到广泛的应用，深受广大科技工作者喜欢。目前最高版本为 7.5。Origin 包括两大功能：数据分析和作图。Origin 的数据分析包括数据的排序、调整、计算、统计、频谱变换、曲线拟合等各种完善的分析功能。准备好数据后进行数据分析时，只需选择所需分析的数据，然后再选择相应的菜单命令即可。Origin 的绘图是基于模板的，其本身提供了几十种二维和三维绘图模板。绘图时，只需选择所要绘图的数据，然后单击相应的工具按钮即可。

Origin 是美国 Microcal 公司出的 Windows 平台下用于数据分析、项目绘图的软件。它的功能大，在学术研究界有很广的应用范围。特点：使用简单，采用直观的、图形化的、面向对象的窗口菜单和工具栏操作，全面支持鼠标右键、拉拖方式绘图等。两大类功能：数据分析和绘图。数据分析包括数据的排序、调整、计算、统计、频谱变换、曲线拟合等各种完善的数学分析功能。准备好数据后，进行数据分析时，只需选择所要分析的数据，然后再选择相应的菜单命令就可。Origin 的绘图是基于模板的，Origin 本身提供了几十种二维和三维绘图模板而且允许用户自己定制模板。绘图时，只要选择所需要的模板即可。用户可以自定义数学函数、图形样式和绘图模板；可以和各种数据库软件、办公软件、图像处理软件等方便地连接；可以用 C 等高级语言编写数据分析程序；还可以用内置的 Lab Talk 语言编程等。

2.2.2 Origin 在数据处理中的应用实例

例 4：材料科学与工程中的谱线处理

材料科学研究离不开各种谱图。虽然谱线原始数据中包含了所有有价值的信息，但信息质量有时并不高。用数据作图后，无法借助人的眼和脑判断数据之间的内在逻辑联系，往往还需要进一步对数据图形进行处理，提取有用的信息。这就涉及到谱线处理的一些内容。谱线和曲线的处理包括以下几个部分：数据曲线的平滑（去噪声）、数据谱的微分和积分、谱的基线校正或去除数据背景、求回归函数与多函数拟合达到分解和分辨数据谱的目的。进行这些处理的命令，基本上都包括在 Origin 图形页的"Analysis"和"Tool"两个菜单中。绘制谱线如图 2-6 所示。

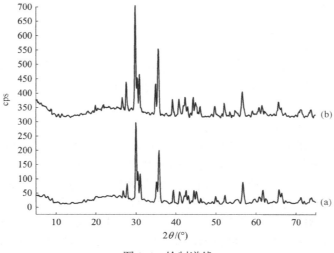

图 2-6　绘制谱线

（1）曲线平滑

实验谱或实验数据常有一定的噪声背景，在高分辨谱中更为常见。打开图形页中的"Analysis"菜单，其中的"Smoothing"-"Savitzky-Golay"或"Adiacent Averaging"或"FFT Filter Smoothing"命令分别是 Savitzky-Golay 法、窗口平均法和快速傅里叶过滤器，选择其中之一。根据软件提供的平滑参数范围，选择适当参数后确认。

（2）谱的基线与数据背景校正

许多谱的测量都有一定的吸收背景，在进一步谱处理前必须先去基线或进行背景校正。

① 已知谱的基线或数据背景　测量时受到仪器本身因素或者外界干扰信号的影响，图谱基线不总是在曲线图 $y=0$ 位置，即基线出现漂移。那么 Baseline 功能可以自动产生基线或者按照人为定义产生基线，对这两种方式产生的基线还可以根据需要进行局部修改，Origin 软件可以扣除基线漂移，重新绘制一张基线在 $y=0$ 或人为定义位置的图谱。

把谱线的基线或数据背景安排在数据页的一个 Y 数据列中。在图形页的"Analysis"菜单中选择"Subtract"-"Reference Data"命令。对话框显示了可用的数据列，扣除数据背景按照 $Y=Y_1-Y_2$，Y_1 为原始谐数据列，Y_2 为数据背景。因此，把左边可用数据列中的相应列选入 Y_1 和 Y_2，运算符号栏中选用"口-口"，确认后，图形页自动进行背景扣除并更新。

② 在当前显示图形中去基线（直线基线）　在当前图形页的"Analysis"菜单中选择"Subtract Straight Line"命令。当前鼠标为"+"，在双击谱的两端要去的基线处（基线的起始与终点部位），图形页自动去除基线并更新，参见图 2-7。

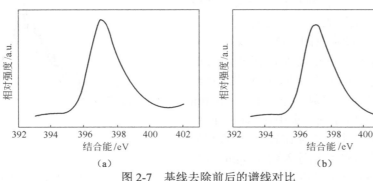

（a）　　　　　　　　　　（b）

图 2-7　基线去除前后的谱线对比

（3）谱的微分和积分

① 作原谱的微分谱　选定作微分谱的数据列，在图形页的"Analysis"菜单下，选择"Calculus"-"Differentiale"，微分谱显示在另一个"Deriv"窗口中。

② 求谱的积分　在图形页的"Data"菜单中选定求积分的谱数据列，在图形页的"Analysis"菜单下，选择"Caculus"-"Intedrate"命令，曲线下方面积的积分结果显示在"Result Log"中。

（4）曲线拟合与谱图分辨

在科学研究中，仪器记录一个物理量（因变量）随另一个物理量（自变量）的变化而得到谱图。谱图由若干谱带（峰）组成，每一谱带都有三个主要特征。

① 位置　如振动光谱中的波数（频率），可见-紫外光谱小的波长，X 射线衍射中的 2θ，示差扫描量热法（DSC）的温度等，位置主要反应样品中存在的物质种类。

② 峰的极大值（峰高）　在光谱中表现为强度，与物质浓度直接相关。

③ 峰宽（波形）　通常用半高宽表示，即用峰高一半处峰的宽度表示，它与样品的物理状态有关。

谱线的解析拟合就是将谱图分解为各个谱带，给出它们的准确的位置、峰极大值和峰宽。对于不同种类的仪器，影响谱带形状的物理因素不同，谱图也很不一样。如 X 射线衍射和 Raman 光谱峰较多和峰较窄，可见-紫外光谱峰较少和峰较宽。此外，Raman 光谱信号较弱，分辨率和信噪比都不如可见紫外光谱。现已有许多谱线拟合的解析式，综合考虑各种因素，从而得到正确的谱带信息。

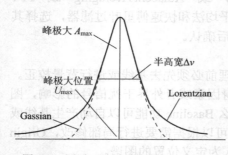

图 2-8　用以 Ms 训函数和 Lorentzian 函数拟合的谱带

谱线解析拟合最常用的函数是 Gaussian 函数和 Lorentzian 函数，它们关联对称谱带的三个主要参数：峰极大值、峰极大的位置以及半高峰宽。在三个参数均相同的情况下，半高峰宽以上部分 Gaussian 函数和 Lorentzian 函数拟合的谱形状基本重合，但在半高峰宽以下部分 Cassian 函数拟合的峰较窄，收缩较快，如图 2-8 所示。

Origin 提供了许多拟合函数，如线性拟合（Linear Regression）、多项式拟合（Polynomial Regression）、单个和多个 e 指数方式衰减（Exponential Decay）及 e 指数方式递增（Exponential Growth）、S 形函数（Sigmoidal）、单个和多个 Causs 函数（Gaussian）及 Lorentz 函数（Lorentzian）。此外用户还可以自定义拟合函数。实现这部分功能的命令都在图形页的"Analysis"菜单里。在作非线性函数的拟合过程中，需要配合选择合适的初始值。曲线拟合及谱图解析往往不会一次成功，需要反复试验才能得到较好的结果。

① 曲线拟合　在图形页的"Data"菜单中选定拟合曲线的数据列，根据需要，在图形页的"Analysis"菜单中选择相应的命令，按要求选择给出拟合参数。拟合结果的参数部分显示在"Script Window"窗口中，同时在图形页中显示拟合的曲线（选加在原来的曲线上，以便比较）。现将测量仪器自动采集的某个峰的数据导入到 Origin 数据表中，绘制出来的图形如图 2-9。

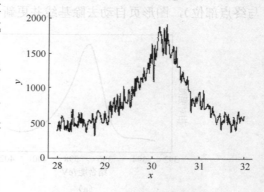

图 2-9　谱图中某个峰的原图

对于这个图形，需要确定峰的最大值及其位置、半高宽，如果这条曲线不作任何处理是很难确定的。采用 Origin 软件 Caussian 函数和 Lorentzian 函数拟合，并自动提供相关拟合结果，非常便利。Caussian 函数的拟合过程：下拉 Analysis 菜单选 Fit Caussian，将立刻得到拟合结果。按同样过程可以得到 Lorentzian 函数拟合结果，它们的对比示于图 2-9。其中，对于 Caussian 拟合：y_0 是基线偏移，x_0 是峰的位置，是拟合函数标准偏差的 2 倍，也近似于 0.849×半高宽，A 是峰下面积。对于 Lorentzian 拟合：ω 是半高宽，其余同 Caussian 拟合。

当采用 X 射线衍射法由 Sherrer 公式测定晶体晶格常数时，需要准确测量衍射峰高度及其对应角度、半高宽。将图形打印出来进行人为测量，会对这些参数引入很大误差，特别是偶然误差。当采用上述介绍的方法进行处理时，既减少了工作量，又提高了准确度，所存在的误差最多也就是系统误差。对于峰高，可以从 Origin 窗口最下部的拟合数据文件中得到。双击该文件，A【x】栏是独立的横坐标，B【y】栏数据就是拟合值，参考 x_1 可迅速查到峰高为 261.84（Graussian 拟合）或 276.33（Lorenlzian 拟合），如图 2-10 所示。

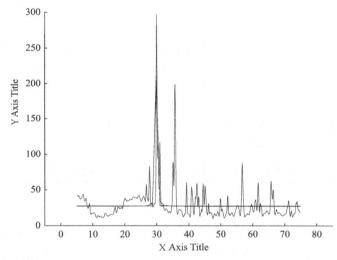

图 2-10　Graussian 拟合和 Lorenlzian 拟合比较

② 谱线分辨　N 原子 1s 的 XPS 谱有两个峰（两种不同局域环境的 N 原子，一个氨是 N 相两个芳环上的 N），且两个峰的面积比为 1∶2（等于两种 N 原子个数比），试确定这两个峰的位置（eV，电子伏）。

按题意拟用两个 Causs 函数的叠加拟合，先去除基线，经过多次试算，所得结果如图 2-11 所示。两个峰的位置分别为 397.01eV 和 398.44eV，峰面积比为 2∶1，两个峰的合成能与实验谱很好重合。

对于更复杂的谱线，可以采用非线性拟合进行解析拟合，根据切始条件以及所研究问题的实际情况，设置相关参数，将复杂谱线解析为多条简单曲线的叠加，并将这些曲线的峰位、半宽高、峰下面积等信息给出，以便再作定量处理。Origin 软件和 Excel 软件都具备这项功能，当然实际操作会非常繁琐而费时。需要耐心反复试验，才能得到满意结果。需要指出，根据初始条件及实际情况的不同，解析结果不唯一，需要优化条件或参数设置，得到合理的解析结果。图 2-12 示意了非线性拟合解析谱线的一个实例。

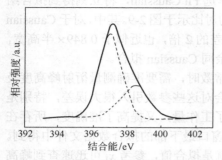

图 2-11 XPS 谱被分解成两个峰

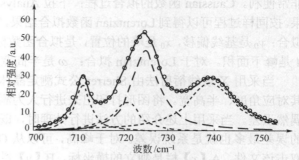

图 2-12 非线性拟合 Raman 光谱

○ 实验值；- - - - 拟合谱线；—— 拟合的谱带曲线

例 5：Origin 在腐蚀试验中的应用

在材料的腐蚀试验中，研究腐蚀的反应速度和动力学规律对了解反应机理及整个反应的速度控制步骤都是非常有用的。同时，反应速度的测定也是定量描述材料腐蚀程度的基础，与理论模型相结合对研究材料腐蚀行为将很有帮助。重量法是最直接也是最方便的测定高温腐蚀速度的方法。如果腐蚀后的腐蚀产物致密且牢固地附在试样表面且质量增加时，可以用增重法来计算。表 2-4 中的 A 和 B 分别是锅炉用钢 20G 和喷涂有高镍铬涂层的 20G 在相同的高温氧化条件下的腐蚀增重的数据。

表 2-4 不同试样随时间变化的氧化增重量试样

试样氧化时间/h	0	5	10	20	30	50	70	90	110	130	150	175	200
A/(mg/cm²)	0	2.2	13.4	22.3	30.8	41.8	48.8	59.6	66.6	71.97	78.84	85.66	92.20
B/(mg/cm²)	0	1.7	2.18	2.19	2.23	6.09	2.34	2.42	2.53	2.64	2.75	2.84	2.96

为了得出不同材料在同一试验条件下腐蚀增重曲线的规律，用 Origin 软件中的 Plot 菜单下的 Scatter 得出散点图，并拟合方程。无涂层拟合结果如图 2-13 所示，有涂层拟合结果如图 2-14 所示。

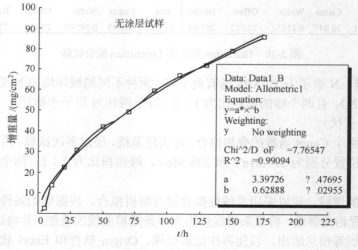

图 2-13 无涂层拟合

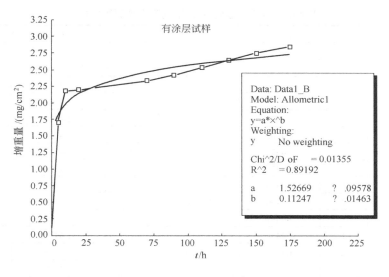

图 2-14　有涂层拟合

可以得出有涂层、无涂层 20G 氧化增重的动力学方程的拟合结果分别为

$$y = 3.397x^{0.629}$$
$$y = 1.527x^{0.112}$$

可见涂层具有很好的抗氧化性能。由此可以看出使用 Origin 软件不仅可以很容易地作出漂亮的曲线，直观地看出其变化趋势，而且能得出其曲线方程的表达式，从而能准确地进行定量分析。

例 6：Origin 在热力学计算和相图绘制中应用

（1）线性拟合

表 2-5 为苯-乙醇溶液折射率测定数据。

表 2-5　苯-乙醇溶液折射率测定数据

苯的摩尔分数/%	折射率	苯的摩尔分数/%	折射率
10	1.3734	70	1.4570
20	1.3875	90	1.4850
50	1.4290		

将数据输入 Origin 数据表中，作苯组分-折射率的散点图，再进行选择 Analysis 菜单中的 Fit lineal，对该数点图进行线性拟合。得到曲线类的为 $y = B + Ax$，$B = -9.75602$，$A = 7.17622R$（相关系数）=1，SD（标准偏差）=9.95047×10^{-4}，P（R^2=0 的概率）<0.0001 表明拟合效果最佳，拟合函数式为 $y = 7.17622x - 9.75602$（图 2-15）。

（2）对数据换算并作图

表 2-6 是苯-乙醇溶液沸点-组成测定的原始数据，并点击鼠标右键选择 Set Column Values 将折射率的平均值求出。

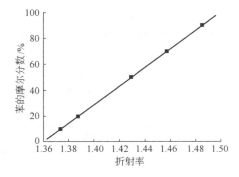

图 2-15　苯组分-折射率的散点图

表 2-6　苯-乙醇溶液沸点-组成测定的原始数据

沸点/℃	液相冷凝液分析			气相冷凝液分析		
	折　射　率			折　射　率		
	测　量　值		平　　均	测　量　值		平　　均
78.0	1	1.4760	1.4767	1	1.4760	1.4767
	2	1.4770		2	1.4772	
	3	1.4772		3	1.4770	
70.5	1	1.4562	1.4570	1	1.4562	1.4570
	2	1.4570		2	1.4570	
	3	1.4577		3	1.4577	
67.8	1	1.4490	1.4490	1	1.4490	1.4490
	2	1.4490		2	1.4490	
	3	1.4491		3	1.4491	
66.8	1	1.4437	1.4436	1	1.4437	1.4436
	2	1.4435		2	1.4435	
	3	1.4437		3	1.4437	
67.0	1	1.4391	1.4388	1	1.4391	1.4388
	2	1.4380		2	1.4380	
	3	1.4392		3	1.4392	
76.8	1	1.3731	1.3728	1	1.3731	1.3728
	2	1.3725		2	1.3725	
	3	1.3728		3	1.3728	
74.0	1	1.3970	1.3966	1	1.3970	1.3966
	2	1.3962		2	1.3962	
	3	1.3965		3	1.3965	
70.5	1	1.4253	1.4249	1	1.4253	1.4249
	2	1.4250		2	1.4250	
	3	1.4245		3	1.4245	

选中表 2-6 中折射率一列，点击鼠标右键选择 Set Column Values，在文本框中输入标准曲线的拟合函数式，点击 OK，即刷新折射率一列换算成为苯组分的数据，同理将另一列折射率换算为苯组分的数据。然后，点击工作表左上角空白处选中整个工作表，再点击 Worksheet Date 工具条的 sort 按钮，以两相中的组分为首要列对数据进行排序，见表 2-7。

表 2-7　首要列的数据排序

沸点/℃		77.1	76.8	74	70.5	67	66.8	67.8	70.5	78	78.9
苯/%	气相	0	9.549	26.629	46.938	56.913	60.357	64.232	69.973	84.11	100
	液相	0	0	8.186	22.538	41.268	62.654	81.025	90.713	94.229	100

排序完毕，点击 symbot+line 作点线图，如图 2-16 所示。

（3）硝酸-水二组分 T-X 相图的绘制

依上法计算得出硝酸-水二组分的组成表，见表 2-8。

表 2-8　硝酸-水二组分的组成

$T/℃$	$X(HNO_3)_液$	$Y(HNO_3)_气$	$T/℃$	$X(HNO_3)_液$	$Y(HNO_3)_气$
85.5	1.00	1.00	105	0.055	0.005
93	0.825	0.99	105	0.67	0.97
100	0.00	0.00	110	0.00	0.01
100	0.75	0.98	110	0.60	0.96

续表

$T/℃$	$X(HNO_3)_{液}$	$Y(HNO_3)_{气}$	$T/℃$	$X(HNO_3)_{液}$	$Y(HNO_3)_{气}$
112.5	0.56	0.93	120	0.27	0.17
115	0.19	0.09	121	0.33	0.27
115	0.52	0.9	121	0.415	0.54
117.5	0.485	0.800	122	0.38	0.38

将数据输入 Origin 的数据表中，然后作温度-组分的点线图，如图 2-17 所示。

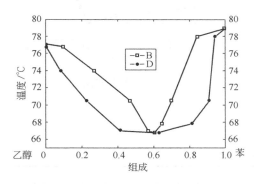

图 2-16　温度-组成图

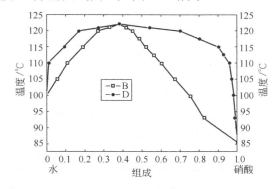

图 2-17　绘制相图

（4）乙酸-丙酮气液平衡 T-X 相图的绘制

表 2-9 列出气液平衡实验的数据。

表 2-9　气液平衡实验的数据

$T/℃$	X_B	Y_B	$T/℃$	X_B	Y_B
118.1	0	0	74.6	0.5	0.912
110	0.05	0.1	70.2	0.6	0.947
103.8	0.1	0.306	66.1	0.7	0.969
93.19	0.2	0.557	62.6	0.8	0.984
85.8	0.3	0.725	59.2	0.9	0.993
79.7	0.4	0.84	56.1	1	1

将数据输入 Origin 的数据表中，选择 2D graph Extended 工具条的 double Y Axis 按钮作双 Y 轴图，如图 2-18 所示。

（5）水-硫酸铵体系的固液 T-X 相图

表 2-10 列出水-硫酸铵体系的固液相图实验的数据。

表 2-10　水-硫酸铵体系的固液相图实验的数据

$(NH_4)_2SO_4$（质量分数）/%	温度/℃	$(NH_4)_2SO_4$（质量分数）/%	温度/℃
0	0	44.8	40
16.7	−5.55	45.8	50
28.6	−11	46.8	60
37.5	−18	47.8	70
38.4	−19.1	48.8	80
41	0	49.8	90
42	10	50.8	100
43	20	51.8	108.9
43.8	30		

将数据输入 Origin 的数据表中，选择 2D graph 工具条的 symbol+line 作点线图，如图 2-19

所示。

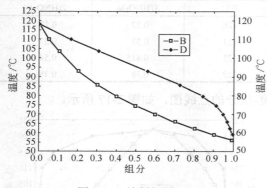

图 2-18 绘制相图

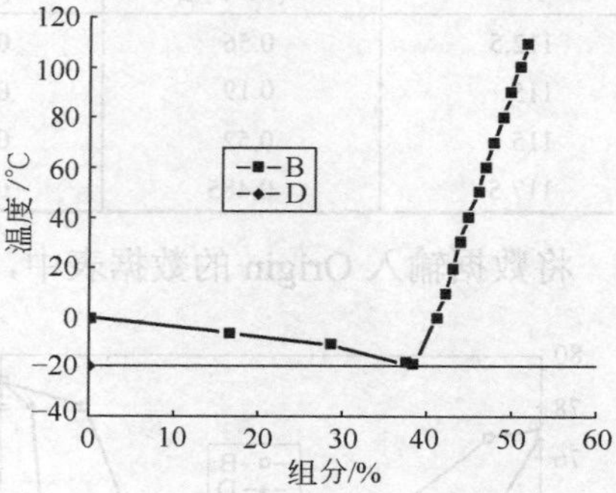

图 2-19 绘制相图

（6）苯-乙醇-水三组分相图的绘制

表 2-11 列出三组分实验的数据。

表 2-11 三组分实验的数据

项 目	编 号							
	1	2	3	4	5	6	7	8
苯/mL	0.09	0.19	1	1.5	2.5	3	3.5	4
水/mL	3.5	2.5	2.51	1.36	0.76	0.45	0.18	0.11
乙醇/mL	1.5	2.5	5	4	3.5	2.5	1.5	1

将数据输入 Origin 的数据表中，用 Set Column 功能将体积换算为质量选择 2D graph 工具条的 Ternary 作三角点线图，如图 2-20 所示。

用 Origin 求三角图含量的功能可将图中各点的含量求出，再分别在数据的起始和末尾加上组分为苯 100%和水 100%的两点，见表 2-12。

表 2-12 加上组分为苯 100%和水 100%的两点后的数据

水/%	1	73.482	53.876	34.217	23.305	13.287	8.893	4.054	2.491	0
乙醇/%	0	24.857	42.525	53.8	54.101	48.296	38.995	26.663	17.876	0
苯/%	0	1.661	3.599	11.983	22.594	38.417	52.112	69.284	79.632	1

用此数据刷新原图则可完成作图，如图 2-21 所示。

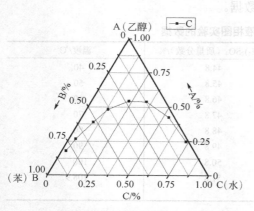

图 2-20 三元制相图

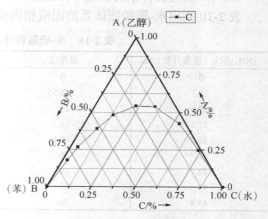

图 2-21 三元制相图

（7）HCl 滴定 NaOH 电导率测定

表 2-13 为 HCl 滴定 NaOH 的 $\kappa\text{-}V$ 的数据：c_{HCl}=0.0914mol/L。

表 2-13　HCl 滴定 NaOH 的 $\kappa\text{-}V$ 的数据

V_{HCl}/mL	κ/μS·cm^{-1}	V_{HCl}/mL	κ/μS·cm^{-1}	V_{HCl}/mL	κ/μS·cm^{-1}
2.00	2.33	16.00	1.58	25.50	1.15
4.00	2.22	18.00	1.48	26.00	1.15
6.00	2.11	20.00	1.38	26.50	1.20
8.00	2.00	22.00	1.28	27.00	1.27
10.00	1.89	24.00	1.18	29.00	1.56
12.00	1.78	24.50	1.17	31.00	1.83
14.00	1.68	25.00	1.15		

将数据输入 Origin 中作图，如图 2-22 所示。

用 1～12 点和 17～20 点分别作线性拟合，得两拟合直线相交。线性拟合结果为 $Y = 2.41717 - 0.05176X$，$R = -0.9996$ 和 $Y = -2.52148 + 0.14049X$，$R = 0.99986$。由 R 值可以看出拟合效果较好。解两直线方程组成的方程组得求得两直线的交点即为滴定终点，$V = 25.7\text{mL}$，$\kappa = 1.09\ \mu\text{S·cm}^{-1}$。

（8）BaCl$_2$ 滴定 Na$_2$SO$_4$ 电导率测定

表 2-14 为 BaCl$_2$ 滴定 Na$_2$SO$_4$ 的 $\kappa\text{-}V$ 的数据：c_{BaCl_2}=0.0914mol/L。

表 2-14　BaCl$_2$ 滴定 Na$_2$SO$_4$ 的 $\kappa\text{-}V$ 的数据

V_{BaCl_2}/mL	κ/μS·cm^{-1}	V_{BaCl_2}/mL	κ/μS·cm^{-1}	V_{BaCl_2}/mL	κ/μS·cm^{-1}
2.00	1.19	16.00	1.17	26.00	1.23
4.00	1.19	18.00	1.16	26.50	1.24
6.00	1.18	20.00	1.16	27.00	1.26
8.00	1.18	22.00	1.16	29.00	1.34
10.00	1.18	24.00	1.16	31.00	1.42
12.00	1.17	25.00	1.19	33.00	1.50
14.00	1.17	25.50	1.20		

将数据输入 Origin 中作图，如图 2-23 所示。

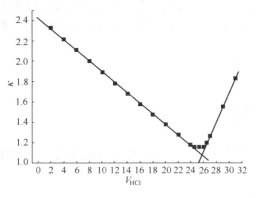

图 2-22　$\kappa\text{-}V$ 线性拟合

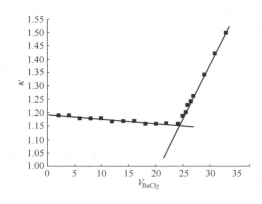

图 2-23　$\kappa\text{-}V$ 线性拟合

如上法，得拟合结果为 $Y = 0.18 + 0.04X$，$R=1$ 和 $Y = 1.19327 - 0.00164X$，$R = -0.96909$。由 R 值可以看出拟合效果较好。解得 $V = 33.0\text{mL}$，$\kappa=1.50\mu\text{S·cm}^{-1}$。

（9）溶液表面张力的测定

表 2-15 为最大泡压法测定表面张力的数据，室温 25 ℃，大气压 98963.44Pa。

表 2-15　最大泡压法测定表面张力的数据

$c/\text{mol} \cdot \text{L}^{-1}$	0.000	0.020	0.060	0.100	0.140	0.180	0.220
Δp_{max}	0.463	0.421	0.369	0.329	0.298	0.274	0.254
$\Gamma \times 10^6$	0	2.50	4.70	6.15	6.61	6.67	6.76

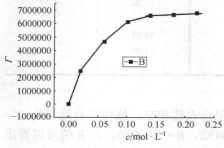

图 2-24　溶液表面张力的测定

将数据输入 Origin 中作图，如图 2-24 所示。

由 c 值较大的若干个点作直线外推，于纵轴相交即为 Γ_∞。在图 2-24 中取最后三个点作散点图，选择 Analysis 菜单中的 Fit Linear，对该散点图进行线性拟合。

线性拟合的结果为 $Y = 6.3425\text{E}6 + 1.875\text{E}6X$，$R = 0.9934$。由 R 值可以看出拟合效果较好。拟合直线截距的值即 Γ_∞，为 6.3425×10^6。

2.3　Excel 软件在数据处理中的应用

2.3.1　计算功能

代数式的计算是电子表格软件的基本功能，主要包括分支计算和重复计算两种情况。

例 7：多级连续槽式反应器的设计。多级连续槽式反应器的各槽具有相同的容积，$V = 1.5\text{L}$，在等温条件下进行如下的液相反应。

$$A \rightarrow R（二级反应） \quad -r_A = kC_A^2（二级反应的速率方程式）$$

式中　$-r_A$——多级连续槽式反应速率，kmol/(L·min)；

　　　　k——反应速率常数，L/(kmol·min)；

　　　　C_A——瞬时浓度，kmol/L。

本例中 $k = 0.5$ L/(kmol·min)。

计算转化率 $x_f = 0.8$ 时所需要的反应槽数，并计算各槽的出口浓度及转化率。已知反应物 A 在第 1 槽的入口浓度 $C_n = 1.2$ kmol/L，进料速度 $v = 0.3$ L/min。第 i 槽入口浓度出口浓度分别以 C_{i-1} 及 C_i 来表示，进料速度为 v，各槽容积相等以 V 表示。第 i 槽组分 A 的物料平衡式为

$$vC_{i-1} - vC_i - kC_i^2 V = 0$$

解出

$$c_i = \frac{-1 + \sqrt{1 + 4k\tau c_{i-1}}}{2k\tau}$$

在此，以 τ 表示 V/v 即反应液在槽中的平均滞留时间。按照第 1 槽入口浓度为 c_0，则转化率的计算为

$$x_i = \frac{c_0 - c_i}{c_0}$$

V=1.50000

v=0.30000

tao=5.00000　　(=B1/B1)

k=0.50000

C0=1.20000

C1= (-1+SQRT(1+4*B$4*B$3*B5))/2/B$4/B$3　　0.52111　　x1=(B$5-B6)/B$5　　0.56574

C2=0.29844　　x2=0.75130

C3=0.19922　　x3=0.83398

C4=0.14596　　x4=0.87837

说明：其中 C2~C4 以及 x2~x4 单元格的计算公式都利用 C1 和 x1 单元格中计算公式进行复制操作。由于公式中已经设置了相应的绝对、相对单元地址操作。所以不需要重复进行输入。从上面的表格计算可以看出：利用电子表格的基本重复计算和单元格复制操作可以方便地完成一般代数计算。

例 8：沉降法测定液体黏度的计算，为求取某油的黏度 μ_f（cp，$1cp=10^{-3}Pa \cdot s$），使直径 $D=0.5mm$ 的铜球（密度 $\rho_s = 8.9g/cm^3$）在该油中沉降，测得沉降速度 μ_t 为 1.5cm/s。油的密度 ρ_f 为 $0.85g/cm^3$，求该油的黏度 μ_f。

以沉降粒子直径为基准的雷诺数 $Re(= D\mu_t\rho_f / \mu_f)$ 的不同范围内，沉降速度 μ_t 有如下相应关系。

$$Re \leqslant 6: \quad \mu_t = \frac{g(\rho_s - \rho_f)D^2}{18\mu_f} \Rightarrow \mu_f = \frac{g(\rho_s - \rho_f)D^2}{18\mu_t}$$

$$6 < Re \leqslant 500: \quad \mu_t = \left[\frac{4}{225} \times \frac{(\rho_s - \rho_f)^2 g^2}{\mu_f \rho_f}\right]^{\frac{1}{3}} D \Rightarrow \mu_f = \frac{4}{225} \times \frac{(\rho_s - \rho_f)^2 g^2}{\mu_t^3 \rho_f} D^3$$

当 Re 过大时，无法直接计算。

D=0.5

RS=8.9

RF=0.85

UT=1.5

V1=98*(B2-B3)*B1^2/18/B4　　　　　　7.30462963　　　Re1=0.087273419

V2=4/225*(B2-B3)^2*98^2*B1^3/B4^3/B3　　482.1017361　　　Re2=0.001322335

V=7.30462963　　　　　　　　　　　　　　　　　　　Re=0.087273419

在分支判断中，使用了 IF 函数，在 B2 单元格中，输入的公式为

　　　　=IF(D5<6,B5,IF(D6>6,IF(D6<500,B6,"无法求解"),"无法求解"))

在 D2 单元格中，输入的公式为

　　　　=IF(B7=B5,D5,IF(B7=B6,D6,"无法求解"))

当改变单元格 B1~B4 中的数值后，就可以计算相应的雷诺数和液体黏度。

例 9：气液平衡关系的计算，制成二组分气液平衡关系数据表。以液相组成质量分数 w_x 作为独立变量，计算并显示对应的液相摩尔分数、相对挥发率 a 以及与 x 相平衡的气相摩尔分数和按 y 核算的质量分数 w_y。计算中采用的公式如下。

$$a = a_0 + a_1 x$$

$$x = \frac{\dfrac{M_2}{M_1} \times \dfrac{w_X}{100}}{1 + \dfrac{M_2}{M_1 - 1} \times \dfrac{w_X}{100}}$$

$$y = \frac{ax}{1 + (a - 1)x}$$

$$w_y = \frac{\dfrac{M_1}{M_2}y}{1+\left(\dfrac{M_1}{M_2}-1\right)y}100$$

式中，M_1、M_2 各组分的分子量。

计算结果如下。

$a0=$	2.6	$a1=$	-1.3	
$M1=$	78.11	$M2=$	100.21	
$wx=$	$wy=$	$x=$	$y=$	$a=$
0	0.00000	0.00000	0.00000	2.60000
5	11.70090	0.06325	0.14530	2.51777
10	21.31359	0.12476	0.25789	2.43781
15	29.40211	0.18461	0.34824	2.36001
20	36.34933	0.24285	0.42285	2.28430
30	47.82508	0.35477	0.54044	2.13880
40	57.15142	0.46100	0.63116	2.00070
50	65.15003	0.56197	0.70574	1.86944
60	72.35127	0.65805	0.77049	1.74454
70	79.13580	0.74959	0.82953	1.62553
80	85.81167	0.83691	0.88583	1.51201
90	92.66461	0.92030	0.94188	1.40362
100	100.00000	1.00000	1.00000	1.30000

说明：本例主要使用了公式的复制功能，单个公式的输入在此不再重复说明。

2.3.2　参数估计

线性参数估计可以直接利用 Excel 的分析工具库中的回归计算工具实现。对于非线性参数估计则可以通过适当的构造，将问题转化成一个使误差最小的规划问题进行解决。

例 10：SO₂ 的溶解度式，SO₂ 对水的溶解度实验式可以表示为

$$x = ap + b\sqrt{p}$$

按表 2-16 数据用最小二乘法决定常数 a 和 b。上式中 p 是 SO₂ 气的分压，x 是水溶液中 SO₂ 的摩尔分数。

表 2-16　SO₂ 的气压和浓度

p	0.3	0.8	2.2	3.8	5.7	10.0	19.3	28.0	44.0
x	0.02	0.05	0.10	0.15	0.20	0.30	0.50	0.70	1.00

式中的参数呈线性关系，经过适当的数据变换以后，可以直接使用回归工具进行参数估计，见表 2-17。

表中，p1 列是 p 列的平方根，在回归过程中，使 y 为表格中的 x 列，使 x 为表格中的 p 和 p1 列，并且使回归参数中的截距设定为 0。表格的右侧为回归工具库返回的结果。

表 2-17　参数估计

x=	p=	p1=	回 归 统 计	
0.02	0.3	0.547722558	Multiple R	0.999808664
0.05	0.8	0.894427191	R Square	0.999617365
0.1	2.2	1.483239697	Adjusted R Square	0.85670556
0.15	3.8	1.949358869	标准误差	0.006982823
0.2	5.7	2.387467277	观测值	9
0.3	10	3.16227766		
0.5	19.3	4.393176527	方差分析	
0.7	28	5.291502622		df	SS
1	44	6.633249581	回归分析	2	0.891680904

	df	SS
回归分析	2	0.891680904
残差	7	0.000341319
总计	9	0.892022222

	Coefficients	标准误差
Intercept	0	#N/A
X Variable 1	0.01618022	0.000416962
X Variable 2	0.04422551	0.00222362

例 11：液相吸附平衡式，往 DBS 水溶液中投入活性炭，在等温下放置到达吸附平衡，DBS 的平衡浓度 c 与投入活性炭的吸附量 q 之间的关系列于表 2-18 中。

表 2-18　DBS 的平衡浓度与投入活性炭的吸附量

c	1.60	4.52	6.80	8.16	11.5	12.7	18.2	29.0	38.9	57.3
q	170.7	228.1	258.0	283.7	321.3	335.4	378.6	434.6	401.3	429.0

应用非线性最小二乘法估计下式中的参数。

$$q = bc/(1+ac^{\beta})$$

初始参数指定为：0.3, 100, 0.8。

q=	C=	q0=	e^2=		
170.7	1.6	149.3225	456.996565	a=	0.662932
228.1	4.52	242.0136	193.5887	b=	186.7417
258	6.8	278.5537	422.453758	beta=	0.876654
283.7	8.16	294.4292	115.115577	误差平方和	3569.33
321.3	11.5	323.388	4.35981114		
335.4	12.7	331.5319	14.9624991		
378.6	18.2	360.1993	338.585606		
434.6	29	395.5601	1524.11385		
401.3	38.9	417.0676	248.618663		
429	57.3	444.8283	250.5349		

上面数据是利用规划求解方法对方程中参数进行非线性最小二乘法估计的计算实例。其中 q0 列为根据参数计算得到的模型计算值，误差平方和为各个数据点的误差平方和计算值。设定规划求解对话框使目标单元为单元格 F4，并使目标值求极小值，设定可变单元为相应的三个单元格。约束条件为空。经过计算可得如上结果。

当按照绝对值和最小的目标求解参数时，结果如下。

q=	C=	q0=	e^2=	a=0.657786
170.7	1.6	149.5097	21.19026	b=186.7421
228.1	4.52	240.4313	12.33125	beta=0.887911
258	6.8	275.5684	17.56838	误差平方和 150.2134
283.7	8.16	290.6862	6.986164	
321.3	11.5	318.0147	3.285268	
335.4	12.7	325.6404	9.759563	
378.6	18.2	352.2705	26.32945	
434.6	29	384.6614	49.93863	
401.3	38.9	404.1245	2.824463	
429	57.3	429	1.47E-07	

图 2-25 为后一种计算方法得到结果的图形显示。

例 12：蒸汽管道保温层经济厚度优化的 Excel 程序方法

（1）保温层的经济厚度

管道保温层越厚，则管路散热损失越小，节约了燃料；但厚度加大，保温结构投资费用增加。"经济保温厚度"就是综合考虑管道保温结构的投资和管道散热损失的年运行费用两者因素，折算得出在一定年限内其"年计算费用"为最小时的保温层厚度。如图 2-26 所示中 a 曲线表示保温所需的费用随着保温层厚度的增加而增加，b 曲线表示热损失的费用随着保温层厚度的增加而减少，c 曲线表示 a、b 曲线叠加的结果，c 曲线最低点（即最低费用）所对应的厚度即为保温材料的经济厚度。

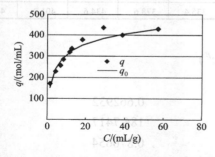

图 2-25　后一种计算方法得到结果的图形显示

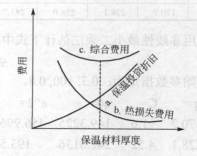

图 2-26　保温层厚度与费用的关系

（2）数学模型

① 传热模型　传热模型用于计算管道的热损失，以单位长度单层热绝缘圆管为计算基准（图 2-27），则通过单层保温层传递的热量 Q 为

$$Q = \frac{t_1 - t_2}{\frac{1}{\pi d_0 \alpha_1} + \frac{1}{2\pi \lambda}\ln\frac{d_2}{d_1} + \frac{1}{\pi d_2 \alpha_2}}$$

若管内流体为饱和蒸汽，管内流体到管壁的放热系数 α_1 的数值很大，则分母中第一项可忽略，上式简化为

$$Q_0 = \frac{\pi(t_1 - t_2)}{\frac{1}{2\lambda}\ln\frac{d_2}{d_1} + \frac{1}{d_2 \alpha_2}}$$

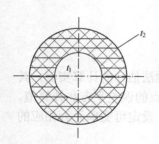

图 2-27　单层保温结构　式中　Q_0——单位时间每米管道热损失，W/m；

t_1, t_2——管内流体温度和周围介质温度，℃；

d_0, d_1, d_2——管内径、管外径和保温层的外径，m；

α_1, α_2——管内流体到管壁的放热系数和保温层外表面到周围介质的放热系数；

λ——保温材料的平均热导率，W/(m·K)。

② 经济模型　最经济的保温厚度应该使全年运行费用 Y 为最小。它是由两部分组成：一是全年热损失费用 Y_1；二是设备折旧费 Y_2。

全年热损失费用：$Y_1=bQ$（元/米）。

设备折旧费：$Y_2 = PS = P\dfrac{\pi}{4}(d_2^2 - d_1^2)a\times10^{-3}$（元/米）。

$$Y=Y_1+Y_2$$

即

$$Y = bQ+PS=bmQ_0+P\frac{\pi}{4}(d_2^2-d_1^2)a\times10^{-3}$$

式中　Q——单位长度管道全年热损失，W/(m·a)；

　　　m——管道年运行时间，$m=8000$ h/a；

　　　b——1W 热损失的价格，元/(kW·h)；

　　　P——保温材料的年折旧费，一般为 12%~15%；

　　　S——单位长度管道保温的一次投资，元/m；

　　　a——保温材料单价，元/m^3。

对上式做微分处理，求解经济保温厚度。即：令 $\mathrm{d}Y/\mathrm{d}d_2=0$，则可得

$$d_2\ln\frac{d_2}{d_1} = \sqrt{\frac{mb(t_1-t_2)\lambda}{250Pa}}\times\sqrt{1-\frac{2\lambda}{a_2d_2}}-\frac{2\lambda}{a_2}$$

采用计算机进行试凑，计算出 d_2，则最佳经济厚度为：$\delta=\dfrac{d_2-d_1}{2}$。

③ Microsoft Excel 的"规划求解"　蒸汽供热管道 DN200，PN1.0MPa，管内介质温度 $t_1=280$℃，周围环境温度 $t_2=15$℃，室外常年运行，拟选用岩棉保温材料 $\lambda=0.057$ W/(m·K)，保温材料单价 600 元/m^3，外包镀锌铁皮，热价为 30.05 元/GJ，表面散热系数 23.71W/(m^2·K)。将上述数据按表格式在 Excel 中排列。表 2-19 为规划求解在 Excel 中的排列。

表 2-19　规划求解在 Excel 中的排列

序号	A	B	C	D
1	原始数据			
2	管线外径 d_1	0.219	介质温度 t_1	280
3	保温材料热导率 λ	0.057	环境温度 t_2	15
4	保温材料价格 a	600	热价 b	0.03005
5	管道年运行时间 m	8000	保温材料外表面散热系数 a_2	23.71
6	可变单元格			
7	管道保温层外径 d_2		保温层厚度 δ	
8	计算结果			
9	微分方程左边		微分方程右边	
10	目标单元格			
11	热损失费用			
12	年设备折旧费			
13	总费用			

表 2-19 中 B2～B5、D2～D5 为原始数据；B7 为可变单元格；D7 为保温层的厚度 $\delta = \dfrac{d_2 - d_1}{2}$；B9 为微分方程的左边，则 B9= $d_2 \ln \dfrac{d_2}{d_1}$；D9 为微分方程的右边，则

D9= $\sqrt{\dfrac{mb(t_1 - t_2)\lambda}{250Pa}} \times \sqrt{1 - \dfrac{2\lambda}{a_2 d_2}} - \dfrac{2\lambda}{a_2}$；B10 为目标单元格，由于微分方程是一个等式方程，所以在目标单元格中输入=B9–D9，在热损失费用、年设备折旧费、总费用单元格输入相应的计算公式。

完成表格中数据输入后，就可以开始求解，步骤如下。

a. 选中工具菜单，选中规划求解命令，出现规划求解参数对话框（图 2-28）。

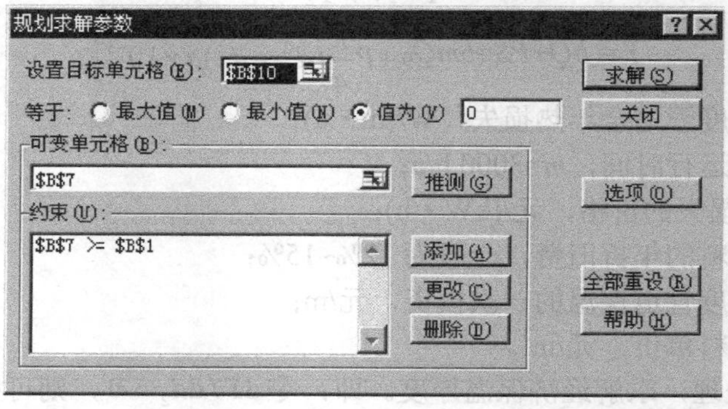

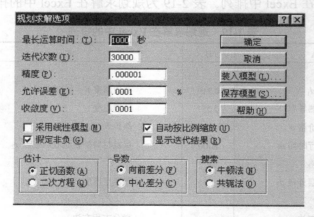

图 2-28　规划求解界面和参数设置

b. 在[目标单元格]编辑框中，键入目标单元格的名称B10，然后单击[值为 0]选项。

c. 在[可变单元格]中，键入B7。

d. 在[约束]窗口选中单击增加按钮，产生增加约束对话框，在[单元格引用位置]和[约束值]输入栏中键入相应单元格，本例是一组约束条件，选中确定按钮，回到规划求解参数对话框。

e. 选中选项按钮，进入规划求解对话框，选中[自动按比例缩放]、[假定非负]，其余条件可按图 2-29 设置，选中确定按钮，回到规划求解对话框（图 2-28）。

图 2-29　规划求解选项参数

f. 选中求解按钮，开始计算进入规划求解对话框，在报告窗口中根据需要选定计算结果表，如选择[运算结果报告]则运算后就产生一张新表。选定三项，产生三张表。

④ 结果　根据对本例的计算，从运算结果可以看出，热损失的费用随着保温层厚度的

增加而减少，保温所需的费用随着保温层厚度的增加而增加，正好符合图 2-26 曲线的规律。表 2-20 列出了运算结果报表，其中管道的经济保温厚度为 0.1485m。

表 2-20　运算结果报表

可变单元格			
单元格	名字	初值	终值
B7	管道保温层外径 d_2	1	0.516
结果单元格			
单元格	名字	初值	终值
B7	保温层厚度 δ	0.3905	0.1485
B9	微分方程左边	2	0
D9	微分方程右边	0.4433	0.4422
B10	目标单元格	1	0
B11	热损失费用	14.9684	26.3216
B12	年设备折旧费	53.8092	12.3385
B13	总费用	68.7776	38.6601

思考题与上机操作实验题

1. 作出表 2-21 的平衡蒸气压与温度关系的 p-T 直线（线性回归）图，同时利用样条（spline）、多项式、指数上升、高斯法拟合（Fit）或平滑（Smooth）成曲线。

表 2-21　平衡蒸气压与温度的关系

T/K	320	330	342	356	368	373.2
p/kPa	10	16	26	43	87	101

2. 画出表 2-22 的醇-醇系统在 p=100kPa 时的沸点-组成（T-X 图）。

表 2-22　醇-醇系统在 p=100kPa 时的沸点-组成

T/K	472.2	461.8	453.5	439.2	420.4	404.7	374.2	350.7	341.2	338.7	337.3
X 甲醇	0	0.010	0.015	0.032	0.075	0.100	0.185	0.360	0.590	0.754	1
Y 甲醇	0	0.152	0.368	0.610	0.845	0.922	0.985	0.995	0.998	0.999	1

3. 画出某电池的放电电压和极化电流随时间的变化曲线（表 2-23）。

表 2-23　放电电压和极化电流随时间的变化曲线

t/min	0	30	60	80	100	120	140	150
i/mA	10	9.51	9.11	8.45	7.80	6.00	4.50	3.00
U/V	1.711	1.290	1.256	1.201	1.141	1.101	1.030	1.000

4. 某种水泥在凝固时放出的热量 y（单位 cal/g，1cal＝4.18J）与水泥中下列 4 种化学成分所占的比例（%）有关，见表 2-24，求放出的热量 y 与水泥 4 种化学成分之间的关系（多元回归分析）。

表 2-24　放热量与化学成分所占的比例的关系

No.	x_1	x_2	x_3	x_4	y	No.	x_1	x_2	x_3	x_4	y
1	7	26	6	60	78.5	8	1	31	22	44	72.5
2	1	29	15	52	74.3	9	2	54	18	22	93.1
3	11	56	8	20	104.3	10	21	47	4	26	115.9
4	11	31	8	47	87.6	11	1	40	23	34	83.8
5	7	52	6	33	95.9	12	11	66	9	12	113.3
6	11	55	9	22	109.2	13	10	68	8	12	109.4
7	3	71	17	6	102.7						

x_1：3CaO·Al$_2$O$_3$ $\qquad\qquad$ x_2：3CaO·SiO$_2$

x_3：4CaO·Al$_2$O$_3$·Fe$_2$O$_3$ $\qquad$ x_4：2CaO·SiO$_2$

5. 某种合金的抗拉强度 σ（MPa）和延伸率 δ（%）与含碳量 x（%）关系的试验数据见表 2-25。根据生产需要，该合金有如下质量指标：在置信率为 99% 的条件下，抗拉强度 $\sigma>330$MPa，延伸率 $\delta>34\%$，该材料的含碳量应该控制在什么范围？

表 2-25 抗拉强度、延伸率和含碳量的关系

	A(X) Carbon /%	B(Y) TS / MPa	C(Y) EL / %
1	0.04	371	40.5
2	0.06	384	39.8
3	0.07	405	37.2
4	0.08	410	37.7
5	0.09	421	39.2
6	0.1	421	38.5
7	0.11	437	37
8	0.12	447	38.5
9	0.12	450	37.4
10	0.15	473	35.9
11	0.16	482	35
12	0.17	491	34.2
13	0.19	505	35.5
14	0.2	544	33.2
15	0.23	569	32.1
16			

6. 人们根据长期试验总结和金属材料理论，提出了断裂时间与温度、持久强度的回归模型（表 2-26）。

$$\lg y = b_0 + b_1 \lg x + b_2 \lg^2 x + b_3 \lg^3 x + \frac{b_4}{2.3RT} + \varepsilon$$

式中，y 为断裂时间，h；x 为持久强度，MPa；T 为试验温度，K；R 为气体常数。表 2-26 列出 25Cr2Mo1V 耐热钢在高温下的 27 次试验结果。求在工作温度为 550℃和设计寿命为 10 万小时的条件下，对此种耐热钢的持久强度 x_{100000}^{550} 作出估计。

表 2-26 温度、应力与断裂时间的关系

No.	温度/K	应力/×10MPa	断裂时间/h	No.	温度/K	应力/×10MPa	断裂时间/h
1	823	40	113.5	15	853	27	937
2	823	38	163.5	16	853	25	1206.7
3	823	37	340.6	17	853	20	2044.6
4	823	36	561	18	873	30	182.2
5	823	35	953.8	19	873	27	350.7
6	823	35	1263.8	20	873	25	489.0
7	823	33	1902.8	21	873	20	958.7
8	823	31	2271.3	22	893	27	79.4
9	823	31	2466.5	23	893	25	150.4
10	823	27	3674.8	24	893	20	411.0
11	823	25	6368.7	25	893	15	1001.8
12	823	20	13862.0	26	893	12	1544.8
13	853	35	207.7	27	893	11	1795.0
14	853	30	621.9				

提示：令 $y'=\lg y$，$x_1=\lg x$，$x_2=\lg^2 x$，$x_3=\lg^3 x$，$x_4=\dfrac{1}{2.3RT}$，则上述问题转变为多元线性问题（ $y'=b_0+b_1x_1+b_2x_2+b_3x_3+b_4x_4+\varepsilon$ ）。

7. 用石英膨胀仪测定玻璃的膨胀系数时，其计算公式如下。

$$\alpha = \alpha_{石} + \frac{L_2 - L_1}{L(T_2 - T_1)}$$

式中，α 为待测玻璃的平均线膨胀系数，$℃^{-1}$；$\alpha_{石}$ 为石英玻璃的平均线膨胀系数，$℃^{-1}$；T_2、T_1 为计算膨胀系数的开始温度和终止温度，$℃$；L_2、L_1 为当温度为 T_2、T_1 时玻璃试样的相对伸长，mm。这个公式是计算玻璃线膨胀系数的依据。表 2-27 是用石英膨胀仪测定某玻璃试样的膨胀系数时的实验数据，其中试样长度 L=101.45mm。

表 2-27　用石英膨胀仪测定某玻璃试样的膨胀系数时的实验数据

持续时间/min	炉内温度/℃	千分表读数/mm	持续时间/min	炉内温度/℃	千分表读数/mm
10	30	0.209	59	175	0.333
17	50	0.216	68	200	0.360
25	75	0.233	76	225	0.392
34	100	0.256	84	250	0.420
42	125	0.283	92	275	0.451
51	150	0.303	101	300	0.485

8．某液相反应 A——R 实验测定的反应速率与反应物浓度关系见表 2-28。

表 2-28　实验测定的反应速率与反应物浓度关系

C_A/(kmol/m^3)	0.1	0.2	0.3	0.4	0.5
$-r_A$/[kmol/(m^3 · min)]	0.0044	0.00855	0.0129	0.0172	0.0215
C_A/(kmol/m^3)	0.6	0.7	0.8	0.9	1.0
$-r_A$/[kmol/(m^3 · min)]	0.0257	0.0300	0.0346	0.0386	0.0431

试求该反应的反应速率常数。提示：Origin 中 New Excel，将以上数据部分复制到 Excel 中并整理成两行，复制该两行后，在空白处右击，选择性粘贴，选中"转置"，将数据变为 Origin 的两列，作散点图，C_A 部分数据为 x 轴，$-r_A$ 部分为 y 轴，然后进行拟合（Linear Fit）。

9．应用所学软件，结合材料科学与工程专业相关的实验（或阅读材料学科论文获得数据），对实验数据进行分析（表 2-28），并写详细的操作过程和结果分析。

10．简要说明数据处理相关技术和应用软件。

11．选择在《材料性能学基础实验》中的任意一个实验为对象，采用 Origin 进行数据处理分析（尽可能多地练习各种功能）。

12．选择在《现代材料分析技术》中的 XRD 谱为对象，采用 Origin 进行数据处理分析。

13．材料 40# 钢渗硼处理，测得渗硼温度、时间和渗硼深度（μm）的关系，如表 2-29 所示，求渗硼的激活能。渗硼温度、时间和渗硼深度（μm）实验数据。

表 2-29　实验数据

时间/h	深度/μm		
	860/℃	880/℃	900/℃
2	14	32	50
4	45	55	70
6	60	68	90
8	62	80	100

采用阿累乌斯公式来分析讨论钢微波渗硼的扩散激活能。渗硼层的厚度 δ 随处理温度 T 和保温时间 t 的不同而呈一定规律变化，见式（1）。

$$\delta^2 = k_0 t e^{\frac{-Q}{RT}} \tag{1}$$

式中　δ——平均渗层厚度，m；

k_0——扩散系数常数，$m^2 \cdot s^{-1}$；

t——保温时间，s；

Q——扩散激活能，$J \cdot mol^{-1}$；

R——气体常数值为 8.314；

T——处理温度，K。

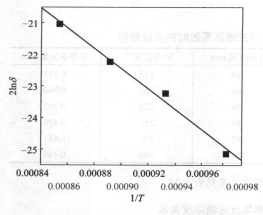

作业图 1　渗硼的 $2\ln\delta$-$1/T$ 曲线

对式（1）两边取对数，整理后得

$$2\ln\delta = \ln k_0 + \ln t - \frac{Q}{RT} \qquad (2)$$

由式（2）可以求出其在下列两种情况下微波渗硼时的扩散激活能 Q。

① 渗硼时间 t 一定，处理温度 T 变化时的扩散激活能 Q。

② 渗硼温度 T 一定，处理时间 t 变化时的扩散激活能 Q。

作 $2\ln\delta$-$1/T$ 图，作业图 1 为拟合的 $2\ln\delta$-$1/T$ 直线图。

14．曲线拟合（回归分析）：某种生物活性微晶玻璃，在一定温度下，放在模拟体液中处理，测定一批数据，进行曲线拟合（回归分析），写出该曲线的解析式。

t/s	1	2	4	6	8	10	12	17	24
y/mm	0.015	0.461	0.917	1.413	1.787	2.045	2.251	2.664	2.903

15．在某化工厂生产过程中，为研究温度 x（℃）对收率（产量）y（%）的影响，可测得一组数据如下表所示，试根据这些数据建立以 x 与 y 之间的拟合函数。

温度 x/℃	100	110	120	130	140	150	160	170	180	190
收率 y/%	45	51	54	61	66	70	74	78	85	89

16．为测定刀具的磨损速度，每隔一小时测量一次刀具的厚度，由此得到以下数据。

时间 t/h	0	1	2	3	4	5	6	7
厚度 y/mm	27.0	26.8	26.5	26.3	26.1	25.7	25.3	24.8

试根据这组数据建立 y 与 t 之间的拟合函数。

17．一种合金在某种添加剂的不同浓度下进行实验，得到如下数据。

浓度 x/(mol/L)	10.0	15.0	20.0	25.0	30.0
抗压强度 y/MPa	27.0	26.8	26.5	26.3	26.1

已知函数 y 与 x 的关系适合模型：$y = a + bx + cx^2$，试用最小二乘法确定系数 a、b 和 c，并求出拟合曲线。

18．在研究化学反应速度时，得到下列数据。

x_i/s	3	6	9	12	15	18	21	24
y_i/(mol/L)	57.6	41.9	31.0	22.7	16.6	12.2	8.9	6.5

其中 x_i 表示实验中做记录的时间，y_i 表示在相应时刻反应混合物中物质的量，试根据这些数据建立经验公式。

第3章 数学模型的建立及数值求解

现代科学技术发展的一个重要特征是各门科学技术与数学的结合越来越紧密。数学的应用使科学技术日益精确化、定量化，科学的数学化已经成为当代科学发展的一个重要趋势。数学建模是一种具有创新性的科学方法，它将现实问题简化，抽象为一个数学问题或数学模型，然后采用适当的数学方法进行求解，进而对现实问题进行定量分析和研究，最终达到解决实际问题的目的。计算机技术的发展为数学模型的建立和求解提供了新的舞台，极大地推动了数学向其他技术科学的渗透。材料科学作为 21 世纪的重要基础科学之一同样离不开数学：通过建立适当的数学模型对实际问题进行研究，已成为材料科学研究相应用的重要手段之一，从材料的合成、加工、性能表征到材料的应用都可以建立相应的数学模型。有关材料科学的许多研究都涉及数学模型的建立和求解，产生一门新的边缘学科——计算材料学。正是这些数学手段使材料研究脱离了原来的试错法（Trial or Error）研究，真正成为一门科学。

本章讲解了数学模型的基本知识及材料科学与工程中的数学建模方法与实例，在此基础上介绍了数学模型的两种数值分析方法——有限差分法、有限元法，本章介绍了这两种方法的基本原理、特点、应用步骤、应用实例。

3.1 数学模型介绍

3.1.1 数学模型的含义

提到数学模型之前，应先明了过程解析的涵义。所谓过程，是指实际生产中的一个相对独立的物质单元。过程模拟则是对某一过程或部分现象以某种方式所作的再现，再现的目的是为了研究其原理、规律性及控制该过程的方法等。数学模型则可以描述为，对于某一真实过程，为了一个特定目的，根据特有的内在规律，做出一些必要的简化假设，运用适当的数学工具得到的一个数学结构。运用数学模型再现一个系统、过程或一部分现象，以研究其原理、规律性及控制方法的过程称为数学模拟。

数学模型、数学模拟与物理模型、物理模拟是两对不同的概念，数学模拟和物理模拟是过程模拟的两大类别。物理模拟是指在不同尺寸规模的某种实物及介质上以物理方法再现拟研究过程的某些特性，它是通过在物理模型上直接实验来实现的。数学模拟和物理模型之间可以相互补充：一方面建立数学模型必须以足够的物理知识为基础，对过程参数间的相互作用关系要有明确的定性（概念）和定量（数据）的理解，而且数学模型要靠物理模型来验证其适用性；另一方面物理模型也需要数学模型对其结果规律化、系统化。

3.1.2 数学模型的分类

数学模型的分类方法很多，下面介绍两种分类方法。

（1）按照模型的经验成分分类

① 机理模型　机理模型是依据基本定律推导而得到的模型，它含有最少的臆测或经验

处理成分。例如，热传导问题、电磁场计算、层流过程等。这类模型多以偏微分方程形式出现，与相应边界条件一起用数值法求解。由于要求严格的理论根据，其应用范围受到限制。

② 半经验模型　半经验模型是主要依据物理定律而建立的模型，同时又包括一定的经验假设。在这种模型中，由于缺少某些数据或模拟过程过于复杂而难于求解，需要提出一些经验假设。实际应用的大量数学模型均属于这一类。

③ 经验模型　经验模型是以对某一具体系统的考察结果而不是以基本理论为基础的。这种模型虽然不能反映过程内部的本质与特征，但作为一种变通的研究手段，对过程的自动控制往往有效。

（2）按照模型的表现特性分类

① 确定性模型和随机模型　取决于是否考虑随机因素的影响。

② 静态模型和动态模型　取决于是否考虑时间因素引起的变化。

③ 线性模型和非线性模型　取决于模型的基本关系，如微分方程是否线性。

④ 离散模型和连续模型　取决于模型中的变量是离散还是连续。

虽然从本质上讲大多数问题是随机的、动态的、非线性的，但是由于确定性、静态、线性模拟容易处理，并且往往可以作为初步的近似来解决问题，所以建立数学模型时常先考虑确定性、静态、线性模型。连续性模型便于引用微积分方法求解析解作理论分析，离散模型便于在计算机上作数值计算。

数学模型的作用及优越性如下。

① 有助于人们深刻了解过程的性质和过程变量间的相互关系；

② 探索改变工艺操作参数的效果，为工艺优化提供手段；

③ 探讨设备参数对生产的影响，为改进设备提供依据；

④ 实现生产过程判断和过程自动控制。

对新工艺开发过程，数学模型可以：

① 估计过程的可行性；

② 规划实验室规模试验；

③ 为半工业试验及其放大提供参考和进行估价。

3.1.3　数学模型的建立步骤

建立数学模型（简称建模）一般都要经过初步研究、问题的数学描述、编制程序、数值计算、实验研究及验证等几个阶段。

① 初步研究　该阶段的主要任务是明确建模的目的、收集建模所需资料，研究问题的物理特性及对问题进行合理分类。

② 对问题的数学描述　这个阶段主要完成过程模化、子过程解析、建立控制方程、给出各种辅助性关系、经验关系和条件方程（如边界条件、初始条件、状态方程等）等任务。

由于复杂的现象难以给出直接的数学描述，因此必须对过程设立一些合理的假定，以使真实的物理过程得到简化，这个简化过程称为过程模化。过程模化也即是舍去那些既不影响过程主要性质又难以进行数学处理的次要现象，从而使建立数学模型更加方便，并突出过程的本质。过程模化应遵循如下原则。

a. 等效性　简化应不失去原过程的关键性本质特征、规律和特点。

b. 适应性　要满足应用的要求。

c. 可行性　要适应现有的计算能力。

d. 经济性　满足等效性前提下尽可能简化。

数学模型过程模化中可能涉及到的问题有模型种类的选择、计算域的确定、各种现象间的耦合、坐标系的确定、空间变量和时间变量的选择等。

复杂问题或过程经过模化以后往往仍然复杂，为了便于用有关理论去分析、表达该问题或过程，常将其分解成各种子过程，进而从各子过程的解析入手建立数学模型。

③ 程序设计　对问题进行数学描述后，就可以进行求解。求解方法通常包括求解析解和数值解两种，通常要采用计算机进行数值计算求解，因此要进行程序设计。程序设计包括算法选择、编制程序及运行调试等。

④ 实验研究　实验研究一方面可以为方程所需的部分物性常数或参数赋值，另一方面可以验证模型预测结果从而验证数学模型的等效性。

⑤ 数值计算与验证　数值计算过程也就是计算的实施过程，计算完成之后，必须对其结果进行验证，以检验模型的合理性和适用性。这一步对于建模的成败非常重要，应以严肃认真的态度对待。

⑥ 综合　该阶段包括对数学模型建立过程进行求解、利用模型对工艺过程做出分析、提出改进措施等。

3.1.4　其他概念

（1）控制方程

描述任何物理现象必须有与未知物理量相同数量的独立方程式，才能唯一地决定所描述的过程，这些方程式就是所谓的控制方程式。

（2）边界条件和初始条件

要求得微分方程的特解，除必须具备控制方程外，还应有一定数量的边界条件和初始条件方程。边界条件数目有方程中变量的导数阶次和个数共同决定，每个 n 阶导数都需要 n 个边界条件。

（3）控制体与坐标系

控制体是指在建立衡算方程时，所取的体系内的衡算单元（对象）。控制体的取法和大小应视具体过程或体系的特点和规模而定。当取整个体系的外形作为控制体，得到的是宏观的总衡算方程，它无法分析内部变量的分布情况，只能分析体系整体的宏观衡算。当取保持体系特点的微元作为控制体，将得到常微分或偏微分衡算方程，可以描述体系内部的变量分布。因此，取微元体作为控制体更为常见。

3.2　数学模型的建立方法及实例

3.2.1　理论分析法

理论分析法是指应用自然科学中的定理和定律。对被研究系统的有关因素进行分析、演绎、归纳，从而建立系统的数学模型。理论分析是人们在一切科学研究中广泛使用的方法。在工艺比较成熟、对机理比较了解时，可采用此法。根据问题的性质可直接建立模型。

例 1：在渗碳工艺过程中通过平衡理论找出控制参量与炉气碳势之间的理论关系式，模型假设钢在炉气中发生如下反应。

$$C_{Fe} + CO_2 \Longrightarrow 2CO \tag{3-1}$$

式中，C_{Fe} 为钢中的碳。

可求出乎衡常数 K_2 为

$$K_2 = \frac{p^2(CO)}{p(CO_2)\alpha_C} \tag{3-2}$$

式中，α_C 为碳在奥氏体中的活度，$\alpha_C = \omega_C / \omega_{C(A)}$，$\omega_{C(A)}$ 为奥氏体饱和碳含量，ω_C 为奥氏体中的实际碳含量；p_{CO} 和 p_{CO_2} 为平衡时 CO 和 CO_2 的分压。

$$\lg \alpha_C = \lg \frac{p^2(CO)}{p(CO_2)} - \lg K_2 \tag{3-3}$$

$$\lg \left(\frac{\omega_C}{\omega_C(A)} \right) = \lg \frac{p^2(CO)}{p(CO_2)} - \lg K_2 \tag{3-4}$$

$$\lg \omega_C = \lg \frac{p^2(CO)}{p(CO_2)} - \lg K_2 \tag{3-5}$$

将 $\omega_{C(A)}$ 和平衡常数(K_2)的计算式代入式(3-5)可求得碳势与炉气 CO、CO_2 含量及温度之间的关系式。在理论分析的基础上，根据实验数据进行修正，可得出实用的碳势控制数学模型。下面介绍单参数碳势控制的数学模型的建立：甲醇加煤油气氛渗碳中，炉气碳势与 CO_2 含量的关系，实际数据见表 3-1。

表 3-1　甲配加煤油渗碳气氛(930℃)

序　号	$\phi(CO_2)/\%$	炉气碳势/%	序　号	$\phi(CO_2)/\%$	炉气碳势/%
1	0.81	0.63	4	0.38	0.85
2	0.62	0.72	5	0.31	0.95
3	0.51	0.78	6	0.21	1.11

由前面炉气的化学反应得知

$$K_2 = \frac{p^2(CO)}{p(CO_2)\alpha_C} = p \frac{\phi^2(CO)}{\phi(CO_2)\alpha_C} \tag{3-6}$$

式中，p 为总压，设 $p=1$atm(1atm$=101.325$kPa)；$p(CO)$ 和 $p(CO_2)$ 分别为 CO、CO_2 气体的分压；$\phi(CO)$、$\phi(CO_2)$ 为 CO、CO_2 气体的体积分数。

$$\alpha_C = \frac{1}{K_2} \times \frac{\phi^2(CO)}{\phi(CO_2)} \tag{3-7}$$

又

$$\alpha_C = \frac{C_C}{C_C(A)} \tag{3-8}$$

式中，C_C 表示平衡碳浓度，即炉气碳势；$C_{C(A)}$ 表示加热温度 T 时奥氏体中的饱和碳浓度。

同样，可得

$$C_C = \frac{C_{C(A)}\phi^2(CO)}{K_2\phi(CO_2)} \tag{3-9}$$

在温度一定时，$C_{C(A)}$ 和 K_2 均为常数。如不考虑 CO 及其他因素的影响，将 $\phi(CO)$ 等视为

常数，可得出

$$C_C = A \frac{1}{\phi(CO_2)} \tag{3-10}$$

式中，A 为常数。

对式（3-10）取对数，得

$$\lg C_C = \lg A - b\lg\phi(CO_2) \tag{3-11}$$

设 $\lg C_C = y$，$\lg A = a$，$\lg\phi(CO_2) = x$，系数为 b，可得

$$y = a - bx \tag{3-12}$$

利用表 3-1 中的实验数据进行回归，求出回归方程为 $y=-0.02278-0.3874x$，即

$$C_C = \frac{0.5918}{0.3874\phi(CO_2)} \tag{3-13}$$

式（3-13）即为碳势控制的单参数数学模型。

3.2.2　数值模拟的方法

模型的结构及性质已经了解，但其数量描述及求解却相当麻烦。如果有另一种系统，结构和性质与其相同，而且构造出的模型也类似，就可以把后一种模型看成是原来模型的模拟，而对后一个模型去分析或实验并求得其结果。

例如，研究钢铁材料小裂纹在外载荷作用下尖端的应力、应变分布，可以通过弹塑性力学及断裂力学知识进行分析计算，但求解非常麻烦。此时可以借助实验光测力学的手段来完成分析。首先，根据一定比例，采用模具将环氧树脂制备成具有同样结构的模型，并根据钢铁材料干裂纹形式在环氧树脂模型加工出裂纹；随后，将环氧树脂模型放入恒温箱内，对环氧树脂模型在冻结温度下加载，并在载荷不变的条件下缓缓冷却到室温卸载；将已冻结应力的环氧树脂模型在平面偏振光场或圆偏振光场下观察，环氧树脂模型中将出现一定分布的条纹，这些条纹反应了模型在受载时的应力、应变情况，用照相法将条纹记录下来并确定条纹级数，再根据条纹级数计算应力；最后，根据相似原理、材料等因素确定一定的比例系数，将计算出的应力换算成钢铁材料中的应力，从而获得了裂纹尖端的应力、应变分布。

当系统的结构性质不大清楚，无法从理论分析中得到系统的规律，也不便于类比分析，但有若干能表征系统规律、描述系统状态的数据可利用时，就可以通过描述系统功能的数据分析来连接系统的结构模型。回归分析是处理这类问题的有利工具。由已知观测值寻求 x 与 y 之间函数关系的方法在工业控制应用中称为"系统辨识"，系统辨识已有效地应用与空间技术、生物医学系统、经济系统，机器人工程领域。

例 2： 经实验获得低碳钢的屈服点 σ_s 与晶粒直径 d 对应关系见表 3-2，用最小二乘法建立起 d 与 σ_s 之间关系的数学模型（霍尔-配奇公式）。

表 3-2　低碳钢屈服点与晶粒直径

$d/\mu m$	400	50	10	5	2
σ_s/kPa	86	121	180	242	345

以 $d^{-1/2}$ 作为 X 轴，σ_s 作为 Y 轴，取 $Y=a+bX$，为一直线。设实验数据点为 (X_1,Y_1)，一般来说，直线并不通过其中任一实验数据点，因为每点均有偶然误差 e_i，有

$$e_i = a + bX_i - Y_i \tag{3-14}$$

所有实验数据点误差的平方和为

$$\sum_{i=1}^{5}(e_i^2) = (a+bX_1-Y_1)^2 + (a+bX_2-Y_2)^2 + (a+bX_3-Y_3)^2 + (a+bX_4-Y_4)^2 + (a+bX_5-Y_5)^2$$

$$(3-15)$$

按照上述最小二乘法原理，误差平方和为最小的直线式最佳直线。求 $\sum_{i=1}^{5}e_i^2$ 最小值的条件是

$$\frac{\partial \sum_{i=1}^{5}e_i^2}{\partial a} = 0 \quad 及 \quad \frac{\partial \sum_{i=1}^{5}e_i^2}{\partial b} = 0 \qquad (3-16)$$

得出

$$\begin{cases} \sum_{i=1}^{5}Y_i = \sum_{i=1}^{5}a + b\sum_{i=1}^{5}X_i \\ \sum_{i=1}^{5}X_iY_i = a\sum_{i=1}^{5}X_i + b\sum_{i=1}^{5}X_i^2 \end{cases} \qquad (3-17)$$

将计算结果代入式(3-17)联立解得

$$\begin{cases} a = \frac{1}{5}\left(\sum_{i=1}^{5}Y_i - b\sum_{i=1}^{5}X_i\right) = \frac{1}{5}(974 - 393.69\times1.66) = 64.09 \\ b = \frac{\sum_{i=1}^{5}X_iY_i - \frac{1}{5}\sum_{i=1}^{5}X_i\sum_{i=1}^{5}Y_i}{\sum_{i=1}^{5}X_i^2 - \frac{1}{5}\left(\sum_{t=1}^{5}X_i\right)^2} = \frac{430.209 - \frac{1}{5}\times1.66\times974}{0.8225 - \frac{1}{5}\times1.66^2} = 393.69 \end{cases}$$

取 $a=\sigma_0$，$b=K$，得到以下公式。

$$\sigma = \sigma_0 = Kd^{-\frac{1}{2}} = 64.09 + 393.69d^{-\frac{1}{2}} \qquad (3-18)$$

这是典型的霍尔-配奇公式。

模型的结构及性质已经了解，但其数量描述及求解却相当麻烦。如果有另一种系统，结构和性质与其相同，而且构造出的模型也类似，就可以把后一种模型看成是原来模型的模拟，而对后一个模型去分析或实验并求得其结果。

例如，研究钢铁材料小裂纹在外载荷作用下尖端的应力、应变分布，可以通过弹塑性力学及断裂力学知识进行分析计算，但求解非常麻烦。此时可以借助实验光测力学的手段来完成分析。首先，根据一定比例，采用模具将环氧树脂制备成具有同样结构的模型，并根据钢铁材料干裂纹形式在环氧树脂模型加工出裂纹；随后，将环氧树脂模型放入恒温箱内，对环氧树脂模型在冻结温度下加载，并在载荷不变的条件下缓缓冷却到室温卸载；将已冻结应力的环氧树脂模型在平面偏振光场或圆偏振光场下观察，环氧树脂模型中将出现一定分布的条纹，这些条纹反应了模型在受载时的应力、应变情况，用照相法将条纹记录下来并确定条纹级数，再根据条纹级数计算应力；最后，根据相似原理、材料等因素确定一定的比例系数，将计算出的应力换算成钢铁材料中的应力，从而获得了裂纹尖端的应力、应变分布。

以上是用实验模型来模拟理论模型，分析时也可用相对单理论模型来模拟、分析较复杂理论模型，或用可求解的理论模型来分析尚不可求解的理论模型。

例 3： 在研究材料相变的微观理论中，统计理论是发展最早而且最为成熟的一个领域。20 世纪 20 年代 W.Len 与 E.Ising 提出了一种用以解释铁磁相变的简化统计模型，称为 Ising 模型。多年来 Ising 模型的研究一直是相变统计理论的核心问题，下面介绍这种模型。

设有一个晶体点阵，它的第 i 个格点上的粒子的状态可以用一自旋 σ_i 完全表征出来。为了最简单地研究这一问题，作如下假设：自旋仅可能采取两种状态——向上和向下，可分别以 $\sigma_i=+1$ 及 $\sigma_i=-1$ 表示；仅在最近邻间存在有相互作用，在任何状态下系统的势能可以由最近邻村的相互作用能相加而得到。

显然，由于自旋相互作用能的存在将使自旋倾向于在点阵中规则排列。而在一定温度下，所存在的热运动又使自旋处于混乱状态。因而在某一温度以下，点阵中的自旋将有可能按一定方式规则排列，从而具有铁磁性或反铁磁性，也发生了自旋取向的有序化。这取决于自旋平行和反平行中哪一种排列的能量比较低；如果能求出该模型的配分函数，则该模型的一切热力学函数都能获得。

① 一维 Ising 模型是最简单的情况，自旋在已线性化的链上分布。其配分函数为

$$Q_c = [e^K \cos G + (e^{2K} \sin^2 G + e^{-2k})^{\frac{1}{2}}]^N \tag{3-19}$$

其中

$$K = \frac{J}{k_B T} \qquad G = \frac{\mu}{k_B T} \tag{3-20}$$

式中，μ 为单个自旋的磁矩；k_B 为玻尔兹曼常数；N 为自旋个数；J 为同一列内两相邻自旋间的相互作用能；T 为温度。

② 对于自旋在二维空间中排列的二维 Ising 模型，计算很复杂，配分函数的严格解如下。

$$\lim_{N \to \infty} \frac{1}{N} \ln Q_c = \ln(2 \cos 2K) + \frac{1}{2\pi} \int_0^\pi \ln\{\frac{1}{2}[1 + (1 - k_1^2 \sin^2 \phi)^{1/2}]\} d\phi \tag{3-21}$$

其中

$$k_1 = \frac{2 \tan 2K}{\cos 2K} \tag{3-22}$$

上述两种情况下，系统的磁化强度平均值 M 可根据严格的配分函数得出。

③ 对于自旋在三维空间中排列的三维 Ising 模型，计算极复杂，目前尚未求出其配分函数的严格解。系统的磁化强度平均值无法根据配分函数获得，但可采用别的模型来模拟求出，比如采用 Bethe 近似模型。

Bethe 设计了一种近似方法以计算三维立方点阵有序-无序相变，称为 Bethe 近似。在该近似中，Bethe 以一种特殊方式排列成点阵的 Ising 模型，从而使其成为严格可解的。它的一种特殊情形为 Bethe 近似的结果，过程如下。

构成一个点阵时，从一个中心点 O 开始，加 q 个等价的点作为它的第一壳层（第一近邻）。然后对第一壳层上每一个点作 $q-1$ 个等价的新的点作为它的近邻，构成了 O 点的第二壳层。这样得到了如图 3-1 所示形状的结构，这种结构不包含有回路，它被称为 Cayley 树。第 r 壳上的质点数是

$$N_r = q(q-1)^r \tag{3-23}$$

而所有 n 个壳层上的总质点数为

$$N = N_0 + N_1 + \cdots + N_n = \frac{q[(q-1)^m - 1]}{q - 2} \tag{3-24}$$

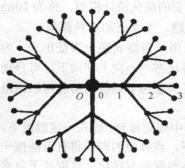

最外层的第 n 壳层为边界壳层。若不考虑边界壳层，则可以视其为配位数为 q 的规则点阵。仅考虑此图形很深的内部的局部区域，这些位置可以认为是等价的，从而构成了 Bethe 点阵。考虑在此点阵上的 Ising 模型，如图 3-1 所示，$q=4$ 的 Cavley 树忽略边界上的自旋对配分函数的贡献。

计算 Bethe 点阵上的 Ising 模型的配分函数。

$$Q_c = \sum_\sigma P(\sigma) = \sum_\sigma e^{k\sum_{ij}\sigma_i\sigma_j + G\sum_l \sigma_l} \tag{3-25}$$

其中，$P(\sigma)$ 为归一化的概率分布。显然，第一项是关于 Bethe 点阵中所有的"树干"求和，第二项是关于所有的位置求和。若中心位置 "O" 的自旋为 σ_0，则局域磁化强度

图 3-1　$q=4$ 的 Cayley 树

$M=M_1\mu$，而

$$M_1 = \sum_0 \sigma_0 \frac{P(\sigma)}{Q_c} \tag{3-26}$$

从 Cayley 树的结构可以看出若截断一根"树枝"，则 Cayley 树的结构除了它的第一近邻为 $q-1$，因而其各级近邻数都减小了 $(q-1)$ 倍外，仍与原 Cayley 树一样。可以利用这个特点来计算平均磁化强度 M_1。

设第一次在 "O" 处切断，则成为 q 段相同的树枝。而 $P(\sigma)$ 以写成

$$P(\sigma) = e^{G\sigma_0} \prod_{k=1}^q Z_n[\sigma_0 \mid s^{(k)}] \tag{3-27}$$

其中

$$Z_n(\sigma_0 \mid s^{(k)}) = e^{k\sum_{i,j} s_i^{(k)} s_i^{(k)} + ks_1^{(k)}\sigma_0 + G\sum_i s_i^{(k)}} \tag{3-28}$$

$s_i^{(k)}$ 是在第 k 枝上位置 i 上的自旋，i 包括除了 σ_0 以外的所有壳层上的位置。s_1 则为第一壳层上的自旋。等式左方的下角标 n 表示每枝中仍包含有 q 个壳层。$Z_k[\sigma_0 \mid s^{(k)}]$ 是第 k 枝上全部"成分"的贡献，包括了 0—1 "树干"（但无 σ_0）。作第二次切断，把 $s_1^{(k)}$ 割下，则第 k 枝又分成 $q-1$ 个分枝，每个分枝和作第一次切断后情形一样，只是现在只有 $n-1$ 个壳层，于是有

$$Z_n(\sigma_0 \mid s^{(k)}) = e^{k\sigma_0 s_1^{(k)} + Gs_1^{(k)}} \prod_{l=1}^{q-1} Z_{n-1}[s_1 \mid t^{(l)}] \tag{3-29}$$

t 是第 1 个分枝上除了 s_1 外的所有自旋。这样就得到了一个递推关系式。若记

$$Z_n(\sigma_0 \mid s^{(k)}) = g_n(\sigma_0) \tag{3-30}$$

则由式（3-27）得到

$$Q_c = \sum_\sigma P(\sigma) = \sum_{\sigma_0} e^{G\sigma_0} \prod_{k=1}^q Z_n(\sigma_0 \mid s^{(k)}) = \sum_{\sigma_0} e^{G\sigma_0}[g_n(\sigma_0)]^q \tag{3-31}$$

类似地，由式（3-26）得到

$$M_1 = \langle \sigma_0 \rangle = \sum_0 \sigma_0 \frac{P(\sigma)}{Q_c} = \frac{1}{Q_c} \sum_{\sigma_0} \sigma_0 e^{G\sigma_0[g_n(\sigma_0)]^q} \tag{3-32}$$

由于 σ_0 只取 +1 和 –1 两个值，若记

$$x_n = \frac{g_n(-1)}{g_n(+1)} \tag{3-33}$$

则有

$$M_1 = \frac{e^G - e^{-G} x_n^q}{e^G + e^{-G} x_n^q} \tag{3-34}$$

如果能求得 x_n，则 M_1 获得解。仍由 Cayley 树出发，由式（3-29）和式（3-30）得到

$$g_n(\sigma_0) = \sum_{s_1} e^{k\sigma_0 s_1 + G s_1} [g_{n-1}(s_1)]^{q-1} \tag{3-35}$$

此处由于各枝没有差别，省略了 s 的上角标 k。由式（3-35），将式（3-33）简化成

$$x_n = \frac{\sum_{s_1} e^{-k s_1 + G s_1} [g_{n-1}(s_1)]^{q-1}}{\sum_{s_1} e^{k s_1 + G s_1} [g_{n-1}(s_1)]^{q-1}} \tag{3-36}$$

式（3-36）可以写成

$$x_n = y(x_{n-1}) \tag{3-37}$$

由式（3-37）迭代可以求得 x_n（$x_0 = 1$）。

当 $n \to \infty$，$k > 0$（对应铁磁体）时，最后求得

$$M_1 = \frac{1 - w_1^2}{1 + w_1^2 + 2w_1 z} \tag{3-38}$$

ω_1 由式（3-38）结合式（3-36）迭代获得。

$$\frac{w_1}{w} = \left(\frac{z + w_1}{1 + w_1 z} \right)^{q-1} \tag{3-39}$$

式中

$$z = e^{-2k}, w = e^{-2G}, w_1 = e^{-2G} x^{q-1} \tag{3-40}$$

这个由 Bethe 近似模拟获得的结果和准化学近似获得的结果相同。这个模型的建立和分析过程也体现了图解法建模的优点。

3.2.3 类比分析法

若两个不同的系统，可以用同一形式的数学模型来描述，则这两个系统就可以互相类比。类比分析法是根据两个（或两类）系统某些属性或关系的相似，去猜想两者的其他属性或关系也可能相似的一种方法。

例 4：在聚合物的结晶过程中，结晶度随时间的延续不断增加，最后趋于该结晶条件下的极限结晶度。现期望在理论上描述这一动力学过程(即推导 Avrami 方程)。

采用类比分析法。聚合物的结晶过程包括成核和晶体生长两个阶段，这与下雨时雨滴落在水面上生成一个个圆形水波件向外扩展的情形相类似，因此可通过水波扩散模型来推导聚合物结晶时的结晶度与时间的关系。

在水面上任选一个参考点，根据概率分析，在时间从 0~t 时刻的范围内通过该点的水波数为 m 的概率 $P(m)$ 是 Poisson 分布（假设落下的雨滴远大于 m，t 时刻通过任意点 P 的水波数的平均值为 E）。

$$P(m) = \frac{E^m}{m!} e^{-E} \quad (m = 0,1,2,3,\cdots) \tag{3-41}$$

显然有

$$\sum_{m=0}^{\infty} P(m) = 1 \tag{3-42}$$

$$\langle m \rangle = \sum mP(m) = E \tag{3-43}$$

把水波扩散模型作为结晶前期的模拟来讨论薄层熔体形成"二维球晶"的情况。雨滴接触水面相当于形成晶核,水波相当于二维球晶的生长表面,当 $t=0$ 时,意味着所有的球晶面都不经过 P 点,即 P 点仍处于非晶态。根据式(3-41)可知其概率为

$$P(0) = e^{-E} \tag{3-44}$$

设此时球晶部分占有的体积分数力为 ϕ_0,则有

$$1 - \phi_0 = P(0) = e^{-E} \tag{3-45}$$

下面求平均值 E、它应为时间的函数。先考虑一次性同时成核的情况,它对应所有雨滴同时落入水面,到 t 时刻,水雨滴所产生的水波都将通过 P 点(图3-2)把这个面积称为有效

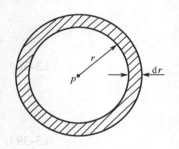

图 3-2　有效面积示意图

面积,通过 P 点的水波数等于这个有效面积内落入的雨滴数。

设单位面积内的平均雨滴数为 N,当时间由 t 增加到 $t+dt$ 时,有效面积的增量即图中阴影部分的面积,为 $2\pi r dr$。

平均值 E 的增量为

$$dE = N2\pi r dr \tag{3-46}$$

若水波前进速度即球晶径向生长速度为 v,则 $r=vt$,对式(3-46)作积分得平均值同 t 的关系为

$$E = \int_0^E dE = \int_0^{vt} N2\pi r dr = \pi N v^2 t^2 \tag{3-47}$$

代入式(3-45)得

$$1 - \phi = \exp(-\pi N v^2 t^2) \tag{3-48}$$

式(3-48)表示晶核密度为 N,一次性成形体系中的非晶部分与时间的关系。

如果晶核是隔断形成的,相当于不断下雨的情况,设单位时间内单价面积上平均产生的晶核数即品核生成速度为 I,到 t 时刻产生的晶核数(相当于生成的水波)则为 It。时间增加 dt,有效面积的增量仍为 $2\pi r dr$,其中,只有满足 $t>r/v$ 的条件下产生的水波才是有效的,因此有

$$dE = I\left(t - \frac{r}{v}\right) 2\pi r dr \tag{3-49}$$

积分得

$$E = \int_0^{vt} I\left(t - \frac{t}{v}\right) 2\pi r dr = \frac{\pi}{3} I v^2 t^2 \tag{3-50}$$

代入可得

$$1 - \phi = \exp\left(-\frac{\pi}{3} I v^2 t^3\right) \tag{3-51}$$

同样的方法可以用来处理三维球晶,这时把圆环确定的有效面积增量用球壳确定的有效体积

增量 $4\pi r^2 \mathrm{d}r$ 来代替，对于同时成核体系（N 为单位体积的晶核数），则

$$E = \int_0^{vt} N4\pi r^2 \mathrm{d}r = \frac{4}{3}\pi N v^3 t^3 \tag{3-52}$$

对于不断成核体系，定义 I 为单位时间、单位体积中产生的晶核数，则

$$E = \int_0^{vt} I\left(t - \frac{r}{v}\right)4\pi r^2 \mathrm{d}r = \frac{\pi}{3}I v^3 t^4 \tag{3-53}$$

将上述情况归纳起来，可用一个通式表示。

$$1 - \phi = \exp(-kt^n) \tag{3-54}$$

式中，k 是同核密度及晶体一维生长速度有关的常数，称为结晶速度倍数；n 是与成核方式及核结晶生长方式有关的常数。该式称为 Avrami 方程。

下面对所建模型进行检验。如图 3-3 所示为尼龙 1010 等温结晶体数据的 Avrami 处理结果，可见在结晶前期，实验同理论相符，在结晶的最后部分同理论发生了偏离。

分析 Avrami 方程的推导过程，这种后期的偏离是可以理解的，因为生长着的球晶面相互接触后，接触区的增长即告停止。在结晶前期球晶尺寸较小，非晶部分很多，球晶之间不致发生接触，可以由式（3-49）来描述，随着时间的延长，球晶增长到满足相互接触的体积时，总体的结晶速度就要降低，Avrami 方程将出现偏差。

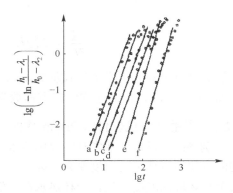

图 3-3　尼龙 1010 等温结晶的 Avrami 图

a—189.5℃；b—190.3℃；c—191.5℃；

d—193.4℃；e—195.5℃；f—197.8℃

3.2.4　数据分析法

当系统的结构性质不太清楚，无法从理论分析中得到系统的规律，也不便于类比分析，但有若干能表征系统规律、描述系统状态的数据可利用时，就可以通过描述系统功能的数据分析来连接系统的结构模型。回归分析是处理这类问题的有利工具。

求一条通过或接近一组数据点的曲线，这一过程叫曲线拟合，而表示曲线的数学式称为回归方程。求系统回归方程的一般方法如下。

设有一个未知系统，已测得该系统有 n 个输入、输出数据点为

$$(x_i、y_i) \qquad i=1,2,3,\cdots,n$$

现寻求其函数关系

$$y=f(x)或 F(x,y)=0$$

无论 x、y 为什么函数关系，假设用一个多项式

$$\hat{y} = b_0 + b_1 x + b_2 x^2 + \cdots + b_m x^m \tag{3-55}$$

作为对输出（观测值）y 的估计（用 $\hat{y}$ 表示）。若能确定其阶数及系数 b_0，b_1，$\cdots$，b_m，则所得到的就是回归方程——数学模型。各项系数即回归系数。

当输入为 x_i、输出为 y_i 时，多项式拟合曲线相应于 x_i 的估计值为

$$\hat{y}_i = b_0 + b_1 x_1 + b_2 x_2^2 + \cdots + b_m x_i^m \qquad i=1,2,3,\cdots,n \tag{3-56}$$

现在要使多项式估计值 $\hat{y}_i$ 与观测值 y_i 的差的平方和

$$Q = \sum_{i=1}^{n} (\hat{y}_i - y_i)^2 \tag{3-57}$$

为最小，这就是最小二乘法，令

$$\frac{\partial Q}{\partial b_j} = 0 \qquad j=1, 2, \cdots, m \tag{3-58}$$

得到下列正规方程组

$$\begin{cases} \dfrac{\partial Q}{\partial b_0} = 2\sum(b_0 + b_1 x_1 + \cdots + b_m x_i^{\,m} - y_i) = 0 \\[2mm] \dfrac{\partial Q}{\partial b_1} = 2\sum(b_0 + b_1 x_1 + \cdots + b_m x_i^{\,m} - y_i)x_i = 0 \\[2mm] \cdots \\[2mm] \dfrac{\partial Q}{\partial b_m} = 2\sum(b_0 + b_1 x_1 + \cdots + b_m x_i^{\,m} - y_i)x_i^{\,m} = 0 \end{cases} \tag{3-59}$$

一般数据点个数 n 大于多项式阶数 m，m 取决于残差的大小，这样从式（3-59）可求出回归系数 $b_0, b_1, \cdots, b_m$，从而建立回归方程数学模型。

3.2.5　利用计算机软件（Origin 软件）建立数学模型

例 5：在日常生活中时常要用热水，例如口渴了要喝开水、冬天洗澡要用热水等。热水的温度比周围环境的温度要高，因此热水和周围的环境存在热传递，其温度会逐渐地下降，直至与环境的温度一致。一杯热水在自然的条件下与周围的环境发生热传递，其温度的下降有什么规律？能用数学公式表达吗？

（1）猜想与假设

由日常生活获得的经验：热水在冬天降温快，在夏天降温慢，因此降温速度跟热水与环境的温差有关；一杯水比一桶水降温快，因此速度与热水的体积有关，体积越小速度就越快。

（2）制定计划

如图 3-4 所示，以不同体积的热水作为探究的对象。将体积分别为 50mL、100mL 和 200mL 的水加热至沸腾，然后利用掌上实验室的 Multilog Pro 数据采集器和温度探头（DT092）对其降温过程进行监测，记录其温度变化数据，以便利用计算机作进一步的分析处理。

DT029 是用感温半导体电阻制成的温度传感器，其外壳是导热性能极佳的金属，具有很强的抗化学腐蚀性能。工作原理：传感器接收一个 5V 的输入电压，经由感温电阻向数据采集器输出 0~5V 的电压信号，信号经采集器进行数模转换，以适当的形式储存在内存里。DT029 的测量范围为 –25~110℃，分辨率为 0.25℃，测量误差为±1℃。

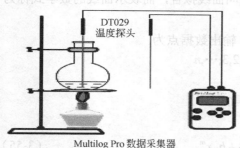

图 3-4　实验装置图

（3）实验步骤

① 用量筒量取 50mL 水并将其注入圆底烧瓶，将水加热至沸腾。

② 将一个温度传感器（DT029）连接到 Multilog Pro 的 I/O1 端口，用以采集热水的降温

数据；另一个连接到 I/O2 端口，用以采集环境的温度数据。开启数据采集器，设置采样频率为每秒 1 次，采样总数为 10 000。

③ 将一个探头置于沸水中，另一个置于实验装置旁。约 30sec 后停止加热，同时开启按钮开始采集数据。

④ 重复上述步骤依次采集体积为 100mL 和 200mL 的热水的降温过程温度变化数据。

⑤ 利用 Db-lab 软件将实验数据从 Multilog Pro 下载到计算机并完成降温曲线绘制，用科学计算绘图软件 Origin 对数据进行数学建模。

（4）数据处理

实验结果如图 3-5 所示。

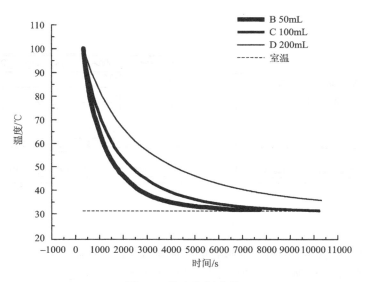

图 3-5　热水降温曲线

从图 3-5 可以看出，降温的初期热水的温度高，与环境的温差大，曲线很陡，这说明温差越大降温速度就越快，与第一个猜想吻合；体积为 50mL 的热水的降温曲线最陡，100mL 的次之，200mL 的最平，这说明热水的体积越小降温越快，体积越大降温越慢，这与第二个猜想吻合。表 3-3 是三个不同体积的水实验的特征数据。

表 3-3　实验特征数据

体积/mL	起始温度/℃	过程平均室温/℃	温差/℃	体积/mL	起始温度/℃	过程平均室温/℃	温差/℃
50	100.08	30.91	69.17	200	100.23	31.26	68.97
100	100.31	30.68	69.63				

（5）数学建模

图 3-5 所示的三条曲线在形式上与指数衰减函数的图像相似，设其通式为

$$y = y_0 + A e^{-\frac{x}{t}} \tag{3-60}$$

其中 y 是实时温度，x 是时间，y_0、A、t 是待定的参数。在降温的过程中，如果时间足够长，热水的温度最终会降到与环境的温度一致。式中 $A e^{-x/t}$ 项无限地减小，那么 y_0 就是环境的温度，对应表 3-3 中的平均室温。当开始降温时 $x=0$，$A e^{-x/t}=A$，于是式（3-60）变为

$$y = y_0 + A \qquad\qquad (3\text{-}61)$$

因此 A 就是热水与环境的最大温差。基于上面分析，可以将数据输入到科学计算绘图软件 Origin（version 7.0）中进行曲线拟合，如图 3-6 所示，拟合的过程如下：在 Origin 7.0 中打开工作簿中的数据（扩展名为.xls，其创建的方法是：先由 Db-lab 输出一个.csv 文件，此文件可以由 Microsoft Excel 2000 打开，再利用 Excel 将其保存为 Microcal Origin 7.0 可以处理的.xls 文件，或者直接将数据复制到 Origin 的工作簿中）；分别绘制三组数据的散点图得到三个曲线图 Graph1、Graph2 和 Graph3，击活 Graph1 为当前工作窗口。在菜单中选择 Analysis→ Non-linear Curve Fit，打开 NLSF 的 Select Function 对话框，选择 ExpDec1，单击 Start Fitting，此时分析系统会弹出对话框要求用户选择拟合的数据，用户只须单击 active dataset，因为之前已将数据击活。

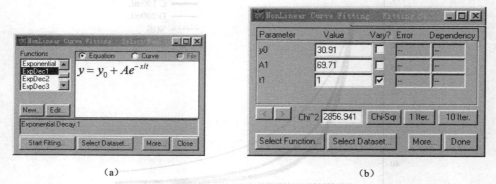

(a)　　　　　　　　　　　(b)

图 3-6　参数设置界面

① 设定参数　从表 3-3 中将当前拟合的相应参数（y_0 为室温、A 为温差）输入到文字框中，将 y_0、A 后的 Vary 选项的 √ 去掉，因为这两个参数已经经过分析确定，无须拟合。

② 开始迭代　单击 1 Iter 进行一次迭代，对应于当前参数的理论曲线将显示在 Graph1 窗口，多次单击 10 Iter，以使拟合的曲线与数据曲线最大程度地吻合，单击 Done 完成拟合。

三组数据拟合的结果如图 3-7～图 3-9 所示。

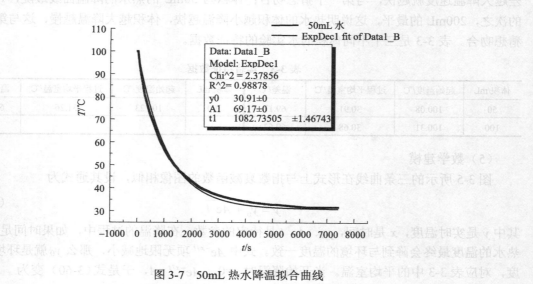

图 3-7　50mL 热水降温拟合曲线

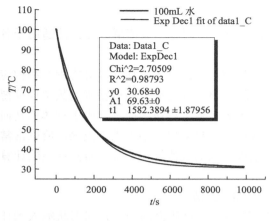

图 3-8　100mL 热水降温拟合曲线

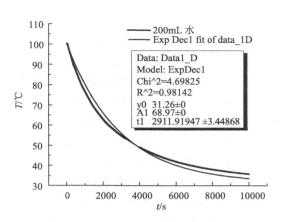

图 3-9　200mL 热水降温拟合曲线

表 3-4 归纳了三条曲线的数学模型。如果忽略三组实验中由于仪器（DT092）误差而造成的细微差异，那么 y_0 和 A_1 这两个参数在三组实验中完全一致，可见在本实验所处的条件下，t 是与热水的体积有关的一个参数，体积越大，t 的值就越大。

表 3-4　曲线的数学模型

V / mL	y_0	A_1	t
50	30.91	69.17	1082.74
100	30.68	69.63	1582.39
200	31.26	68.97	2911.92

假设 t 是体积 V 的函数，$t=f(V)$，用 Origin 对表 3-4 中 V、t 进行分析，发现 t 与 V 成线性关系，如图 3-10 所示。通过数学建模得出其关系为

$$t = 417.98 + 12.35V$$

因此式（3-62）可表示为 $y = y_0 + Ae^{\frac{x}{417.98+12.35V}}$，用 T、T_0、t 分别替换 y、y_0、x 有：

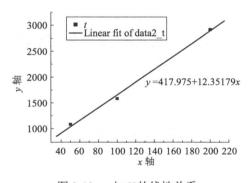

图 3-10　t 与 V 的线性关系

$T = T_0 + Ae^{\frac{t}{417.98+12.35V}}$。其中 T 为热水的实时温度，T_0 为环境的温度，A 是热水和环境的最大温差（开始温差），t 为时间，V 为热水的体积。

热水温度下降的速度跟热水与环境的温差有关，温差越大温度下降就越快，反之则越慢；热水温度下降的速度与热水的体积有关，体积越大温度下降就越慢，反之则越快；在本实验所处的条件下，热水降温过程可以用公式 $T = T_0 + Ae^{\frac{t}{417.98+12.35V}}$ 描述。

3.3　数学模型的数值求解

在材料科学与工程中的许多工程分析问题，如弹性力学中的位移场和应力场分析、塑性力学中的位移速度场和应变速率场分析、电磁学中的电磁场分析、传热学中的温度场分析、流体力学中的速度场和压力场分析等,都可归结为在给定边界条件下求解其控制方程的问题。控制方程的求解有解析和数值两种方法。

① 解析方法　根据控制方程的类型，采用解析的方法求出问题的精确解。该方法只能

求解方程性质比较简单且边界条件比较规则的问题。

② 数值方法 采用数值计算的方法，利用计算机求出问题的数值解。该方法适用于各种方程类型和各种复杂的边界条件及非线性特征。

许多的力学问题和物理问题人们已经得到了它们应遵循的基本规律（微分方程）和相应的定解条件。但是只有少数性质比较简单、边界比较规整的问题能够通过精确的数学计算得出其解析解。大多数问题是很难得到解析解的。对于大多数工程技术问题，由于物体的几何形状比较复杂或者问题的某些特征是非线性的，解析解不易求出或根本求不出来，所以常常用数值方法求解。对工程问题要得到理想或满足工程要求的数值解，必须具备高性能的计算机（硬件条件）和合适的数值解法。

数值模拟通常由前处理、数值计算、后处理三部分组成。

① 前处理 前处理主要完成下述功能：实体造型——将研究问题的几何形状输入到计算机中；物性赋值——将研究问题的各种物理参数（力学参数、热力学参数、流动参数、电磁参数等）输入到计算机中；定义单元类型——根据研究问题的特性将其定义为实体、梁、壳、板等单元类型；网格剖分——将连续的实体进行离散化，形成节点和单元。

② 数值计算 数值计算主要完成下述功能：施加载荷——定义边界条件、初始条件；设定时间步——对于瞬态问题要设定时间步；确定计算控制条件——对求解过程和计算方法进行选择；求解计算——软件按照选定的数值计算方法进行求解。

③ 后处理 后处理主要完成下述功能：显示和分析计算结果——图形显示体系的应力场、温度场、速度场、位移场、应变场等，列表显示节点和单元的相关数据；分析计算误差；打印和保存计算结果。

解决这类问题通常有两种途径：

① 对方程和边界条件进行简化，从而得到问题在简化条件下的解答；

② 采用数值解法。

第一种方法只在少数情况下有效，因为过多的简化会引起较大的误差，甚至得到错误的结论。目前，常用的数值解法大致可以分为两类：有限差分法和有限元法。应用有限差分法和有限元法求解数学模型最终归结到求解线性方程组。

3.3.1 常用的计算方法

在自然科学和工程技术中很多问题的解决常常归结为求解线性代数方程组。

$$\begin{cases} a_{11}x_1 + a_{12}x_2 + \cdots + a_{1n}x_n = b_1 \\ a_{21}x_1 + a_{22}x_2 + \cdots + a_{2n}x_n = b_2 \\ \cdots \\ a_{n1}x_1 + a_{n2}x_2 + \cdots + a_{nn}x_n = b_n \end{cases}$$

当它的系数行列式不为零时，由克莱姆法则可以给出方程组的唯一解，但是这一理论上完善的结果，在实际计算中可以说没有什么用处。因此如何建立在计算机上可以实现的有效而实用的解法，具有极其重要的意义。这些方法大致可分为两类：一类是直接法，就是经过有限步算术运算，可求得方程组精确解的方法（如果每步计算都是精确进行的话）；另一类是迭代法，就是用某种极限过程去逐步逼近其精确解的方法。

（1）迭代法解线性方程组

迭代法也称辗转法，是一种不断用变量的旧值递推新值的过程，与迭代法相对应的是直接法（或者称为一次解法），即一次性解决问题。迭代法又分为精确迭代和近似迭代。"二分法"和"牛顿迭代法"属于近似迭代法。迭代算法是用计算机解决问题的一种基本方法。它利用计算机运算速度快、适合做重复性操作的特点，让计算机对一组指令（或一定步骤）进行重复执行，在每次执行这组指令（或这些步骤）时，都从变量的原值推出它的一个新值。

利用迭代算法解决问题，需要做好以下三个方面的工作。

① 确定迭代变量　在可以用迭代算法解决的问题中，至少存在一个直接或间接地不断由旧值递推出新值的变量，这个变量就是迭代变量。

② 建立迭代关系式　所谓迭代关系式，是指如何从变量的前一个值推出其下一个值的公式（或关系）。迭代关系式的建立是解决迭代问题的关键，通常可以使用递推或倒推的方法来完成。

③ 对迭代过程进行控制　在什么时候结束迭代过程？这是编写迭代程序必须考虑的问题。不能让迭代过程无休止地重复执行下去。迭代过程的控制通常可分为两种情况：一种是所需的迭代次数是个确定的值，可以计算出来；另一种是所需的迭代次数无法确定。对于前一种情况，可以构建一个固定次数的循环来实现对迭代过程的控制；对于后一种情况，需要进一步分析出用来结束迭代过程的条件。

设有 n 阶方程组

$$\begin{cases} a_{11}x_1 + a_{12}x_2 + \cdots + a_{1n}x_n = b_1 \\ a_{21}x_1 + a_{22}x_2 + \cdots + a_{2n}x_n = b_2 \\ \qquad\qquad\vdots \\ a_{n1}x_1 + a_{n2}x_2 + \cdots + a_{nn}x_n = b_n \end{cases} \tag{3-62}$$

若系数矩阵为非奇异阵，且 $a_{ii} \neq 0 (i=1, 2, \cdots)$，将式（3-62）改写为

$$\begin{cases} x_1 = \dfrac{1}{a_{11}}(b_1 - 0 - a_{12}x_2 - a_{13}x_3 - \cdots - a_{1n}x_n) \\ x_2 = \dfrac{1}{a_{22}}(b_2 - a_{21}x_1 - 0 - a_{23}x_3 - \cdots - a_{2n}x_n) \\ \qquad\qquad\vdots \\ x_n = \dfrac{1}{a_{nn}}(b_n - a_{n1}x_1 - a_{n2}x_2 - \cdots - a_{nn-1n}x_{n-1} - 0) \end{cases}$$

通过简单迭代可得到式（3-63）

$$\begin{cases} x_1^{(k+1)} = \dfrac{1}{a_{11}}[b_1 - 0 - a_{12}x_2^{(k)} - a_{13}x_3^{(k)} - \cdots - a_{1n}x_n^{(k)}] \\ x_2^{(k+1)} = \dfrac{1}{a_{22}}[b_2 - a_{21}x_1^{(k)} - 0 - a_{23}x_3^{(k)} - \cdots - a_{2n}x_n^{(k)}] \\ \qquad\qquad\vdots \\ x_n^{(k+1)} = \dfrac{1}{a_{nn}}[b_n - a_{n1}x_1^{(k)} - a_{n2}x_2^{(k)} - \cdots - a_{nn-1n}x_{n-1}^{(k)} - 0] \end{cases}$$

简写为

$$x_i^{(k+1)} = \frac{1}{a_{ii}}\left(b_i - \sum_{\substack{i=1 \\ j \neq i}}^{n} a_{ii}x_j^{(k)}\right) \quad i = 1, 2, \cdots, n; k = 0, 1, 2, \cdots \tag{3-63}$$

收敛于

$$X^{(k)} = [x_1^{(k)}, x_2^{(k)}, \cdots, x_n^{(k)}]^T$$
$$X^{(*)} = [x_1^{(*)}, x_2^{(*)}, \cdots, x_n^{(*)}]^T$$

如果不收敛，则迭代法失败。

$$\lim_{k \to \infty} X^{(k)} = X^{(*)}$$

方程组的解

$$x_i^* (i = 1, 2, \cdots, n)$$

式（3-63）被称为雅可比迭代格式。

赛德尔迭代法如下。

一般地，计算 $x_i^{(k+1)}$（$n \geq i \geq 2$）时，使用 $x_p^{(k+1)}$ 代替 $x_p^{(k)}$（$i \geq p \geq 1$）能使收敛快些。

$$\begin{cases} x_1^{(k+1)} = \dfrac{1}{a_{11}}[b_1 - 0 - a_{12}x_2^{(k)} - a_{13}x_3^{(k)} - \cdots - a_{1n}x_n^{(k)}] \\ x_2^{(k+1)} = \dfrac{1}{a_{22}}[b_2 - a_{21}x_1^{(k+1)} - 0 - a_{23}x_3^{(k)} - \cdots - a_{2n}x_n^{(k)}] \\ \qquad \cdots \\ x_n^{(k+1)} = \dfrac{1}{a_{nn}}[b_n - a_{n1}x_1^{(k+1)} - a_{n2}x_2^{(k+1)} - \cdots - a_{nn-1}x_{n-1}^{(k+1)} - 0] \end{cases} \tag{3-64}$$

$$x_i^{(k+1)} = \frac{1}{a_{ii}}[b_i - \sum_{j=1}^{n-1} a_{ii}x_j^{(k+1)} - \sum_{j=i+1}^{n} a_{ii}x_j^{(k)}] \quad i = 1, 2, \cdots, n; k = 0, 1, 2, \cdots \tag{3-65}$$

为确定计算是否终止，设为允许的绝对误差限，当满足 $\max\limits_{1 \leq i \leq n}\left|x_i^{(k+1)} - x_i^{(k)}\right| < \varepsilon$ 时停止计算。

（2）追赶法解方程组

在计算样条函数、解常微分方程边值问题、解热传导方程等都会要求解系数矩阵呈三对角线形的线性方程组，这时

$$A = \begin{bmatrix} a_{11} & a_{12} & & & \\ a_{21} & a_{22} & a_{23} & & \\ & \ddots & \ddots & \ddots & \\ & a_{n-1n-2} & a_{n-1n-1} & a_{n-1n} \\ & & a_{nn-1} & a_{nn} \end{bmatrix}$$

的 LU 分解中，矩阵 L 和 U 分别取下二对角线和上二对角线形式，设

$$L = \begin{bmatrix} l_{11} & & & \\ l_{21} & l_{22} & & \\ \ddots & \ddots & & \\ & & l_{nn-1} & l_{nn} \end{bmatrix}, \quad U = \begin{bmatrix} 1 & u_{12} & & \\ & \ddots & \ddots & \\ & & 1 & u_{n-1n} \\ & & & 1 \end{bmatrix}$$

由 $A=LU$ 得计算公式。

$$a_{11} = l_{11}$$
$$a_{ii-1} = l_{ii-1}, \quad i = 2, 3, \cdots, n$$
$$a_{ii} = l_{ii-1}u_{i-1i} + l_{ii}, \quad i = 2, 3, \cdots, n$$
$$a_{ii+1} = l_{i1}u_{ii+1}, \quad i = 1, 2, \cdots, n-1$$

即

$$l_{11} = a_{11}$$

$$u_{12} = \frac{a_{12}}{l_{11}}$$

$$l_{ii-1} = a_{ii-1}$$

$$l_{ii} = a_{ii} - l_{ii-1}u_{i-1i}$$

$$u_{ii+1} = \frac{a_{ii+1}}{l_{ii}}$$

$$i = 2,3,\cdots,n$$

此时，求解 $Ax=b$ 等价于解两个二对角线方程组

$$\begin{cases} Ly = b \\ Ux = y \end{cases}$$

自上而下解方程组 $Ly=b$ 形象地称为"追"。

$$y_1 = \frac{b_1}{l_{11}}$$

$$y_i = \frac{b_i - l_{ii-1}y_{i-1}}{l_{ii}}, \qquad i = 2,3,\cdots,n$$

自下而上解方程组 $Ux = y$ 称为"赶"。

$$x_n = y_n$$

$$x_i = y_i - u_{ii+1}x_{i+1}, \qquad i = n-1,\cdots,2,1$$

习惯，上述求解方法称为"追赶法"。

例 6：用追赶法解三对角线方程组

$$\begin{cases} 2x_1 - x_2 & & & = 1 \\ -x_1 + 2x_2 - x_3 & & & = 0 \\ & -x_2 + 2x_3 - x_4 & & = 0 \\ & & -x_3 + 2x_4 & = 1 \end{cases}$$

解：由三对角分解公式有

$$l_{11} = a_{11} = 2$$

$$u_{12} = \frac{a_{12}}{l_{11}} = -\frac{1}{2}$$

$$l_{21} = a_{21} = -1$$

$$l_{22} = a_{22} - l_{21}u_{12} = 2 - \frac{1}{2} = \frac{3}{2}$$

$$u_{23} = \frac{a_{23}}{l_{22}} = -\frac{2}{3}$$

$$l_{32} = a_{32} = -1$$

$$l_{33} = a_{33} - l_{32}u_{23} = \frac{4}{3}$$

$$u_{34} = \frac{a_{34}}{l_{33}} = -\frac{3}{4}$$

$$l_{43} = a_{43} = -1$$

$$l_{44} = a_{44} - l_{43}u_{34} = \frac{5}{4}$$

而由"追"公式有

$$y_1 = \frac{b_1}{l_{11}} = \frac{1}{2}$$

$$y_2 = \frac{b_2 - l_{21}y_1}{l_{22}} = \frac{1}{3}$$

$$y_3 = \frac{b_3 - l_{32}y_2}{l_{33}} = \frac{1}{4}$$

$$y_4 = \frac{b_4 - l_{43}y_3}{l_{44}} = 1$$

最后，由"赶"公式得原方程组的解

$$x_4 = y_4 = 1$$

$$x_3 = y_3 - u_{34}x_4 = 1$$

$$x_2 = y_2 - u_{23}x_3 = 1$$

$$x_1 = y_1 - u_{12}x_2 = 1$$

追赶法公式实际上就是把高斯消元法用到求解三对角线方程组上去的结果，这时由于 A 特别简单，因此使得求解的计算公式非常简单，而且计算量仅有 $5n\text{–}4$ 次乘除法，$3n\text{–}3$ 次加减法，仅占 $5n\text{–}2$ 个存储单元，所以可以在小机器上解高阶三对角线形的线性代数方程组。

3.3.2 有限差分法

有限差分法是数值求解微分问题的一种重要工具，很早就有人在这方面作了一些基础性的工作。到了 1910 年，L.F.Richardson 在一篇论文中论述了 Laplace 方程、重调和方程等的迭代解法，为偏微分方程的数值分析奠定了基础。但是在电子计算机问世前，研究重点在于确定有限差分解的存在性和收敛性。这些工作成了后来实际应用有限差分法的指南。20 世纪40 年代后半期出现了电子计算机，有限差分法得到迅速的发展，在很多领域（如传热分析、流动分析、扩散分析等）取得了显著的成就，对国民经济及人类生活产生了重要影响，积极地推动了社会的进步。

有限差分法在材料成形领域的应用较为普遍，与有限元法一起成为材料成形计算机模拟技术的主要两种数值分析方法。目前材料加工中的传热分析（如铸造成形过程的传热凝固、塑性成形中的传热、焊接成形中的热量传递等）、流动分析（如铸件充型过程，焊接熔池的产生、移动，激光熔覆中的动量传递等）都可以用有限差分方式进行模拟分析。特别是在流动场分析方面，与有限元相比，有限差分法有独特的优势，因此目前进行流体力学数值分析，绝大多数都是基于有限差分法。另外，一向被认为是有限差分法的弱项——应力分析，目前也取得了长足进步。一些基于差分法的材料加工领域的应力分析软件纷纷推出，从而使得流动、传热、应力统一于差分方式下。

有限差分法是数值计算中应用非常广泛的一种方法。有限差分法（finite differential method）是基于差分原理的一种数值计算法。其实质是以有限差分代替无限微分、以差分代数方程代替微分方程、以数值计算代替数学推导的过程，从而将连续函数离散化，以有限的、离散的数值代替连续的函数分布。

（1）差分方程的建立

首先选择网格布局、差分形式和布局；其次，以有限差分代替无限微分，即以 $x_2 - x_1 = \Delta x$ 代替 dx，以差商 $\dfrac{y_2 - y_1}{x_2 - x_1} = \dfrac{\Delta y}{\Delta x}$ 代替微商 $\dfrac{dy}{dx}$，并以差分方程代替微分方程及其边界条件。差分方程的建立如下。

① 合理选择网格布局及步长（图 3-11） 将离散后各相邻离散点之间的距离或者离散化单元的长度称为步长。

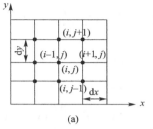 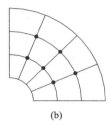 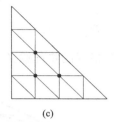

图 3-11 网格划分方法

在所选定区域内进行网格划分是差分方程建立的第一步，其方法比较灵活，但是实际应用中往往遵守误差最小原则。因此，网格样式的选择一般和所选区域有密切关系。图 3-11 中是几种比较典型的网格划分方式。

② 将微分方程转化为差分方程

a. 向前差分

$$\frac{\partial T}{\partial x} = \frac{T(i+1,j) - T(i,j)}{\Delta x} \tag{3-66}$$

$$\frac{\partial T}{\partial y} = \frac{T(i,j+1) - T(i,j)}{\Delta y} \tag{3-67}$$

$$\frac{\partial^2 T}{\partial^2 x} = \frac{\partial}{\partial x}\left[\frac{T(i+1,j) - T(i,j)}{\Delta x}\right] = \frac{T(i+2,j) - 2T(i+1,j) + T(i,j)}{\Delta x^2} \tag{3-68}$$

$$\frac{\partial^2 T}{\partial^2 y} = \frac{\partial}{\partial y}\left[\frac{T(i,j+1) - T(i,j)}{\Delta y}\right] = \frac{T(i,j+2) - 2T(i,j+1) + T(i,j)}{\Delta y^2} \tag{3-69}$$

b. 向后差分

$$\frac{\partial T}{\partial x} = \frac{T(i,j) - T(i-1,j)}{\Delta x} \tag{3-70}$$

$$\frac{\partial T}{\partial y} = \frac{T(i,j-1) - T(i,j)}{\Delta y} \tag{3-71}$$

$$\frac{\partial^2 T}{\partial^2 x} = \frac{\partial}{\partial x}\left[\frac{T(i,j) - T(i-1,j)}{\Delta x}\right] = \frac{T(i,j) - 2T(i-1,j) + T(i-2,j)}{\Delta x^2} \tag{3-72}$$

$$\frac{\partial^2 T}{\partial^2 y} = \frac{\partial}{\partial y}\left[\frac{T(i,j) - T(i,j-1)}{\Delta y}\right] = \frac{T(i,j) - 2T(i,j-1) + T(i,j-2)}{\Delta y^2} \tag{3-73}$$

c. 中心差分

$$\frac{\partial T}{\partial x} = \frac{T\left(i+\frac{1}{2},j\right) - T\left(i-\frac{1}{2},j\right)}{\Delta x} = \frac{T(i+1,j) - T(i-1,j)}{2\Delta x} \tag{3-74}$$

$$\frac{\partial T}{\partial y} = \frac{T\left(i, j+\frac{1}{2}\right) - T\left(i, j-\frac{1}{2}\right)}{\Delta y} = \frac{T(i, j+1) - T(i, j-1)}{2\Delta y} \qquad (3\text{-}75)$$

$$\frac{\partial^2 T}{\partial^2 x} = \frac{\partial}{\partial x}\left(\frac{T\left(i+\frac{1}{2}, j\right) - T\left(i-\frac{1}{2}, j\right)}{\Delta x}\right) = \frac{T(i+1, j) - 2T(i, j) + T(i-1, j)}{\Delta x^2} \qquad (3\text{-}76)$$

$$\frac{\partial^2 T}{\partial^2 y} = \frac{\partial}{\partial y}\left(\frac{T\left(i, j+\frac{1}{2}\right) - T\left(i, j-\frac{1}{2}\right)}{\Delta y}\right) = \frac{T(i, j+1) - 2T(i, j) + T(i, j-1)}{\Delta y^2} \qquad (3\text{-}77)$$

③ 差分格式的物理意义　几种差分格式示意图如图 3-12 所示。

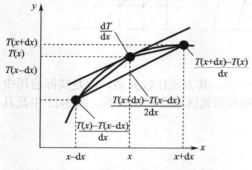

图 3-12　几种差分格式示意图

④ 差分格式的误差分析

$$T_{i+1} = T(x+\Delta x) = T_i + \frac{dT}{dx}(x_{i+1} - x_i) + \frac{1}{2!} \times \frac{d^2 T}{dx^2}(x_{i+1} - x_i)^2 + \cdots$$

$$T_{i-1} = T(x-\Delta x) = T_i - \frac{dT}{dx}(x_i - x_{i-1}) + \frac{1}{2!} \times \frac{d^2 T}{dx^2}(x_i - x_{i-1})^2 + \cdots$$

$$\frac{T_{i+1} - T_i}{\Delta x} - \frac{dT}{dx} = \frac{1}{2!}\Delta x \frac{d^2 T}{dx^2} + \cdots = \phi(\Delta x)$$

$$\frac{T_i - T_{i-1}}{\Delta x} - \frac{dT}{dx} = -\frac{1}{2!}\Delta x \frac{d^2 T}{dx^2} + \cdots = \phi(\Delta x)$$

$$\frac{1}{2}\left(\frac{T_{i+1} - T_i}{\Delta x} + \frac{T_i - T_{i-1}}{\Delta x}\right) - \frac{dT}{dx} = \frac{1}{3!}\Delta x \frac{d^3 T}{dx^3} + \cdots = \phi[(\Delta x)^2] \qquad (3\text{-}78)$$

（2）差分方程的求解方法

① 直接法——Gauss 列主元素消元法　A 为 $n \times n$ 阶矩阵，b 为 n 维向量，x 为 n 维未知列向量，A_b 为 A 的增广矩阵。

$$Ax = b \qquad (3\text{-}79)$$

$$A = \begin{pmatrix} a_{11} & a_{12} & \cdots & a_{1n} \\ a_{21} & a_{22} & \cdots & a_{2n} \\ \vdots & \vdots & & \vdots \\ a_{n1} & a_{n2} & \cdots & a_{nn} \end{pmatrix} = (a_{i,j})_{n \times n}, x = \begin{Bmatrix} x_1 \\ x_2 \\ \vdots \\ x_n \end{Bmatrix}, b = \begin{Bmatrix} b_1 \\ b_2 \\ \vdots \\ b_n \end{Bmatrix} \qquad (3\text{-}80)$$

$$A_b = \begin{pmatrix} a_{11} & a_{12} & \cdots & a_{1n} & b_1 \\ a_{21} & a_{22} & \cdots & a_{2n} & b_2 \\ \vdots & \vdots & & \vdots & \vdots \\ a_{n1} & a_{n2} & \cdots & a_{nn} & b_n \end{pmatrix} \qquad (3\text{-}81)$$

$$a_{11}x_1 + a_{12}x_2 + \cdots + a_{1n}x_n = a_{1,n+1}$$

$$a_{21}x_1 + a_{22}x_2 + \cdots + a_{2n}x_n = a_{2,n+1}$$

$$\vdots$$

$$a_{n1}x_1 + a_{n2}x_2 + \cdots + a_{nn}x_n = a_{n,n+1}$$

（3-82）

$$a_{11}x_1 + a_{12}x_2 + \cdots + a_{1n}x_n = a_{1,n+1}$$

$$a_{22}^{(1)}x_2 + \cdots + a_{2n}^{(1)}x_n = a_{2,n+1}^{(1)}$$

$$\vdots$$

$$a_{n2}^{(1)}x_2 + \cdots + a_{nn}^{(1)}x_n = a_{n,n+1}^{(1)}$$

（3-83）

$$a_{11}x_1 + a_{12}x_2 + a_{13}x_3 \cdots + a_{1n}x_n = a_{1,n+1}$$

$$a_{22}^{(1)}x_2 + a_{23}^{(1)}x_3 \cdots + a_{2n}^{(1)}x_n = a_{2,n+1}^{(1)}$$

$$a_{33}^{(2)}x_3 + \cdots + a_{3n}^{(2)}x_n = a_{3,n+1}^{(2)}$$

$$\vdots$$

$$a_{n3}^{(2)}x_3 + \cdots + a_{nn}^{(2)}x_n = a_{n,n+1}^{(2)}$$

（3-84）

$$a_{11}x_1 + a_{12}x_2 + a_{13}x_3 \cdots + a_{1n}x_n = a_{1,n+1}$$

$$a_{22}^{(1)}x_2 + a_{23}^{(1)}x_3 \cdots + a_{2n}^{(1)}x_n = a_{2,n+1}^{(1)}$$

$$a_{33}^{(2)}x_3 + \cdots + a_{3n}^{(2)}x_n = a_{3,n+1}^{(2)}$$

$$\vdots$$

$$a_{nn}^{(n-1)}x_n = a_{n,n+1}^{(n-1)}$$

（3-85）

其解为：

$$x_n = \frac{a_{n,n+1}^{(n-1)}}{a_{nn}^{(n-1)}}$$

$$x_i = \frac{\left[a_{i,n+1}^{(n-1)} - \sum_{j=i+1}^{n} a_{ij}^{(i-1)}x_j \right]}{a_{ii}^{(i-1)}}$$

（3-86）

$$i = n-1, n-2, \cdots, 2, 1$$

② 间接法——迭代法 对于线性方程组 $Ax = b$，构造一个 $x^{(k)}$ 值，将 $x^{(k)}$ 代入式（3-87），得出新的值 $x^{(k+1)}$，再将结果代入得到更新的 $x^{(k+2)}$，依次迭代下去，即可使其迭代值收敛于该方程组的精确解 X^*。根据选择 $x^{(k)}$ 的方法不同，又可以分为简单迭代法（同步迭代法）和 Guass-Seidel 迭代法。

对于线性方程组 $Ax = b$，当 $a_{ii} \neq 0$，则可表示为式（3-87）。

$$\begin{cases} x_1 = \dfrac{(b_1 - a_{12}x_2 - a_{13}x_3 - \cdots - a_{1n}x_n)}{a_{11}} \\[2mm] x_2 = \dfrac{(b_2 - a_{21}x_1 - a_{23}x_3 - \cdots - a_{2n}x_n)}{a_{22}} \\[2mm] \cdots \\[2mm] x_i = \dfrac{(b_i - a_{i1}x_1 - a_{i2}x_2 - \cdots - a_{in}x_n)}{a_{ii}} \\[2mm] \cdots \\[2mm] x_n = \dfrac{(b_n - a_{n1}x_1 - a_{n2}x_2 - \cdots - a_{nn}x_n)}{a_{nn}} \end{cases} \tag{3-87}$$

式（3-87）可写成

$$x_i = \dfrac{\left(b_i - \sum\limits_{\substack{j=1 \\ i \neq j}}^{n} a_{ij}x_j \right)}{a_{ii}} \quad i = 1, 2, \cdots, n \tag{3-88}$$

欲求解方程组，首先假设一个解 $x_i^{(0)}(i=1,2,\cdots,n)$ ，代入式（3-88）的右端，计算出解的一次迭代值，即

$$x_i^{(1)} = \dfrac{\left(b_i - \sum\limits_{\substack{j=1 \\ i \neq j}}^{n} a_{ij}x_j^{(0)} \right)}{a_{ii}}, i = 1, 2, \cdots, n \tag{3-89}$$

再将 $x_i^{(1)}$ 代入式（3-88）的右端，得到第二次迭代值，依此类推，得到第 k 次的迭代值。

$$x_i^{(k)} = \dfrac{\left(b_i - \sum\limits_{\substack{j=1 \\ i \neq j}}^{n} a_{ij}x_j^{(k-1)} \right)}{a_{ii}}, i = 1, 2, \cdots, n \tag{3-90}$$

迭代次数无限增多时，$x_i^{(k)}$ 将收敛于方程组的精确解 X^*。一般满足

$$x_i^{(k+1)} - x_i^k \leqslant \delta \quad (0 < \delta < c) \tag{3-91}$$

即可认为迭代已经满足精度要求，式中 c 为某适当小的量，其具体大小取决于精度要求。

差分格式的稳定性：假如初始条件和边界条件有微小的变化，若解的最后变化是微小的，则称解是稳定的，否则是不稳定的。

（3）有限差分法求解实例

例7：在无源简单介质的电磁波场中，麦克斯韦方程写成

$$\nabla E = -j\omega\mu H$$
$$\nabla H = j\omega\varepsilon E \tag{3-92}$$
$$\nabla E = 0$$
$$\nabla H = 0$$

从两个旋度方程消去 E 或 H 得到

$$(\nabla^2 + k^2)\begin{cases} E \\ H \end{cases} = 0 \tag{3-93}$$

其中

$$k^2 = \omega^2 \mu \varepsilon$$

设 $\nabla = \nabla_t + \dfrac{\partial}{\partial z} z_0$，取截面的二维矢量波方程为

$$(\nabla_t^2 + k_t^2)\begin{cases} \boldsymbol{E}(x,y) \\ \boldsymbol{H}(x,y) \end{cases} = 0 \tag{3-94}$$

其中

$$k_t = \sqrt{\omega^2 \mu \varepsilon - k_z^2} = \sqrt{k_0^2 n^2 - k_z^2} \tag{3-95}$$

即得

$$\left(\frac{\partial^2}{\partial x^2} + \frac{\partial^2}{\partial y^2} + k_t^2 \right) \begin{cases} \boldsymbol{E}(x,y) \\ \boldsymbol{H}(x,y) \end{cases} = 0 \tag{3-96}$$

如果仅仅考虑电场的标量方程，则电场大小 $\boldsymbol{E}(\boldsymbol{E}_x$ 或 $\boldsymbol{E}_y)$ 满足

$$\left(\frac{\partial^2}{\partial x^2} + \frac{\partial^2}{\partial y^2} + k_0^2 n^2 - k_z^2 \right) \boldsymbol{E} = 0 \tag{3-97}$$

$\beta = k_z^2$ 得

$$\left(\frac{\partial^2}{\partial x^2} + \frac{\partial^2}{\partial y^2} + k_0^2 n^2 \right) \boldsymbol{E} = \beta \boldsymbol{E} \tag{3-98}$$

　　考虑的介质波导结构如图 3-14 所示方形波导生长在 SiO_2 衬底上，芯层折射率大于包层折射率（如图 3-13 中所示 $n_1 > n_2$）。

　　显然，如果芯层折射率比包层折射率大的多，电磁波将被限制在芯层中传播，在包层介质 n_2 中，电磁波已经很弱，因此将包层介质与空气及衬底边界的电场设为零，在这样的假设下，求解介质波导截面电场分布就转化成下面的微分方程求解问题。

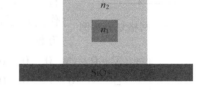

图 3-13　波导截面图

$$\begin{cases} \left(\dfrac{\partial^2}{\partial x^2} + \dfrac{\partial^2}{\partial y^2} + k_0^2 n^2 \right) \boldsymbol{E} = \beta \boldsymbol{E} \begin{pmatrix} a \leqslant x \leqslant b \\ c \leqslant y \leqslant d \end{pmatrix} \\ \boldsymbol{E}(a,y) = \boldsymbol{E}(b,y) = \boldsymbol{E}(x,c) = \boldsymbol{E}(x,d) = 0 \end{cases} \tag{3-99}$$

由于波导形状规则，很容易将其作网格划分，网格线交点（节点）处的电场大小就是要求解的电场离散解（图 3-14）。每一个节点的电场大小都是未知数（除了边界点外），求解的是 $(N_x-2) \times (N_y-2)$ 个未知数 $\boldsymbol{E}(i, j)(i=2, 3, 4, \cdots, N_x-1; j=2,3,4,\cdots,N_y-1)$，下面从偏微分方程[式（3-99）]中"提取"信息,构造求离散解所需的方程组。

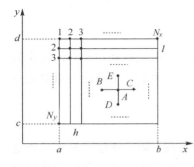

图 3-14　网格划分图

　　分析偏微分方程[式（3-99）]，首先将偏导数差分化，考虑函数 $f(x)$，取小量 $\Delta x = h$，则

$$\frac{\mathrm{d}f}{\mathrm{d}x} \approx \frac{\Delta f}{\Delta x} = \frac{f(x+h) - f(x)}{h} \tag{3-100}$$

同样的二阶微分

$$\frac{\mathrm{d}^2 f}{\mathrm{d}x^2} \approx \frac{1}{\Delta x} \left(\frac{\mathrm{d}f}{\mathrm{d}x} \Big|_{x+h} - \frac{\mathrm{d}f}{\mathrm{d}x} \Big|_x \right) \approx \frac{f(x+h) - 2f(x) + f(x-h)}{h^2} \tag{3-101}$$

同样对 $E(x, y)$ 的二阶偏导有

$$\frac{\partial^2 E}{\partial x^2} \approx \frac{E(x+h, y) - 2E(x, y) + E(x-h, y)}{h^2}$$

$$\frac{\partial^2 E}{\partial y^2} \approx \frac{E(x+y, l) - 2E(x, y) + E(x, y-l)}{l^2}$$

（3-102）

代入偏微分方程得

$$\frac{E(x+h, y) + E(x-h, y)}{h^2} + \frac{E(x, y+l) + E(x, y-l)}{l^2} -$$

$$2\left(\frac{1}{h^2} + \frac{1}{l^2} - k_0^2 n^2\right) E(x, y) = \beta E(x, y)$$

（3-103）

如图 3-15 所示，采用 $E(i, j)$ 表示节点处的电场，则有

$$\frac{E(i+1, j) + E(i-1, j)}{h^2} + \frac{E(i, j+1) + E(i, j-1)}{l^2} -$$

$$2\left(\frac{1}{h^2} + \frac{1}{l^2} - k_0^2 n^2\right) E(i, j) = \beta E(i, j)$$

（3-104）

图 3-15　网格划分实例

如果记图 3-14 中 A 点的电场为 $E(i, j)$，则式（3-104）给出了节点 B、C、D、E 处电场和节点 A 处电场的关系，即所谓的五点差分格式。对所有节点列出这种关系式，并将其写成矩阵的形式，得到：$AX = \beta X$，其中 X 是由各节点电场 $E(1, 1), E(1, 2) \cdots$ 组成的 $N_x \times N_y$ 个元素的列向量，A 是 $N_x \times N_y$ 行、$N_x \times N_y$ 列的矩阵，其每一行对应一个节点的五点差分格式方程。作为例子，给出如图 3-15 所示网格（节点处折射率均为 n）的矩阵方程。

$$\begin{pmatrix} \square & \triangledown & 0 & \triangle & 0 & 0 & 0 & 0 & 0 \\ \triangledown & \square & \triangledown & 0 & \triangle & 0 & 0 & 0 & 0 \\ 0 & \triangledown & \square & 0 & 0 & \triangle & 0 & 0 & 0 \\ \triangle & 0 & 0 & \square & \triangledown & 0 & \triangle & 0 & 0 \\ 0 & \triangle & 0 & \triangledown & \square & \triangledown & 0 & \triangle & 0 \\ 0 & 0 & \triangle & 0 & \triangledown & \square & 0 & 0 & \triangle \\ 0 & 0 & 0 & \triangle & 0 & 0 & \square & \triangledown & 0 \\ 0 & 0 & 0 & 0 & \triangle & 0 & \triangledown & \square & \triangledown \\ 0 & 0 & 0 & 0 & 0 & \triangle & 0 & \triangledown & \square \end{pmatrix} \begin{pmatrix} E11 \\ E12 \\ E13 \\ E21 \\ E22 \\ E23 \\ E31 \\ E32 \\ E33 \end{pmatrix} = \beta \begin{pmatrix} E11 \\ E12 \\ E13 \\ E21 \\ E22 \\ E23 \\ E31 \\ E32 \\ E33 \end{pmatrix}$$

$$\triangle = \frac{1}{l^2}$$
$$\triangledown = \frac{1}{h^2}$$
$$\square = k_0^2 n^2 - 2\left(\frac{1}{h^2} + \frac{1}{l^2}\right)$$

（3-105）

从简单的例子中可以看出矩阵 A 是个数字分布有规律的、对称的、庞大的稀疏矩阵，转化为求解矩阵 A 的特征值以及相应的特征向量，从电磁波理论上讲，这里的一个特征向量对应一种电磁场在波导中的模式。

3.3.3　有限元法

有限元法（finite element method，FEM）也称为有限单元法或有限元素法，基本思想是将求解区域离散为一组有限个且按一定方式相互连接在一起的单元的组合体。它是随着电子计算机的发展而迅速发展起来的一种现代计算方法。把物理结构分割成不同大小、不同类型的区域，这些区域就称为单元。根据不同分析科学，推导出每一个单元的作用力方程，组集成整个结构的系统方程，最后求解该系统方程，就是有限元法。简单地说，有限元法是一种

离散化的数值方法。离散后的单元与单元间只通过节点相联系，所有力和位移都通过节点进行计算。对每个单元，选取适当的插值函数，使得该函数在子域内部、子域分界面上（内部边界）以及子域与外界分界面（外部边界）上都满足一定的条件。然后把所有单元的方程组合起来，就得到了整个结构的方程。求解该方程，就可以得到结构的近似解。离散化是有限元方法的基础。必须依据结构的实际情况，决定单元的类型、数目、形状、大小以及排列方式。这样做的目的是：将结构分割成足够小的单元，使得简单位移模型能够足够近似地表示精确解。同时，又不能太小，否则计算量很大。

（1）有限元法的发展

有限元法是 20 世纪 50 年代在连续体力学领域——飞机结构的静力和动力特性分析中应用的一种有效的数值分析方法。同时，有限元法的通用计算程序作为有限元研究的一个重要组成部分，也随着电子计算机的飞速发展而迅速发展起来。在 20 世纪 70 年代初期，大型通用的有限元分析软件出现了，这些大型、通用的有限元软件功能强大，计算可靠，工作效率高，因而逐步成为结构分析中的强有力的工具。近二十多年来，各国相继开发了很多通用程序系统，应用领域也从结构分析领域扩展到各种物理场的分析，从线性分析扩展到非线性分析，从单一场的分析扩展到若干个场耦合的分析。在目前应用广泛的通用有限元分析程序中，美国 ANSYS 公司研制开发的大型通用有限元程序 ANSYS 是一个适用于计算机平台的大型有限元分析系统，功能强大，适用领域非常广泛。ANSYS 是在 20 世纪 70 年代由 ANSYS 公司开发的工程分析软件。开发初期是为了应用于电力工业，现在已经广泛应用于航空、航天、电子、汽车、土木工程等各种领域，能够满足各行业有限元分析的需要。ANSYS 软件是美国 ANSYS 公司研制的大型通用有限元分析（FEA）软件。能够进行包括结构、热、声、流体、电磁场等科学的研究。在核工业、铁道、石油化工、航空航天、机械制造、能源、汽车交通、国防军工、电子、土木工程、造船、生物医学、轻工、地矿、水利、日用家电等领域有着广泛的应用。

在工程技术领域内，经常会遇到两类典型的问题。其中的第一类问题，可以归结为有限个已知单元体的组合，例如，材料力学中的连续梁、建筑结构框架和桁架结构，把这类问题称为离散系统。如图 3-16 所示平面桁架结构，是由 6 个承受轴向力的"杆单元"组成，其中每根杆的受力状况相似。尽管离散系统是可解的，但是求解图 3-17 所示的复杂离散系统，要依靠计算机技术。

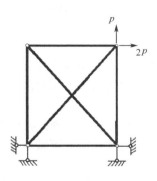

图 3-16　平面桁架系统　　　　图 3-17　大型编钟"中华和钟"的振动分析及优化设计

第二类问题是针对连续介质，通常可以建立它们应遵循的基本方程，即微分方程和相应的边界条件，例如弹性力学问题，热传导问题，电磁场问题等。

尽管已经建立了连续系统的基本方程，由于边界条件的限制，通常只能得到少数简单问题的精确解答。对于许多实际的工程问题，还无法给出精确的解答，例如，如图 3-18 所示 V6 引擎在工作中的温度分布。这为解决这个困难，工程师们和数学家们提出了许多近似方法。

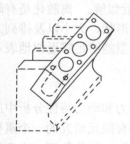

图 3-18　V6 引擎的局部

在寻找连续系统求解方法的过程中，工程师们和数学家们从两个不同的路线得到了相同的结果，即有限元法（finite element method）。有限元法的形成可以回顾到 20 世纪的 50 年代甚至更早些时间，基本思路来源于固体力学中矩阵结构法的发展和工程师对结构相似性的直觉判断。对不同结构的杆系、不同的载荷，用矩阵结构法求解都可以得到统一的矩阵公式。从固体力学的角度来看，桁架结构等标准离散系统与人为地分割成有限个分区后的连续系统在结构上存在相似性，可以把矩阵结构法推广到非杆系结构的求解。

1956 年 M.J.Turner, R.W.Clough, H.C.Martin 和 L.J.Topp 在纽约举行的航空学会年会上介绍了一种新的计算方法，将矩阵位移法推广到求解平面应力问题。他们把结构划分成一个个三角形和矩形的"单元"，利用单元中近似位移函数，求得单元节点力与节点位移关系的单元刚度矩阵。

1954~1955 年，J.H.Argyris 在航空工程杂志上发表了一组能量原理和结构分析论文。1960 年，Clough 在他的名为"The finite element in plane stress analysis"的论文中首次提出了有限元（finite element）这一术语。

数学家们则发展了微分方程的近似解法，包括有限差分方法、变分原理和加权余量法。在 1963 年前后，经过 J.F.Besseling, R.J.Melosh, R.E.Jones, R.H.Gallaher, T.H.H.Pian（卞学磺）等许多人的工作，认识到有限元法就是变分原理中 Ritz 近似法的一种变形，发展了用各种不同变分原理导出的有限元计算公式。

1965 年 O.C.Zienkiewicz 和 Y.K.Cheung（张佑启）发现能写成变分形式的所有场问题，都可以用与固体力学有限元法的相同步骤求解。1969 年 B.A.Szabo 和 G.C.Lee 指出可以用加权余量法特别是 Galerkin 法，导出标准的有限元过程来求解非结构问题。

我国的力学工作者为有限元方法的初期发展做出了许多贡献，其中比较著名的有：陈伯屏（结构矩阵方法）、钱令希（余能原理）、钱伟长（广义变分原理）、胡海昌（广义变分原理）、冯康（有限单元法理论）。遗憾的是，从 1966 年开始的近十年期间，我国的研究工作受到阻碍。

（2）有限元法实施步骤

应用有限单元法求解问题一般要利用事先编好的计算程序，目前市面已流行大型通用有限元分析（FEA）软件，如 Super SAP, ANSYS, ADINA 等，也可自编专用有限元程序以适应科研需要。具体步骤如下。

① 将计算对象划分成许多单元，如编织成三角形网格，并按一定的规律将所有的结点和单元分别编号。大型软件往往附有建模和自动生成网格的前处理功能，可减少大量繁杂的工作，避免出错。

② 选定坐标系，按照计算程序的要求，填写各种输入信息。如每个结点的坐标值；每

个单元的单元信息（如单元 i、j、m 三个结点的整体编码）；材料的弹性常数值；各种荷载信息；约束信息等。

③ 使用已编好的计算程序上机计算。自编程序应经测试证明其可靠无误，采用大型软件也应有认识、试用和熟练的过程。一般计算程序均有输入初始数据；形成整体刚度矩阵 $[K]$；形成整体结点荷载列阵 $\{R\}$；求解线性代数方程组，解得结构的整体结点位移列阵 $\{\delta\}$；计算各单元的应力分量及主应力、主向；打印输出计算成果等步骤，调用功能子程序来完成。

④ 对计算成果进行整理、分析，用表格、图线示出所需的位移及应力。大型商业软件一般都具有强大的后处理功能，由计算机自动绘制彩色云图，制作图线、表格乃至动画显示。

对于有限元方法，其基本思路和解题步骤可归纳如下。

① 建立积分方程　根据变分原理或方程余量与权函数正交化原理，建立与微分方程初边值问题等价的积分表达式，这是有限元法的出发点。

② 区域单元剖分　根据求解区域的形状及实际问题的物理特点，将区域剖分为若干相互连接、不重叠的单元。区域单元划分是采用有限元方法的前期准备工作，这部分工作量比较大，除了给计算单元和节点进行编号和确定相互之间的关系之外，还要表示节点的位置坐标，同时还需要列出自然边界和本质边界的节点序号和相应的边界值。

③ 确定单元基函数　根据单元中节点数目及对近似解精度的要求，选择满足一定插值条件的插值函数作为单元基函数。有限元方法中的基函数是在单元中选取的，由于各单元具有规则的几何形状，在选取基函数时可遵循一定的法则。

④ 单元分析　将各个单元中的求解函数用单元基函数的线性组合表达式进行逼近；再将近似函数代入积分方程，并对单元区域进行积分，可获得含有待定系数（即单元中各节点的参数值）的代数方程组，称为单元有限元方程。

⑤ 总体合成　在得出单元有限元方程之后，将区域中所有单元有限元方程按一定法则进行累加，形成总体有限元方程。

⑥ 边界条件的处理　一般边界条件有三种形式，分为本质边界条件（狄里克雷边界条件）、自然边界条件（黎曼边界条件）、混合边界条件（柯西边界条件）。对于自然边界条件，一般在积分表达式中可自动得到满足。对于本质边界条件和混合边界条件，需按一定法则对总体有限元方程进行修正满足。

⑦ 解有限元方程　根据边界条件修正的总体有限元方程组，是含所有待定未知量的封闭方程组，采用适当的数值计算方法求解，可求得各节点的函数值。

（3）有限元法的基本构架

目前在工程领域内常用的数值模拟方法有：有限元法、边界元法、离散单元法和有限差分法，就其广泛性而言，主要还是有限单元法。它的基本思想是将问题的求解域划分为一系列的单元，单元之间仅靠节点相连。单元内部的待求量可由单元节点量通过选定的函数关系插值得到。由于单元形状简单，易于平衡关系和能量关系建立节点量的方程式，然后将各单元方程集组成总体代数方程组，计入边界条件后可对方程求解。有限元的基本构成如下。

① 单元　结构的网格划分中的每一个小的块体称为一个单元。常见的单元类型有线段单元、三角形单元、四边形单元、四面体单元和六面体单元几种。由于单元是组成有限元模型的基础，因此，单元的类型对于有限元分析是至关重要的。

② 节点（node）　就是考虑工程系统中的一个点的坐标位置，构成有限元系统的基本对象。具有其物理意义的自由度，该自由度为结构系统受到外力后系统的反应。例如线段单元

只有两个节点，三角形单元有 3 个或者 6 个节点，四边形单元最少有 4 个节点等。

③ 元素（element） 元素是节点与节点相连而成，元素的组合由各节点相互连接。不同特性的工程统，可选用不同种类的元素，ANSYS 提供了一百多种元素，故使用时必须慎重选择元素型号。

④ 自由度（degree of freedom） 上面提到节点具有某种程度的自由度，以表示工程系统受到外力后的反应结果。

⑤ 载荷 工程结构所受到的外在施加的力称为载荷，包括集中载荷和分布载荷等。在不同的学科中，载荷的含义也不尽相同。在电磁场分析中，载荷是指结构所受的电场和磁场作用；在温度场分析中，所受的载荷则是指温度本身。

⑥ 边界条件 边界条件是指结构边界上所受到的外加约束。在有限元分析中，边界条件的确定是非常重要的因素。错误的边界条件使程序无法正常运行，施加正确的边界条件是获得正确的分析结果和较高的分析精度的重要条件。

（4）有限元法的基本思路

有限元法是求解数学物理问题的一种数值计算近似方法。它发源于固体力学，以后迅速扩展到流体力学、传热学、电磁学、声学等其他物理领域。有限元法的基本思路可以归结为：将连续系统分割成有限个分区或单元，对每个单元提出一个近似解，再将所有单元按标准方法组合成一个与原有系统近似的系统。有限元分析的主要步骤如下。

① 连续体的离散化也就是将给定的物理系统分割成等价的有限单元系统。一维结构的有限单元为线段，二维连续体的有限单元为三角形、四边形，三维连续体的有限单元可以是四面体、长方体或六面体。各种类型的单元有其不同的优缺点。根据实际应用，发展出了更多的单元，最典型的区分就是有无中节点。应用时必须决定单元的类型、数目、大小和排列方式，以便能够合理有效地表示给定的物理系统。

② 选择位移模型假设的位移函数或模型只是近似地表示了真实位移分布。通常假设位移函数为多项式，最简单情况为线性多项式。实际应用中，没有一种多项式能够与实际位移完全一致。用户所要做的是选择多项式的阶次，以使其在可以承受的计算时间内达到足够的精度。此外，还需要选择表示位移大小的参数，它们通常是节点的位移，但也可能包括节点位移的导数。

③ 用变分原理推导单元刚度矩阵是根据最小位能原理或者其他原理，由单元材料和几何性质导出的平衡方程系数构成的。单元刚度矩阵将节点位移和节点力联系起来，物体受到的分布力变换为节点处的等价集中力，如刚度矩阵、节点力向量和节点位移向量。

④ 集合整个离散化连续体的代数方程也就是把各个单元的刚度矩阵集合成整个连续体的刚度矩阵，把各个单元的节点力矢量集合为总的力和载荷矢量。最常用的原则是要求节点能互相连接，即要求所有与某节点相关联的单元在该节点处的位移相同。但是最近研究表明：该原则在某些情况下并不是必需的。总刚度矩阵、总载荷向量以及整个物体的节点位移向量之间构成整体平衡。这样得出物理系统的基本方程后，还需要考虑其边界条件或初始条件，才能够使得整个方程封闭。如何引入边界条件依赖于对系统的理解。

⑤ 求解位移矢量即求解上述代数方程，这种方程可能简单，也可能很复杂，比如对非线性问题，在求解的每一步都要修正刚度和载荷矢量。

⑥ 由节点位移计算出单元的应力和应变视具体情况，可能还需要计算出其他一些导出量，但这已是相对简单的了。

下面用在自重作用下的等截面直杆来说明有限元法的思路。

① 等截面直杆在自重作用下的材料力学解答　受自重作用的等截面直杆如图 3-19 所示，杆的长度为 L，截面积为 A，弹性模量为 E，单位长度的重量为 q，杆的内力为 N。试求：杆的位移分布、杆的应变和应力。

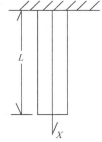

$$N(x) = q(L - x) \tag{3-106}$$

$$\mathrm{d}u(x) = \frac{N(x)\mathrm{d}x}{EA} = \frac{q(L-x)\mathrm{d}x}{EA} \tag{3-107}$$

$$u(x) = \int_0^x \frac{N(x)\mathrm{d}x}{EA} = \frac{q}{EA}\left(Lx - \frac{x^2}{2}\right) \tag{3-108}$$

$$\varepsilon_x = \frac{\mathrm{d}u}{\mathrm{d}x} = \frac{q}{EA}(L - x) \tag{3-109}$$

图 3-19　受自重作用的等截面直杆

$$\sigma_x = E\varepsilon_x = \frac{q}{A}(L - x) \tag{3-110}$$

② 等截面直杆在自重作用下的有限元法解答　离散化，如图 3-20 和图 3-21 所示，将直杆划分成 n 个有限段，有限段之间通过一个绞接点连接。两段之间的绞接点称为结点，每个有限段称为单元。其中第 i 个单元的长度为 L_i，包含第 i 个和第 $i+1$ 个结点。用单元节点位移表示单元内部位移，第 i 个单元中的位移用所包含的结点位移来表示。

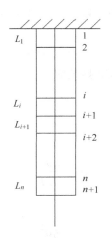

图 3-20　离散后的直杆

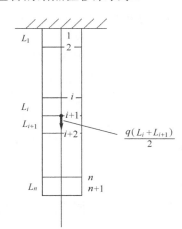

图 3-21　集中单元重量

$$u(x) = u_i + \frac{u_{i+1} - u_i}{L_i}(x - x_i) \tag{3-111}$$

式中，u_i 为第 i 个结点的位移；x_i 为第 i 个结点的坐标。第 i 个单元的应变为 ε_i，应力为 σ_i，内力为 N_i。

$$\varepsilon_i = \frac{\mathrm{d}u}{\mathrm{d}x} = \frac{u_{i+1} - u_i}{L_i} \tag{3-112}$$

$$\sigma_i = E\varepsilon_i = \frac{E(u_{i+1} - u_i)}{L_i} \tag{3-113}$$

$$N_i = A\sigma_i = \frac{EA(u_{i+1} - u_i)}{L_i} \tag{3-114}$$

③ 把外载荷集中到节点上，把第 i 单元和第 $i+1$ 单元重量的一半 $q(L_i + L_{i+1})/2$，集中到第 $i+1$ 结点上。

④ 建立结点的力平衡方程 对于第 $i+1$ 结点，由力的平衡方程可得

$$N_i - N_{i+1} = \frac{q(L_i + L_{i+1})}{2} \tag{3-115}$$

令 $\lambda_i = \dfrac{L_i}{L_{i+1}}$，并将式（3-115）代入得

$$-u_i + (1 + \lambda_i)u_{i+1} - \lambda_i u_{i+2} = \frac{q}{2EA}\left(1 + \frac{1}{\lambda_i}\right)L_i^2 \tag{3-116}$$

根据约束条件，$u_1 = 0$。

对于第 $n+1$ 个结点

$$N_n = \frac{qL_n}{2} \tag{3-117}$$

$$-u_n + u_{n+1} = \frac{qL_n^2}{2EA} \tag{3-118}$$

建立所有结点的力平衡方程，可以得到由 $n+1$ 个方程构成的方程组，可解出 $n+1$ 个未知的接点位移。

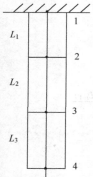

图3-22 等长单元的有限法

例8：如图 3-22 所示，将受自重作用的等截面直杆划分成 3 个等长的单元，试按有限元法的思路求解。

定义单元的长度为 $a = L/3$。

对于结点 1， $u_1 = 0$。

对于结点 2，由式（3-118）可得

$$-u_1 + 2u_2 - u_3 = \frac{qa^2}{EA}$$

同样，对于结点 3 有

$$-u_2 + 2u_3 - u_4 = \frac{qa^2}{EA}$$

对于结点 4，可以有两种处理方法。直接用第 3 个单元的内力与结点 4 上的载荷建立平衡方程。

$$N_3 = \frac{qa}{2} \qquad N_3 = \frac{EA(u_4 - u_3)}{a}$$

$$-u_3 + u_4 = \frac{qa^2}{2EA}$$

假定存在一个虚拟结点 5，与结点 4 构成了虚拟单元 4

$$L_4 = 0 \qquad u_5 = u_4 \qquad \lambda_3 = \frac{L_3}{L_4} \to \infty$$

在结点 4 上应用式（3-118）

$$-u_3 + (1 + \lambda_3)u_4 - \lambda_3 u_5 = \frac{q}{2EA}\left(1 + \frac{1}{\lambda_3}\right)a^2$$

$$-u_3 + u_4 = \frac{qa^2}{2EA}$$

整理后得到线性方程组

$$\begin{bmatrix} 2 & -1 & 0 \\ -1 & 2 & -1 \\ & -1 & 1 \end{bmatrix} \begin{Bmatrix} u_2 \\ u_3 \\ u_4 \end{Bmatrix} = \begin{Bmatrix} \dfrac{qa^2}{EA} \\[2mm] \dfrac{qa^2}{EA} \\[2mm] \dfrac{qa^2}{2EA} \end{Bmatrix} \qquad (3\text{-}119)$$

解得

$$\begin{cases} u_2 = \dfrac{5qa^2}{2EA} \\[2mm] u_3 = \dfrac{4qa^2}{EA} \\[2mm] u_4 = \dfrac{9qa^2}{2EA} \end{cases}$$

（5）有限元法的计算步骤

有限元法的计算步骤归纳为以下三个基本步骤：网格划分、单元分析、整体分析。

① 网格划分　有限元法的基础是用有限个单元体的集合来代替原有的连续体。因此首先要对弹性体进行必要的简化，再将弹性体划分为有限个单元组成的离散体。单元之间通过单元节点相连接。由单元、结点、结点连线构成的集合称为网格。通常把三维实体划分成 4 面体或 6 面体单元的网格，如图 3-23 和图 3-24 所示；平面问题划分成三角形或四边形单元的网格，如图 3-25~图 3-28 所示。

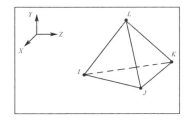

图 3-23　四面体四节点单元

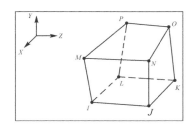

图 3-24　六面体 8 节点单元

② 单元分析　对于弹性力学问题，单元分析就是建立各个单元的节点位移和节点力之间的关系式。由于将单元的节点位移作为基本变量，进行单元分析首先要为单元内部的位移

确定一个近似表达式，然后计算单元的应变、应力，再建立单元中节点力与节点位移的关系式。

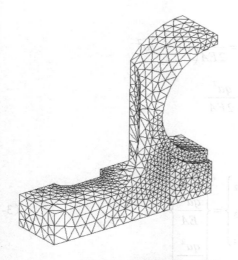

图 3-25　三维实体的四面体单元划分

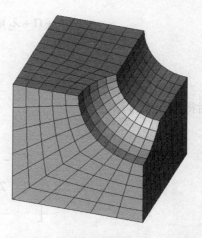

图 3-26　三维实体的六面体单元划分

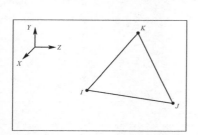

图 3-27　三角形 3 节点单元

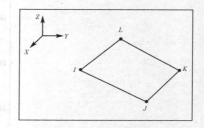

图 3-28　四边形 4 节点单元

以平面问题的三角形 3 结点单元为例，如图 3-29~图 3-31 所示，单元有 3 个结点 I、J、M，每个结点有两个位移 u、v 和两个结点力 U、V。

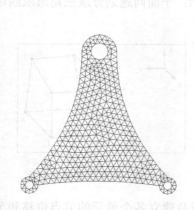

图 3-29　平面问题的三角形单元划分

图 3-30　平面问题的四边形单元划分

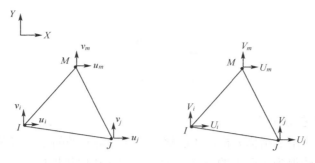

图 3-31　三角形 3 结点单元

单元的所有结点位移、结点力，可以表示为结点位移向量（vector）。

$$\text{结点位移}\ \{\delta\}^{\text{e}} = \begin{Bmatrix} u_i \\ v_i \\ u_j \\ v_j \\ u_m \\ v_m \end{Bmatrix} \qquad \text{结点力}\ \{F\}^{\text{e}} = \begin{Bmatrix} U_i \\ V_i \\ U_j \\ V_j \\ U_m \\ V_m \end{Bmatrix}$$

单元的结点位移和结点力之间的关系用张量（tensor）来表示。

$$\{F\}^{\text{e}} = [K]^{\text{e}} \{\delta\}^{\text{e}}$$

③ 整体分析　对由各个单元组成的整体进行分析，建立节点外载荷与结点位移的关系，以解出结点位移，这个过程为整体分析。再以弹性力学的平面问题为例，如图 3-32 所示，在边界结点 i 上受到集中力 P_x^i, P_y^i 作用。结点 i 是三个单元的结合点，因此要把这三个单元在同一结点上的结点力汇集在一起建立平衡方程。

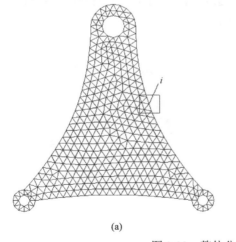

(a)

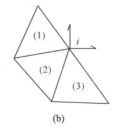

(b)

图 3-32　整体分析

i 结点的结点力

$$U_i^{(1)} + U_i^{(2)} + U_i^{(3)} = \sum_{\text{e}} U_i^{(\text{e})}$$

$$V_i^{(1)} + V_i^{(2)} + V_i^{(3)} = \sum_{\text{e}} V_i^{(\text{e})}$$

i 结点的平衡方程

$$\left.\begin{array}{c} \sum_e U_i^{(e)} = P_x^i \\ \sum_e V_i^{(e)} = P_y^i \end{array}\right\}$$

（6）有限元法的进展与应用

有限元法不仅能应用于结构分析，还能解决归结为场问题的工程问题，从 20 世纪 60 年代中期以来，有限元法得到了巨大的发展，为工程设计和优化提供了有力的工具。

① 算法与有限元软件　从 20 世纪 60 年代中期以来，进行了大量的理论研究，不但拓展了有限元法的应用领域，还开发了许多通用或专用的有限元分析软件。理论研究的一个重要领域是计算方法的研究，主要有：大型线性方程组的解法、非线性问题的解法、动力问题计算方法。

目前应用较多的常用有限元软件见表 3-5 所列。

表 3-5　常用的有限元分析软件

软 件 名 称	简　介	软 件 名 称	简　介
MSC/Nastran	著名结构分析程序，最初由 NASA 研制	ANSYS	通用结构分析软件
MSC/Dytran	动力学分析程序	ADINA	非线性分析软件
MSC/Marc	非线性分析软件	ABAQUS	非线性分析软件

另外还有许多针对某类问题的专用有限元软件，例如金属成形分析软件 Deform、Autoform，焊接与热处理分析软件 SysWeld 等。

② 应用实例　有限元法已经成功地应用在以下一些领域：固体力学，包括强度、稳定性、震动和瞬态问题的分析；传热学；电磁场；流体力学。下面介绍一些有限元法应用的实例。转向机构支架的强度分析如图 3-33 所示。

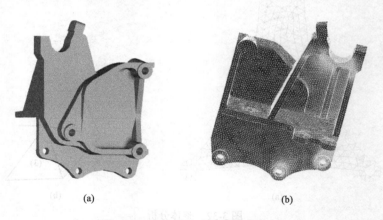

(a)　　　　　　　　　　　　　(b)

图 3-33　转向机构支架的强度分析

a. 金属成形过程的分析（用 Deform 软件完成）　分析金属成形过程中的各种缺陷。如图 3-34~图 3-36 所示，型材在挤压成形的初期，容易产生形状扭曲。

b. 焊接残余应力分析　焊接残余应力分析如图 3-37 和图 3-38 所示。

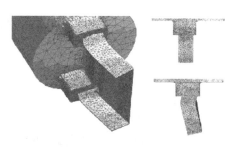

图 3-34　型材挤压成形的分析

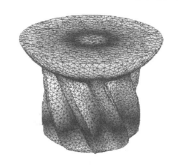

图 3-35　螺旋齿轮成形过程的分析

(a) 模拟结果

(b) 实物

图 3-36　T 形锻件的成形分析

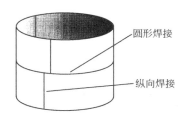

图 3-37　结构与焊缝布置

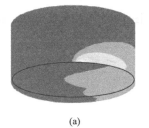

(a)　　　　　　　　　　(b)

图 3-38　焊接过程的温度分布（a）与轴向残余应力（b）

c. 热处理过程的分析　BMW 曲轴的感应淬火（induction quenching of crankshafts at BMW，用 SysWeld 软件完成）在曲轴表面获得压应力，可以提高曲轴的疲劳寿命（图 3-39~图 3-41）。

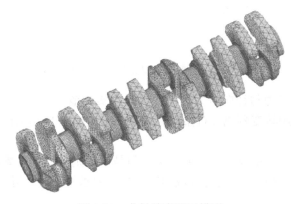

图 3-39　曲轴的有限元模型

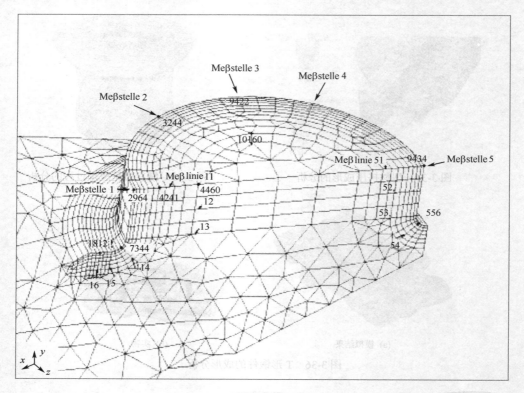

图 3-40　有限元模型的局部

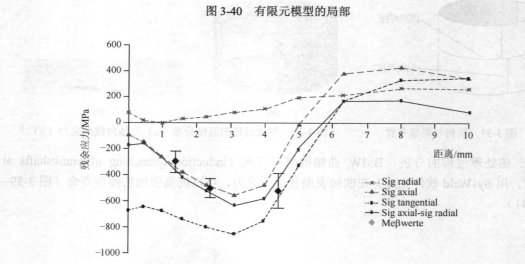

图 3-41　沿网格线 52 的残余应力分布

红线为预测的轴向应力与径向应力之差，黑点为实测值。

复杂形状工件的组织转变预测（石伟，用 NSHT3D 完成）预测工件的组织分布和机械性能（图 3-42~图 3-44）。

有限差分法：直观，理论成熟，精度可选。但是不规则区域处理繁琐，虽然网格生成可以使 FDM 应用于不规则区域，但是对区域的连续性等要求较严。使用 FDM 的好处在于易于编程，易于并行。

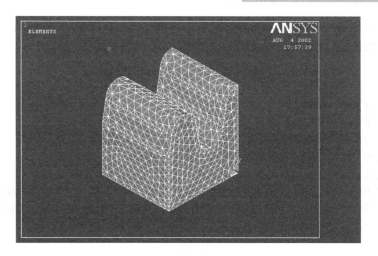

图 3-42　1/4 工件的有限元模型

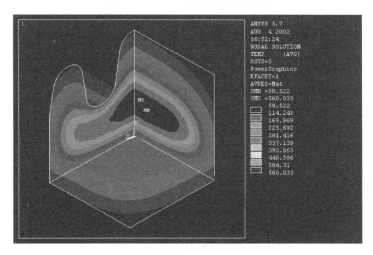

图 3-43　淬火 3.06 min 时的温度分布

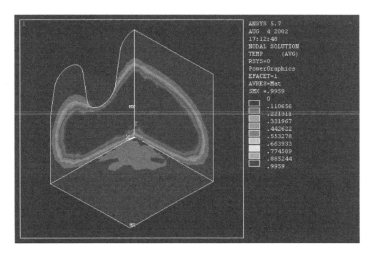

图 3-44　淬火 3.06 min 时的马氏体分布

有限元方法：适合处理复杂区域，精度可选。缺陷在于内存和计算量巨大，并行不如 FDM 和 FVM 直观，FEM 的并行计算是当前和未来应用的一个很好的方向。

思考题与上机操作实验题

1. 数学模型建立的一般过程。
2. 常用的数学模型建立方法。
3. 什么是有限差分法和有限元法，各有什么特点，各有什么优缺点？
4. 简述有限差分法和有限元法解决实际问题的基本思路。
5. 举例说明有限元软件在材料科学中的应用情况。
6. 如图 3-45 所示，受自重作用的等截面直杆的长度为 L，截面积为 A，弹性模量为 E，单位长度的重量为 q。将受自重作用的等截面直杆划分成 3 个等长的单元，将第 i 单元上作用的分布力作为集中载荷 qL_i 加到第 $i+1$ 个结点上，试按有限元法的思路求解。

图 3-45 受自重作用的等截面直杆

7. 用有限差分法求解拉普拉斯方程。

$$\begin{cases} \dfrac{\partial^2 U}{\partial x^2} + \dfrac{\partial^2 U}{\partial y^2} = 0, \quad 0 < x < 0.5, \quad 0 < y < 0.5 \\[2mm] U(0,y) = u(x,0) = 0 \\[2mm] U(x,0.5) = 200x \\[2mm] U(y,0.5) = 200y \end{cases}$$

第4章　材料科学与工程中典型物理场的数值模拟

材料科学与工程的科研和实际生产涉及到的物理、化学和力学现象十分复杂，是一个多学科交叉、融合的研究和应用领域。例如，在液态金属成形过程中，涉及液态金属的流动和包含了相变及结晶的凝固现象。在固态金属的塑性成形中，金属在发生大塑性变形的同时，也伴随着组织性能的变化，有时也涉及到相变和再结晶现象。存在大量的物理场及其相互之间的耦合。

这些物理场的基本规律可以用一组微分方程来描述，例如流动方程、热传导方程、平衡方程或运动方程等，这些方程在所讨论的问题中常常称为场方程或控制方程。为了分析一个具体的材料科学与工程问题，除了要给出具有普遍意义的场方程以外，还要给出由该问题的特点所决定的定解条件，其中包括边值条件和初值条件。这样就把材料成形问题抽象为一个微分方程（组）的边值问题。一般说来，微分方程的边值问题只是在方程的性质比较简单、问题的求解域的几何形状十分规则的情况下，或是对问题进行充分简化的情况下，才能求得解析解。而实际的材料成形问题求解域往往是十分复杂的，而且场方程往往相互耦合，因此无法求得解析解，而在对问题进行过多简化后得到的近似解可能误差很大，甚至是错误的。

本章主要介绍了材料科学与工程中的温度场和浓度场计算机数值模拟的基本知识和有限差分法求解，并介绍了一些具体的求解实例。其求解方法可以推广到材料科学与工程中其他物理场或耦合场的有限差分法求解。

4.1　温度场数学模型及求解

材料科学与工程的许多工艺过程是与加热、冷却等传热过程密切相关的。在各种材料的加工、成形过程中都会遇到与温度场有关的问题，如金属材料的热加工、高分子材料的成形以及陶瓷材料的烧结等。这些温度场分析对材料工艺的研究、相变过程和机理的研究、工艺质量的提高、工艺过程控制、节能以及新技术的开发和应用非常重要，但这些温度场分析常伴着相变潜热释放、复杂的边界条件，很难得到其解析解，只能借助于计算机采用各种数值计算方法进行求解。因此，应用计算机技术解决传热问题成为材料科学与工程技术发展中的重要课题。

传热学是研究热量传递规律的科学，广泛地应用在材料科学与工程各个领域。例如，在材料热加工中：工件的加热、冷却、熔化和凝固都与热量传递息息相关，因此，传热学在材料科学与工程中有着它特殊的重要性。

4.1.1　温度场的基本知识

（1）导热（热传导）

物体各部分之间不发生相对位移时，依靠分子、原子及自由电子等微观粒子的热运动而产生的热量传递称导热。如：固体与固体之间及固体内部的热量传递。从微观角度分析气体、液体、导电固体与非金属固体的导热机理。

① 气体中　导热是气体分子不规则热运动时相互碰撞的结果，温度升高，动能增大，不同能量水平的分子相互碰撞，使热能从高温传到低温处。

② 液体　存在两种不同的观点：第一种观点类似于气体，只是复杂些，因液体分子的间距较近，分子间的作用力对碰撞的影响比气体大；第二种观点类似于非导电固体，主要依靠弹性波（晶格的振动，原子、分子在其平衡位置附近的振动产生的）的作用。

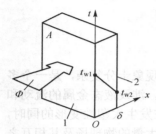

图 4-1　通过平板的一维导热
1—平板 1；2—平板 2

③ 导电固体　其中有许多自由电子，它们在晶格之间像气体分子那样运动。自由电子的运动在导电固体的导热中起主导作用。

④ 非金属固体　导热是通过晶格结构的振动所产生的弹性波来实现的，即原子、分子在其平衡位置附近的振动来实现的。

傅里叶（1822 年，法国物理学家）定律如图 4-1 所示，一维导热问题，两个表面均维持均匀温度的平板导热。

傅里叶导热方程为

$$q_x = -\lambda_x \frac{\partial t}{\partial x} \tag{4-1}$$

式中，q_x 为 x 方向上的热流密度；λ_x 为材料沿 x、y、z 方向的热导率；$\lambda_x \frac{\partial t}{\partial x}$ 为 x 方向上的温度梯度。

根据傅里立叶定律，对于 x 方向上任意一个厚度为 $\mathrm{d}x$ 的微元层，单位时间内通过该层的导热量与当地的温度变化率及平板面积 A 成正比。单位时间内通过单位面积的热量称为热流密度，记为 q，单位 $\mathrm{W/m^2}$。当物体的温度仅在 x 方向发生变化时，按傅里叶定律。

① 当温度 t 沿 x 方向增加时，$\frac{\partial t}{\partial x} > 0$，而 $q < 0$，说明此时热量沿 x 减小的方向传递。

② 反之，当 $\frac{\partial t}{\partial x} < 0$ 时，$q > 0$，说明热量沿 x 增加的方向传递。

③ 热导率 λ 是表征材料导热性能优劣的参数，它是一种物性参数，单位为 $\mathrm{W/(m \cdot K)}$。不同材料的热导率不同，即使一种材料，其热导率也因温度等因素而不同。金属材料最高，良导电体也是良导热体，液体次之，气体最小。

（2）对流

对流是指由于流体的宏观运动，从而使流体各部分之间发生相对位移，冷热流体相互掺混所引起的热量传递过程。对流仅发生在流体中，对流的同时必伴随导热现象。流体流过一个物体表面时的热量传递过程称为对流换热。根据对流换热时是否发生相变分为有相变的对流换热和无相变的对流换热。根据引起流动的原因分为自然对流和强制对流。

① 自然对流　由于流体冷热各部分的密度不同而引起流体的流动，如：暖气片表面附近受热空气的向上流动。

② 强制对流　流体的流动是由于水泵、风机或其他压差作用所造成的。

③ 沸腾换热及凝结换热　液体在热表面上沸腾及蒸汽在冷表面上凝结的对流换热称为沸腾换热及凝结换热（相变对流沸腾）。

对流换热的基本规律（牛顿冷却公式）如下。

流体被加热时

$$q = h(t_\mathrm{w} - t_\mathrm{f}) \qquad\qquad (4\text{-}2)$$

流体被冷却时

$$q = h(t_\mathrm{f} - t_\mathrm{w}) \qquad\qquad (4\text{-}3)$$

式中，t_w 及 t_f 分别为壁面温度和流体温度。

用 Δt 表示温差（温压），并取 Δt 为正，则牛顿冷却公式表示为

$$q = h\Delta t \qquad\qquad (4\text{-}4)$$

$$Q = Ah\Delta t \qquad\qquad (4\text{-}5)$$

式中，h 为比例系数（表面传热系数），$\mathrm{W/(m^2 \cdot K)}$。

h 的物理意义：单位温差作用下通过单位面积的热流量。表面传热系数的大小与传热过程中的许多因素有关。它不仅取决于物体的物性、换热表面的形状、大小相对位置，而且与流体的流速有关。一般地，就介质而言，水的对流换热比空气强烈；就换热方式而言有相变的强于无相变的，强制对流强于自然对流。对流换热研究的基本任务：用理论分析或实验的方法推出各种场合下表面换热导数的关系式。

（3）热辐射

物体通过电磁波来传递能量的方式称为辐射。因热的原因而发出辐射能的现象称为热辐射。辐射与吸收过程的综合作用造成了以辐射方式进行的物体间的热量传递称为辐射换热。自然界中的物体都在不停地向空间发出热辐射，同时又不断地吸收其他物体发出的辐射热。这说明辐射换热是一个动态过程，当物体与周围环境温度处于热平衡时，辐射换热量为零，但辐射与吸收过程仍在不停地进行，只是辐射热与吸收热相等。

① 导热、对流两种热量传递方式，只在有物质存在的条件下才能实现，而热辐射不需中间介质，可以在真空中传递，而且在真空中辐射能的传递最有效。

② 在辐射换热过程中，不仅有能量的转换，而且伴随有能量形式的转化。在辐射时，辐射体内热能 → 辐射能；在吸收时，辐射能 → 受射体内热能，因此，辐射换热过程是一种能量互变过程。

③ 辐射换热是一种双向热流同时存在的换热过程，即不仅高温物体向低温物体辐射热能，而且低温物体向高温物体辐射热能。

④ 辐射换热不需要中间介质，在真空中即可进行，而且在真空中辐射能的传递最有效。因此，又称其为非接触性传热。

⑤ 热辐射现象仍是微观粒子形态的一种宏观表象。

⑥ 物体的辐射能力与其温度性质有关。这是热辐射区别于导热和对流的基本特点。

把吸收率等于 1 的物体称黑体，是一种假想的理想物体。黑体的吸收和辐射能力在同温度的物体中是最大的而且辐射热量服从于斯忒藩-玻尔兹曼定律。黑体在单位时间内发出的辐射热量服从于斯忒藩-玻尔兹曼定律，即

$$\Phi = A\sigma t^4 \qquad\qquad (4\text{-}6)$$

式中　t ——黑体的热力学温度，K；

　　σ ——玻尔兹曼常数（黑体辐射常数），$5.67 \times 10^{-8} \mathrm{W/(m^2 \cdot K)}$；

　　A ——辐射表面积，$\mathrm{m^2}$。

实际物体辐射热流量根据斯忒藩-玻尔兹曼定律求得。

$$\Phi = \varepsilon A\sigma T^4 \qquad\qquad (4\text{-}7)$$

式中　Φ ——物体自身向外辐射的热流量，而不是辐射换热量；

　　ε ——物体的发射率（黑度），其大小与物体的种类及表面状态有关。

要计算辐射换热量，必须考虑投到物体上的辐射热量的吸收过程，即收支平衡量，物体包容在一个很大的表面温度为 t_2 的空腔内，物体 t_1 与空腔表面间的辐射换热量为

$$\Phi = \varepsilon_1 A_1 \sigma (t_1^4 - t_2^4) \tag{4-8}$$

（4）温度场

由傅里叶定律知：物体导热热流量与温度变化率有关，所以研究物体导热必涉及到物体的温度分布。一般地，物体的温度分布是坐标和时间的函数，即

$$t = f(x, y, z, \tau)$$

式中，x, y, z 为空间坐标；τ 为时间坐标。温度场分类如下。

① 稳态温度场（定常温度场） 在稳态条件下物体各点的温度分布不随时间的改变而变化的温度场称稳态温度场，其表达式为 $t = f(x, y, z)$。

② 非稳态温度场（非定常温度场） 在变动工作条件下，物体中各点的温度分布随时间而变化的温度场称非稳态温度场，其表达式为 $t = f(x, y, z, \tau)$。若物体温度仅一个方向有变化，这种情况下的温度场称为一维温度场。

4.1.2 温度场数学模型的建立

对于一维导热问题，根据傅里叶定律积分，可获得用两侧温差表示的导热量。对于多维导热问题，首先获得温度场的分布函数 $t = f(x, y, z)$，然后根据傅里叶定律求得空间各点的热流密度矢量。

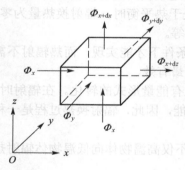

图 4-2 微元六面体

（1）导热微分方程的推导

根据能量守恒定律与傅里叶定律，建立导热物体中的温度场应满足的数学表达式，称为导热微分方程。导热微分方程的推导过程中假定导热物体是各向同性的。针对笛卡儿坐标系中微元平行六面体，由前可知，空间任一点的热流密度矢量可以分解为三个坐标方向的矢量。同理，通过空间任一点、任一方向的热流量也可分解为 x、y、z 坐标方向的分热流量，如图 4-2 所示。

① 通过 $x = x$、$y = y$、$z = z$，三个微元表面而导入微元体的热流量：Q_x、Q_y、Q_z 的计算。根据傅里叶定律得

$$\left. \begin{aligned} Q_x &= -\lambda \frac{\partial t}{\partial x} \mathrm{d}y \mathrm{d}z \\ Q_y &= -\lambda \frac{\partial t}{\partial y} \mathrm{d}x \mathrm{d}z \\ Q_z &= -\lambda \frac{\partial t}{\partial z} \mathrm{d}x \mathrm{d}y \end{aligned} \right\} \tag{4-9}$$

② 通过 $x = x + \mathrm{d}x$、$y = y + \mathrm{d}y$、$z = z + \mathrm{d}z$ 三个微元表面而导出微元体的热流量：$Q_{x+\mathrm{d}x}$、$Q_{y+\mathrm{d}y}$、$Q_{z+\mathrm{d}z}$ 的计算。根据傅里叶定律得

$$\left. \begin{aligned} Q_{x+\mathrm{d}x} &= -\lambda \frac{\partial}{\partial x} \left(t + \frac{\partial t}{\partial x} \mathrm{d}x \right) \mathrm{d}y \mathrm{d}z \\ Q_{y+\mathrm{d}y} &= -\lambda \frac{\partial}{\partial y} \left(t + \frac{\partial t}{\partial y} \mathrm{d}y \right) \mathrm{d}x \mathrm{d}z \\ Q_{z+\mathrm{d}z} &= -\lambda \frac{\partial}{\partial z} \left(t + \frac{\partial t}{\partial z} \mathrm{d}z \right) \mathrm{d}x \mathrm{d}y \end{aligned} \right\} \tag{4-10}$$

③ 对于任一微元体，根据能量守恒定律，在任一时间间隔内有以下热平衡关系。

导入微元体的总热流量 + 微元体内热源的生成热

= 导出微元体的总热流量 + 微元体热力学能（内能）的增量

$$微元体内能的增量 = \rho c \frac{\partial t}{\partial \tau} \mathrm{d}x\mathrm{d}y\mathrm{d}z$$

微元体内热源生成热

$$\dot{Q} = \dot{q}\mathrm{d}x\mathrm{d}y\mathrm{d}z$$

式中　ρ 为微元体的密度；c 为比热容；Q 为单位时间内单位体积内热源的生成热；τ 为单位体积内热源的生成时间。

导入微元体的总热流量 $Q_1 = Q_x + Q_y + Q_z$；导出微元体的总热流量 $Q_2 = Q_{x+\mathrm{d}x} + Q_{y+\mathrm{d}y} + Q_{z+\mathrm{d}z}$

将以上各式代入热平衡关系式（λ 相同）并整理得

$$\frac{\partial(\rho c t)}{\partial \tau} = \frac{\partial}{\partial x}\left(\lambda \frac{\partial t}{\partial x}\right) + \frac{\partial}{\partial y}\left(\lambda \frac{\partial t}{\partial y}\right) + \frac{\partial}{\partial z}\left(\lambda \frac{\partial t}{\partial z}\right) + Q \tag{4-11}$$

这是笛卡儿坐标系中三维非稳态导热微分方程的一般表达式。其物理意义：反映了物体的温度随时间和空间的变化关系。能量方程是目前温度场数值模拟中普遍使用的描述方程，它不仅适用于固体，也适用于流体。其中，ρ 为材料的密度，kg/m^3；c 为材料的比热容，J/(kg·K)；τ 为时间，s；$\lambda_x, \lambda_y, \lambda_z$ 分别为材料沿 x、y、z 方向的热导率，W/(m·K)；$Q = Q(x, y, z, t)$ 为材料内部的热源密度，W/kg。式（4-11）中，第一项为体元升温需要的热量；右侧第一项、第二项和第三项是由 x、y 和 z 方向流入体元的热量；最后一项为体元内热源产生的热量。

微分方程的物理意义：体元升温所需的热量应该等于流入体元的热量与体元内产生的热量的总和。

这是一个热量平衡方程，即体元升温所需的热量应等于流入体元的热量与体元内产生的热量的总和。若边界条件和内部热源密度 Q 不随时间变化，则经过一定时间后物体内部各点的温度将达到平衡，即有稳态热传导方程。

$$\frac{\partial}{\partial x}\left(\lambda_x \frac{\partial T}{\partial x}\right) + \frac{\partial}{\partial y}\left(\lambda_y \frac{\partial T}{\partial y}\right) + \frac{\partial}{\partial z}\left(\lambda_z \frac{\partial T}{\partial z}\right) + \rho Q = 0$$

几种简化过程的描述方程：方程可根据具体的研究对象进行相应的简化，以简化求解过程。以下介绍几种常见状态下导热方程的简化形式及原则。

根据系统有无内热源、导热过程是否为稳态导热以及一维、二维和三维的情况，可进行相应的简化。简化应该严格遵循各表达项的物理含义。

三维稳态热传导方程为

$$\frac{\partial}{\partial x}\left(\lambda_x \frac{\partial t}{\partial x}\right) + \frac{\partial}{\partial y}\left(\lambda_y \frac{\partial t}{\partial y}\right) + \frac{\partial}{\partial z}\left(\lambda_z \frac{\partial t}{\partial z}\right) + \phi = 0 \tag{4-12}$$

二维非稳态热传导方程为

$$\rho c \frac{\partial t}{\partial \tau} = \frac{\partial}{\partial x}\left(\lambda_x \frac{\partial t}{\partial x}\right) + \frac{\partial}{\partial y}\left(\lambda_y \frac{\partial t}{\partial y}\right) + \phi \tag{4-13}$$

二维稳态热传导方程为

$$\frac{\partial}{\partial x}\left(\lambda_x \frac{\partial t}{\partial x}\right) + \frac{\partial}{\partial y}\left(\lambda_y \frac{\partial t}{\partial y}\right) + \phi = 0 \tag{4-14}$$

一维非稳态热传导方程为

$$\rho c \frac{\partial t}{\partial \tau} = \frac{\partial}{\partial x}\left(\lambda_x \frac{\partial t}{\partial x}\right) + \phi \tag{4-15}$$

一维稳态热传导方程为

$$\frac{\partial}{\partial x}\left(\lambda_x \frac{\partial t}{\partial x}\right) + \phi = 0 \tag{4-16}$$

讨论：

① 直角坐标下有内热源的非稳态导热微分方程 λ 为常数时

$$\frac{\partial t}{\partial \tau} = \frac{\lambda}{\rho c}\left(\frac{\partial^2 t}{\partial x^2} + \frac{\partial^2 t}{\partial y^2} + \frac{\partial^2 t}{\partial z^2}\right) + \frac{\dot{Q}}{\rho c} \tag{4-17}$$

式中，$\alpha = \dfrac{\lambda}{(\rho c)}$ ——扩散系数（热扩散率）。

② 直角坐标下有无热源的稳态导热微分方程，$Q=0$，且 $\lambda = \text{const}$ 时

$$\frac{\partial t}{\partial \tau} = \frac{\lambda}{\rho c}\left(\frac{\partial^2 t}{\partial x^2} + \frac{\partial^2 t}{\partial y^2} + \frac{\partial^2 t}{\partial z^2}\right) \tag{4-18}$$

③ 常物性、稳态、无内热源，若 $\lambda = \text{const}$ 时，且属稳态，即 $\dfrac{\partial t}{\partial \tau} = 0$ 时

$$\frac{\partial^2 t}{\partial x^2} + \frac{\partial^2 t}{\partial y^2} + \frac{\partial^2 t}{\partial z^2} = 0 \tag{4-19}$$

即数学上的拉普拉斯方程。

（2）其他坐标下的导热微分方程

① 圆柱坐标系中的导热微分方程（图4-3） 圆柱坐标就是把直角坐标的 xy 平面变换为极坐标，而 z 轴不变所得到的坐标，因此圆柱坐标与直角坐标之间的变换关系为

$$\begin{cases} x = r\cos\theta \\ y = r\sin\theta \\ z = z \end{cases}$$

$$\frac{\partial t}{\partial \tau} = \alpha\left(\frac{\partial^2 t}{\partial r^2} + \frac{1}{r}\frac{\partial t}{\partial r} + \frac{1}{r^2}\frac{\partial^2 t}{\partial \theta^2} + \frac{\partial^2 t}{\partial z^2}\right) + \frac{q_v}{\rho c} \tag{4-20}$$

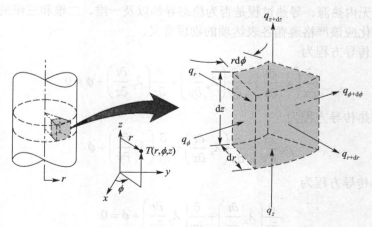

图4-3　圆柱坐标系

② 球坐标系中的导热微分方程（图 4-4）　球面坐标与直角坐标的变换关系为

$$\begin{cases} x = r\sin\alpha\cos\theta \\ y = r\sin\alpha\sin\theta \\ z = r\cos\alpha \end{cases}$$

$$\frac{\partial t}{\partial \tau} = \alpha\left[\frac{1}{r^2}\times\frac{\partial}{\partial r}\left(r^2\frac{\partial t}{\partial r}\right) + \frac{1}{r^2\sin\theta}\times\frac{\partial}{\partial\theta}\left(\sin\theta\frac{\partial t}{\partial\theta}\right) + \frac{1}{r^2\sin^2\theta}\times\frac{\partial^2 t}{\partial\varphi^2}\right] + \frac{q_v}{\rho c} \tag{4-21}$$

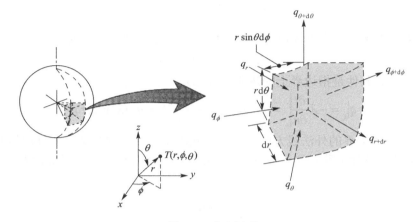

图 4-4　求坐标系

式中，r 为定值，表示以原点为球心的球面系。综上说明：

a. 导热问题仍然服从能量守恒定律；

b. 等号左边是单位时间内微元体热力学能的增量（非稳态项）；

c. 等号右边前三项之和是通过界面的导热使微分元体在单位时间内增加的能量（扩散项）；

d. 等号右边最后项是源项；若某坐标方向上温度不变，该方向的净导热量为零，则相应的扩散项即从导热微分方程中消失。

（3）导热微分方程的定解条件

通过导热微分方程可知，求解导热问题，实际上就是对导热微分方程式的求解。预知某一导热问题的温度分布，必须给出表征该问题的附加条件。导热微分方程的定解条件是指使导热微分方程获得适合某一特定导热问题的求解的附加条件。非稳态导热定解条件有两个；稳态导热定解条件只有边界条件，无初始条件。

边界条件是指物体表面或者边界与周围环境的热交换情况，通常有三类重要的边界条件。

① 初始条件　初始时间温度分布的初始条件；初始条件是指求解问题的初始温度场，也就是在零时刻温度场的分布。它可以是均匀的，此时有

$$t\big|_{\tau=0} = t_0 \tag{4-22}$$

也可以是不均匀的，各点的温度值已知或者遵从某一函数关系。

$$t\big|_{\tau=0} = t_0(x, y, z) \tag{4-23}$$

② 边界条件　导热物体边界上温度或换热情况的边界条件。

针对三类典型的边界条件（图 4-5），列举实例说明在何种情况下可以按照哪种边界条件进行处理。不同边界条件下的导热情况及表达式。

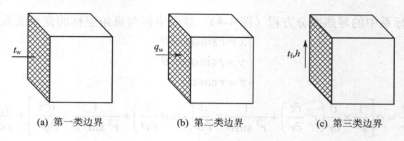

$$(a)\ 第一类边界 \qquad\qquad (b)\ 第二类边界 \qquad\qquad (c)\ 第三类边界$$

图 4-5 三类边界条件

a. 第一类边界条件是指物体边界上的温度分布函数已知，表示为

$$t\big|_s = t_w \ \text{或} \ t\big|_s = t_w(x,y,z,\tau) \tag{4-24}$$

b. 第二类边界条件是指边界上的热流密度已知，表示为

$$q\big|_s = -\lambda \frac{\partial t}{\partial n}\bigg|_s = q_w \ \text{或} \ q\big|_s = -\lambda \frac{\partial t}{\partial n}\bigg|_s = q_w(x,y,z,\tau)$$

式中，n 为物体边界的外法线方向，并规定热流密度的方向与边界的外法线方向相同。

c. 第三类边界条件又称对流边界条件，是指物体与其周围环境介质间的对流传热系数 k 和介质的温度 t_f 已知，表示为

$$-\lambda \frac{\partial t}{\partial n} = k(t - t_f) \tag{4-25}$$

4.1.3 温度场的有限差分求解

导热问题的求解是对导热微分方程在已知边界条件和初始条件下积分求解，即解析解。但目前由于数学上的困难，实际中许多问题还不能采用分析解法进行求解，如物体的几何形状比较复杂、边界形状不规则、材料的物性常数随温度变化等。近年来，随着计算机技术和计算技术的迅速发展，数值方法已经得到广泛应用并成为有力的辅助求解工具，已发展了许多用于工程问题求解的数值计算方法。

求解导热问题实际上就是对导热微分方程在定解条件下的积分求解，从而获得分析解。但是，对于工程中几何形状及定解条件比较复杂的导热问题，目前从数学上无法得出其分析解。随着计算机技术的迅速发展，对物理问题进行离散求解的数值方法发展十分迅速，得到广泛应用，并形成为传热学的一个分支——计算传热学（数值传热学），这些数值解法主要有以下几种：① 有限差分法；② 有限元方法；③ 边界元方法。

数值解法能解决的问题原则上是一切导热问题，特别是分析解方法无法解决的问题，如：几何形状、边界条件复杂、物性不均、多维导热问题。分析解法与数值解法的异同如下。

① 相同点 根本目的是相同的，即确定

$$Q = g(x,y,z,\tau) \tag{4-26}$$

② 不同点 数值解法求解的是区域或时间空间坐标系中离散点的温度分布代替连续的温度场；分析解法求解的是连续的温度场的分布特征，不是分散点的数值。

（1）导热问题数值求解的基本思想

对物理问题进行数值解法的基本思路可以概括为：把原来在时间、空间坐标系中连续的物理量的场，如导热物体的温度场等，用有限个离散点上的值的集合来代替，通过求解按一定方法建立起来的关于这些值的代数方程，来获得离散点上被求物理量的值。该方法称为数值解法。这些离散点上被求物理量值的集合称为该物理量的数值解。数值解法的求解过程可用框图（图 4-6）表示。由此可见：物理模型简化成数学模型是基础；建立节点离散方程是

关键；一般情况微分方程中，某一变量在某一坐标方向所需边界条件的个数等于该变量在该坐标方向最高阶导数的阶数。

有限差分方法求解基本步骤：

① 根据问题的性质确定导热微分方程式、初始条件和边界条件；

② 对区域进行离散化，确定计算节点；

③ 建立离散方程，对每一个节点写出表达式；

④ 求解线性方程组；

⑤ 计算结果的分析。

（2）二维矩形域内稳态无内热源，常物性的导热问题

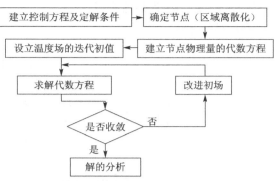

图 4-6　物理问题的数值求解过程

以稳态热传导为例说明有限差分方法求解温度场的基本步骤。

① 在区域内进行网格划分，如图 4-7 所示，用一系列与坐标轴平行的网格线把求解区域划分成若干个子区域，用网格线的交点作为需要确定温度值的空间位置，称为节点（结点），节点的位置用该节点在两个方向上的标号 i 和 j 表示。相邻两节点间的距离称步长。将连续的求解域离散为不连续的点，形成离散网格（图 4-8），网格步长分别为 $x_{i+1,j} - x_{i,j} = \Delta x$，$y_{i,j+1} - y_{i,j} = \Delta y$，划分的单元格步长可以是均匀的，也可以是不均匀的（图 4-8）。

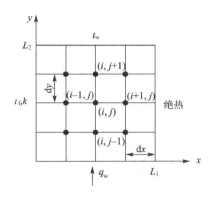

图 4-7　节点划分示意图

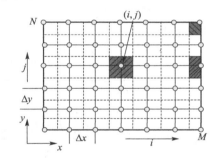

图 4-8　单元格划分示意图

② 对于二维各向同性、无内热源的稳态热传导微分方程为

$$\frac{\partial^2 t}{\partial x^2} + \frac{\partial^2 t}{\partial x^2} = 0 \tag{4-27}$$

③ 求解区域边界条件如下。

对流传热边界条件：$-\lambda \dfrac{t_{i+1,j} - t_{i,j}}{\Delta x} = k\left(t_{i,j} - t_f\right)$ (4-28)

热流边界条件：$y = 0$，$0 \leqslant x < L_1$，$-\lambda \dfrac{\partial t}{\partial y} = q_w$ (4-29)

绝热边界条件：$x = L_1$，$0 < y < L_2$，$\dfrac{\partial t}{\partial x} = 0$ (4-30)

给定温度边界条件：$y = L_2$，$0 \leqslant x \leqslant L_1$，$T = t_w$ (4-31)

式中 λ 为物体的热导率；k 为物体边界与周围截止的换热系数；t_f 为周围介质的温度；t_w 为边界给定温度；q_w 为热流密度。

④ 差分方法。

a. 向前差分

$$\frac{\partial t}{\partial x} = \frac{t(i+1, j) - t(i, j)}{\Delta x}$$

$$\frac{\partial^2 t}{\partial^2 x} = \frac{\partial}{\partial x}\left[\frac{t(i+1, j) - t(i, j)}{\Delta x}\right] = \frac{t(i+2, j) - 2t(i+1, j) + t(i, j)}{\Delta x^2}$$

$$\frac{\partial t}{\partial y} = \frac{t(i, j+1) - t(i, j)}{\Delta y}$$

$$\frac{\partial^2 t}{\partial^2 y} = \frac{\partial}{\partial y}\left[\frac{t(i, j+1) - t(i, j)}{\Delta y}\right] = \frac{t(i, j+2) - 2t(i, j+1) + t(i, j)}{\Delta y^2}$$

b. 向后差分

$$\frac{\partial t}{\partial x} = \frac{t(i, j) - t(i-1, j)}{\Delta x}$$

$$\frac{\partial^2 t}{\partial^2 x} = \frac{\partial}{\partial x}\left[\frac{t(i, j) - t(i-1, j)}{\Delta x}\right] = \frac{t(i, j) - 2t(i-1, j) + t(i-2, j)}{\Delta x^2}$$

$$\frac{\partial t}{\partial y} = \frac{t(i, j-1) - t(i, j)}{\Delta y}$$

$$\frac{\partial^2 t}{\partial^2 y} = \frac{\partial}{\partial y}\left[\frac{t(i, j) - t(i, j-1)}{\Delta y}\right] = \frac{t(i, j) - 2t(i, j-1) + t(i, j-2)}{\Delta y^2}$$

c. 中心差分

$$\frac{\partial t}{\partial x} = \frac{t\left(i+\frac{1}{2}, j\right) - t\left(i-\frac{1}{2}, j\right)}{\Delta x} = \frac{t(i+1, j) - t(i-1, j)}{2\Delta x}$$

$$\frac{\partial^2 t}{\partial^2 x} = \frac{\partial}{\partial x}\left[\frac{t\left(i+\frac{1}{2}, j\right) - t\left(i-\frac{1}{2}, j\right)}{\Delta x}\right] = \frac{t(i+1, j) - 2t(i, j) + t(i-1, j)}{\Delta x^2}$$

$$\frac{\partial t}{\partial y} = \frac{t\left(i, j+\frac{1}{2}\right) - t\left(i, j-\frac{1}{2}\right)}{\Delta y} = \frac{t(i, j+1) - t(i, j-1)}{2\Delta y}$$

$$\frac{\partial^2 t}{\partial^2 y} = \frac{\partial}{\partial y}\left[\frac{t\left(i, j+\frac{1}{2}\right) - t\left(i, j-\frac{1}{2}\right)}{\Delta y}\right] = \frac{t(i, j+1) - 2t(i, j) + t(i, j-1)}{\Delta y^2}$$

采用向后差分的方法，令 $\Delta x = \Delta y$，利用差分方程代替微分方程，得到

$$t_{i,j} = \frac{1}{4}\left(t_{i+1,j} + t_{i-1,j} + t_{i,j+1} + t_{i,j-1}\right)$$

式中，$t_{i,j}$ 为简化写法。

⑤ 边界条件差分格式。

对流传热边界条件：$-\lambda\dfrac{t_{i+1,j} - t_{i,j}}{\Delta x} = k\left(t_{i,j} - t_f\right)$

热流边界条件：$-\lambda \dfrac{t_{i,j+1} - t_{i,j}}{\Delta y} = q_{\mathrm{w}}$

绝热边界条件：$t_{i,j} - t_{i-1,j} = 0$

给定温度边界条件：$t_{i,j} = t_{\mathrm{w}}$

⑥　于是，差分方程和边界条件差分方程联合到一起组成定解方程组。

$$\frac{t_{i+1,j} - 2t_{i,j} + t_{i-1,j}}{(\Delta x)^2} + \frac{t_{i,j+1} - 2t_{i,j} + t_{i,j-1}}{(\Delta y)^2} = 0$$

$$-\lambda \frac{t_{i+1,j} - t_{i,j}}{\Delta x} = k(t_{i,j} - t_{\mathrm{f}})$$

$$-\lambda \frac{t_{i,j+1} - t_{i,j}}{\Delta y} = q_{\mathrm{w}}$$

$$t_{i,j} - t_{i-1,j} = 0$$

$$t_{i,j} = t_{\mathrm{w}}$$

⑦　上面的方程组可以整理成如下形式，其中方程数目与节点数相同。

$$\begin{cases} a_{11}t_1 + a_{12}t_2 + \cdots + a_{1n}t_n = c_1 \\ a_{21}tT_1 + a_{22}t_2 + \cdots + a_{2n}t_n = c_2 \\ \qquad\qquad\vdots \\ a_{i1}t_1 + a_{i2}t_2 + \cdots + a_{in}t_n = c_i \\ \qquad\qquad\vdots \\ a_{n1}t_1 + a_{n2}t_2 + \cdots + a_{nn}t_n = c_n \end{cases}$$

式中，$a_{i,j}, c_i\,(i=1,2,\cdots,n; j=1,2,\cdots,n)$ 为常数，$a_{i,j}$ 不为零。

矩阵形式为 $AT = C$。

$$A = \begin{pmatrix} a_{11} & a_{12} & \cdots & a_{1n} \\ a_{21} & a_{22} & \cdots & a_{2n} \\ \vdots & \vdots & & \vdots \\ a_{n1} & a_{n2} & \cdots & a_{nn} \end{pmatrix} \quad T = \begin{Bmatrix} t_1 \\ t_2 \\ \vdots \\ t_n \end{Bmatrix} \quad C = \begin{Bmatrix} c_1 \\ c_2 \\ \vdots \\ c_n \end{Bmatrix}$$

例 1：图 4-9 中是一个长宽比为 2∶1 的矩形区域，已经划分为矩形网格，且其长度方向和宽度方向的步长相等。其中内部三个节点记为 1、2、3，这些节点的温度未知。假设所有边界点的温度已知，而是区域内无内热源。下面利用有限差分方法来计算节点 1、2、3 的温度。

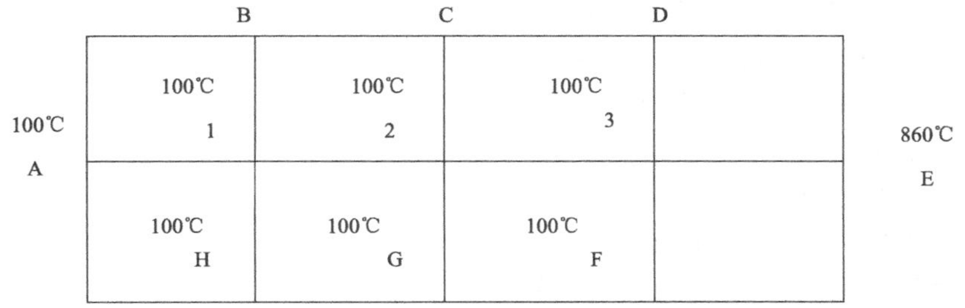

图 4-9　二维稳态问题的求解域

对于稳态导热问题可以用如下所示的差分格式来求解，即

$$t_{i,j} = \frac{1}{4}(t_{i+1,j} + t_{i-1,j} + t_{i,j+1} + t_{i,j-1})$$

实际上每个未知温度的节点的温度是其周围四个节点温度的平均值。对每个未知温度的节点有

节点 1：$(t_A + t_B + t_2 - 4t_1) = 0$

节点 2：$(t_C + t_3 + t_G - 4t_2) = 0$

节点 3：$(t_2 + t_D + t_E - 4t_3) = 0$

求解上述方程组，可得到结果为：$t_1=160℃$，$t_2=240℃$，$t_3=400℃$。

例 2：稳态导热问题的数值解法实例。

下图所示 L 形平板，初始温度见图 4-10，计算温度分布。

（1）编程原理

由对称性可取 1/4 的来分析，划分节点，除内外壁面直接赋值外，还有三类不同的节点。

第一类节点：t[i][15]=(2*t[i][14]+t[i+1][15]+t[i-1][15])/4

第二类节点：t[i][j]=(t[i-1][j]+t[i+1][j]+t[i][j+1]+t[i][j-1])/4

第三类节点：t[11][j]=(2*t[10][j]+t[11][j+1]+t[11][j-1])/4

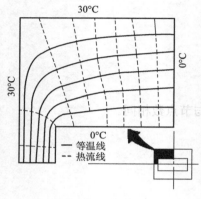

图 4-10　L 形平板

变量意义：M 为纵向节点个数；N 为横向节点个数；t[i][j]为各节点温度；i、j 为节点坐标变量；lamda 为热导率；q1 为外面导入热量；q2 为内面导出热量；k 为迭代次数，取足够大以保证精度。

（2）温度场数值解法程序

```c
#include "math.h"
#define EPS 1e-4
#define M 16
#define N 12
main()
{ int i, j;
float t[M][N], t1[M][N], h=0.53, q1=0, q2=0;double max, e;
for(i=0, i<M;i++)t[i][0]=30.0;
for(j=0, j<N;j++)t[0][j]=30.0;
for(i=5, i<M;i++)t[i][5]=0.0;
for(j=5, j<N;j++)t[5][j]=0.0;
for(j=1;j<N;j++)
  for (i=1;i<M;i++)
    { if(i>4&&j>4)break;
    t1[i][j]=t[i][j]=20.0;}
  do{max=0;for(i=1;i<M;i++)
  {if(i>4&&j>4) break;
```

```
     t1[i][j]= t[i][j];}
     {if(I>4&&j>4)
break;if(i==M-1)t[i][j]=0.25*(2.0*t[i-1][j]+
     t[i][j-1]+t[i][j+1]);
else if (j==N-1)t[i][j]=0.25*(2.0*t[i][j-1]+t[i-1][j]+t[i+1][j])
else t[i][j]=0.25*(t[i-1][j]+t[i+1][j]+t[i][j+1] +t[i][j-1]);
e=fabs(t[i][j]-t1[i][j])/t[i][j];
if (e>max)max=e;• }• }while (max>=ESP);
for(j=0;j<N;j++)• {for(i=0;i<M;i++)•   {if(i>5&&j>5)break;
printf("%2.1f", t[i][j]);• if (i!=M-1){if(t[i][j]<10)printf(" ");
  else printf(" ");}• }• printf("\n");    }
for(i=1;i<M-1;i++)q1=q1+h*(t[i][0]-t[i][1]);
for(j=1;j<N-1;j++)q1=q1+h*(t[0][j]-t[1][j]);
for(i=5;i<M-1;i++)q2=q2+h*(t[i][4]-t[i][5]);
for(j=1;j<N-1;j++)q2=q2+h*(t[4][j]-t[5][j]);
q1=q1+0.5*h*((t[15][0]-t[14][1])+(t[0][11]-t[1][11]));
q2=q2+0.5*h*((t[15][4]-t[14][5])+(t[4][11]-t[5][11]));
printf("Q1=%.4f   Q2=%.4f/n  Q=%.4f\n", q1, q2, 0.5*(q1+q2));
printf("  E=%.2f\%\n", fabs(q1-q2)/q1*100);}
```

（3）输出结果。

（4）非稳态导热问题的有限差分格式。

从以上的介绍可以看出，用有限差分数值解法求温度场的实质是将一个连续体离散化，用一系列的代数方程式代替微分方程式，通过对一系列代数方程式的四则运算来求得温度场的近似数值解。实际工作中遇到的导热问题通常为非稳态导热，其特点是温度不仅随空间坐标的变化而变化，而且还随时间的变化而变化。因此，温度场的分布与时间和位置两个因素有关。非稳态问题的求解原理、离散化方法和主要求解步骤与稳态问题的求解类似，但由于非稳态导热中增加了时间变量，因此，在差分格式、解的特性以及求解方法上都要复杂一些。如在区域离散化中，不仅包括空间区域的离散化，还有时间区域的离散化。

一块无限大平板（图 4-11），其一半厚度为 $L=0.1\text{m}$，初始温度 $t_0=1000℃$，突然将其插入温度 $t_\infty=20℃$ 的流体介质中。平板的热导率 $\lambda=34.89\text{W/(m·℃)}$，密度 $\rho=7800\text{kg/m}^3$，比热容 $c=0.712×10^3\text{J/(kg·℃)}$，平板与介质的对流换热系数为 $h=233\text{W/(m}^2·℃)$，求平板内各点的温度分布。

① 数学描述　由于平板换热关于中心线是对称的，仅对平板一半区域进行计算即可。坐标 x 的原点选在平板中心线上，因而一半区域的非稳态导热的数学描述为

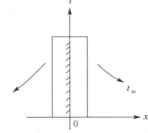

图 4-11　无限大平板非稳态导热

$$\frac{\partial t}{\partial \tau} = \alpha \frac{\partial^2 t}{\partial x^2} \tag{4-32}$$

$$\tau = 0, t = t_0 \tag{4-33}$$

$$x = 0, \frac{\partial t}{\partial x} = 0 \tag{4-34}$$

$$x = L, -\lambda \frac{\partial t}{\partial x} = h(t - t_\infty) \tag{4-35}$$

该数学模型的解析解为

$$t = t_\infty + (t_0 - t_\infty) \sum_{n=1}^{\infty} \frac{2\sin \mu_n}{\mu_n + \sin \mu_n \cos \mu_n} \cos\left(\mu_n \frac{x}{L}\right) e^{-\mu_n^2 F_0} \tag{4-36}$$

式中，$F_0 = \frac{a\tau}{L^2}$；μ_n 为方程 $\mathrm{c}\tan \mu = \mu / B_i$ 的根，$B_i = \frac{hL}{\lambda}$。

表 4-1 给出了在平板表面($x=L$)处由上式计算得到的不同时刻的温度值。

表 4-1　平板表面各不同时刻温度值

时间/s	1	2	3	4	5	6	7	8	9	10
温度/℃	981.84	974.47	968.88	964.20	960.11	956.14	953.08	949.97	947.07	944.34

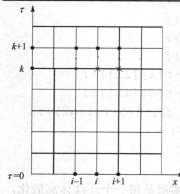

图 4-12　平面区域的时间和空间离散

② 微分方程的离散　一维非稳态导热指的是空间坐标是一维的。若考虑时间坐标，则所谓的一维非稳态导热实际上是二维问题（图 4-12），即：有时间坐标 τ 和空间坐标 x 两个变量。但要注意，时间坐标是单向的，就是说，前一时刻的状态会对后一时刻的状态有影响，但后一时刻的状态却影响不到前一时刻，图 4-12 示出了以 x 和 τ 为坐标的计算区域的离散，时间从 $\tau = 0$ 开始，经过一个个时层增加到 k 时层和 $k+1$ 时层。

对于 i 节点，在 k 和 $k+1$ 时刻可将微分方程写成下面公式。

$$\left(\frac{\partial t}{\partial \tau}\right)_i^k = \alpha \left(\frac{\partial^2 t}{\partial x^2}\right)_i^k \tag{4-37}$$

$$\left(\frac{\partial t}{\partial \tau}\right)_i^{k+1} = \alpha \left(\frac{\partial^2 t}{\partial x^2}\right)_i^{k+1} \tag{4-38}$$

将式（4-37）和式（4-38）的左端温度对时间的偏导数进行差分离散为

$$\left(\frac{\partial t}{\partial \tau}\right)_i^k = \frac{t_i^{k+1} - t_i^k}{\Delta \tau} \tag{4-39}$$

$$\left(\frac{\partial t}{\partial \tau}\right)_i^{k+1} = \frac{t_i^{k+1} - t_i^k}{\Delta \tau} \tag{4-40}$$

观察式（4-38）和式（4-39），这两个公式的右端差分式完全相同，但在两个公式中却有不同含义。对式（4-38），右端项相对 i 点在 k 时刻的导数 $\left(\frac{\partial t}{\partial \tau}\right)_i^k$ 是向前差分。而在式（4-39）中，

右端项是 i 点在 $k+1$ 时刻的导数 $\left(\frac{\partial t}{\partial \tau}\right)_i^{k+1}$ 的向后差分。将式（4-38）和式（4-39）分别代入式（4-36）和式（4-37），并将式（4-36）和式（4-37）右端关于 x 的二阶导数用相应的差分代替，则可得到下列显式和隐式两种不同的差分格式。

显式

$$t_i^{k+1} = ft_{i+1}^k + (1-2f)t_i^k + ft_{i-1}^k \tag{4-41}$$

$$(k=0,1,2,\ \cdots;\ i=2,3,\cdots,n-1)$$

全隐式

$$t_i^{k+1} = \frac{1}{1+2f}\left(ft_{i+1}^{k+1} + ft_{i-1}^{k+1} + t_i^k\right) \tag{4-42}$$

$$(k=0,1,2,\ \cdots;\ i=2,3,\cdots,n-1)$$

以上两式中的 $f = \dfrac{\alpha\Delta\tau}{\Delta x^2}$。

从式（4-41）可见，其右端只涉及 k 时刻的温度，当从 $k=0$（即 $\tau=0$ 时刻）开始计算时，在 $k=0$ 时等号右端都是已知值，因而直接可计算出 $k=1$ 时刻各点的温度。由 $k=1$ 时刻的各点的温度值，又可以直接利用式（4-41）计算 $k=2$ 时刻的各点的温度，这样一个时层一个时层地往下推，各时层的温度都能用式（4-41）直接计算出来，不要求解代数方程组。而对于式（4-42）等号右端包含了与等号左端同一时刻但不同节点的温度，因而必须通过求解代数方程组才能求得这些节点的温度值。

③ 边界条件的离散　对于式（4-34）和式（4-35）所给出的边界条件，可以直接用差分代替微分，也可以用元体平衡法给出相应的边界条件，亦有显式和隐式之分。通常，当内部节点采用显式时，边界节点也用显式离散；内部节点用隐式时，边界节点亦用隐式。边界节点的差分格式是显示还是隐式，取决于如何与内部节点的差分方程组合。用 $k+1$ 时刻相应节点的差分，代替式（4-32）和式（4-35）中的微分，可得到边界节点的差分方程。

$$t_1^{k+1} = t_2^{k+1}$$

$$t_n^{k+1} = \frac{1}{\dfrac{h\Delta x}{\lambda}+1}\left(t_{n-1}^{k+1} + \frac{h\Delta x}{\lambda}t_\infty\right) \tag{4-43}$$

最终的离散格式如下。

显式

$$\text{初始值：}\quad t_i = t_0 \qquad (i=1,2,3,\cdots,n) \tag{4-44}$$

$$t_i^{k+1} = \left[ft_{i+1}^k + ft_{i-1}^k + (1-2f)t_i^k\right] \qquad (i=2,3,\cdots,n-1) \tag{4-45}$$

$$t_1^{k+1} = t_2^{k+1}$$

$$t_n^{k+1} = \frac{1}{\dfrac{h\Delta x}{\lambda}+1}\left(t_{n-1}^{k+1} + \frac{h\Delta x}{\lambda}t_\infty\right) \tag{4-46}$$

式中，$k=0,1,2,\cdots$。

隐式

$$\text{初始值：}\quad t_i^0 = t_0 \tag{4-47}$$

$$t_1^{k+1} = t_2^{k+1} \tag{4-48}$$

$$t_i^{k+1} = \frac{1}{1+2f}\left(ft_{i+1}^{k+1} + ft_{i-1}^{k+1} + t_i^k\right) \qquad (i=2,3,\cdots,n-1) \tag{4-49}$$

$$t_n^{k+1} = \frac{1}{\dfrac{h\Delta x}{\lambda}+1}\left(t_{n-1}^{k+1} + \frac{h\Delta x}{\lambda}t_\infty\right) \tag{4-50}$$

式中，$k=0,1,2,\cdots$。

在用隐式差分计算时，每个时层都需要迭代求解代数方程组[式（4-47）~式（4-50）]。在每个时层计算时，都要先假定一个温度场（一般取上一时层的温度场为本时层的初始场），然后迭代计算直至收敛。

显式差分格式：每个节点方程可以独立求解，但需要考虑稳定性。

$$\frac{\partial^2 t}{\partial x^2} = \frac{1}{\alpha} \times \frac{\partial t}{\partial \tau} (\tau > 0, 0 < x < L)$$

$$\left(\frac{\partial^2 t}{\partial x^2}\right)_i^n = \frac{1}{\alpha}\left(\frac{\partial t}{\partial \tau}\right)_i^n \qquad \left(\frac{\partial t}{\partial \tau}\right)_i^n = \frac{t_i^{n+1} - t_i^n}{\Delta \tau} + O(\Delta \tau) \qquad (4\text{-}51)$$

得到

$$t_i^{n+1} = t_i^n + \frac{\alpha \Delta \tau}{(\Delta x)^2}(t_{i+1}^n - 2t_i^n + t_{i-1}^n) \qquad \left(\frac{\partial^2 t}{\partial x^2}\right)_i^n = \frac{t_{i+1}^n - 2t_i^n + t_{i-1}^n}{(\Delta x)^2} + O(\Delta x)^2$$

$$\frac{t_{i+1}^n - 2t_i^n + t_{i-1}^n}{(\Delta x)^2} = \frac{1}{\alpha} \times \frac{t_i^{n+1} - t_i^n}{\Delta \tau}$$

$$F_0 = \frac{\alpha \Delta \tau}{(\Delta x)^2} = \frac{\lambda \Delta \tau}{\rho c (\Delta x)^2}$$

$$t_i^{n+1} = F_0 t_{i-1}^n + (1-2F_0)t_i^n + F_0 t_{i+1}^n \qquad (4\text{-}52)$$

例3：非态导热数值解法实例。

为了使对瞬态传热问题的数值求解过程有一个完整的认识，下面将以无限大平板对称加热的非稳态导热过程为例（图4-13），阐明显示差分格式和隐示差分格式的计算求解过程。有一个厚度为 0.12m 的无限大平板，初始温度为 20℃，两侧表面同时受到温度为 150℃的流体加热，流体与平板表面之间的对流换热系数为 24W/(m²·℃)，平板材料的热导率为0.24W/(m·℃)，而热扩散系数为 0.147×10^{-6}m²/S。试计算平板温度分布随时间的变化。

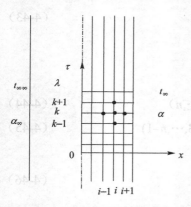

图4-13 大平板非稳态导热数值解区域离散化示意图

由于大平板是对称受热，利用温度场的对称性可以只对平板的一半进行数值计算。于是就可以给出该导热问题的边界条件为一侧是平板与环境进行对流换热的第三类边界条件，另一侧（即对称中心面）是处于绝热状态的第二类边界条件。下面分别用显示差分格式和隐示差分格式对其进行数值分析求解。针对该问题可列出中心节点和边界节点的差分方程，即

内节点方程： $\qquad t_i^{k+1} = F_0(t_{i+1}^k + t_{i-1}^k) + (1-2F_0)t_i^k$

绝热边界节点方程： $\qquad t_i^{k+1} = 2F_0 t_2^k + (1-2F_0)t_1^k$

对流边界节点方程： $\qquad t_{n+1}^{k+1} = 2F_0\left[t_n^k + \left(\frac{1}{2F_0} - B_i - 1\right)t_{n-1}^k\right] + B_i t_\infty^k$

相应的稳定性条件在目前情况下有两个，一个是内节点和绝热边界节点应满足的 $F_0 = (\alpha \Delta \tau / \Delta x^2) \leq 1/2$；另一个是对流边界节点应满足的 $F_0 \leq 1/(2+B_i)$。在这两个条件中后一个要求

要苛刻一些，故只需满足后一个稳定性条件即可。由稳定性条件可见，空间步长Δx和时间步长$\Delta \tau$是相互关联的，当选定Δx之后$\Delta \tau$也随之被确定下来。在此选取Δx=0.006m，从稳定性条件计算出$\Delta \tau \leqslant 76.3s$，计算中选取$\Delta \tau$=50s。

计算机程序中的标识符（含显示和隐示差分格式用到的变量和常数）见表 4-2。

表 4-2　计算机程序中的标识符

A	平板材料的导温系数	K	平板材料的热导率
AB(I, J)	节点温度中间变量	I	表示空间的下标变量
AA	计算的累计时间	IJ	表示平板内点的下标变量
BIO	网格毕欧数	J	表示时间的下标变量
B1	中间变量	L	平板厚度的一半
B2	中间变量	M	计算的时间间隔数目
DT	时间步长	N	计算的空间间隔数目
DX	空间步长	T(I, J)	节点温度变量
FO	网格傅里叶数	TF	环境流体温度
H	对流换热系数	T0	平板初始温度

显示差分格式计算机程序框图如图 4-14 所示。

计算机程序采用 FORTRAN 语言编写，详细清单如下。

- REAL K, L
- DIMENSION T(50, 50)
- READ(*, *) H, K, A, DT, TF, L, T0, N, M
- DX=L/FLOAT(N)
- BIO=(H*DX)/K
- FO=(A*DT)/(DX**2)
- IF(FO.GT.(1.0/(2.0+2.0*BIO))) GOTO 60
- DO 10 I=1, N+1
- T(I, 1)=T0
- DO 20 J=2, M+1
- T(1, J)=2.0*FO*T(2, J-1)+(1.0-2.0*FO)*T(1, J-1)
- DO 30 IJ=2, N
- T(IJ, J)=FO*(T(IJ-1, J-1)+T(IJ+1, J-1))
- T(IJ, J)=T(IJ, J)+(1.0-2.0*FO)*T(IJ, J-1)
- T(N+1, J)=2.0*FO*(T(N, J-1)+TF*BIO)
- T(N+1, J)=T(N+1, J)+(1.0-2.0*FO-2.9*FO*BIO*T(N+1, J-1)
- AB=FLOAT(J-1)*DT
- WRITE(*, 40) AB
- FORMAT(F9.2)
- WRITE(*, 50 (T(II, J), II=1, N+1)
- FORMAT(11F7.2)
- CONTINUE
- STOP
- END

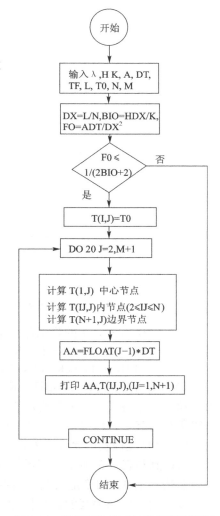

图 4-14　显示差分格式计算机程序框图

利用以上程序经过 49 次运算，即计算到非稳态导热过程进行 2400s 后的结果，将其显示于表 4-3 中。表 4-3 中 x 为平板的坐标位置，$x=0$ 为对称中心平面，$x=0.06$m 为平板的外表面。从表 4-3 中可见经过 2400s 后，温度为 150℃的流体仍然在向平板加热。进一步的计算表明，平板被均匀加热到 150℃的时间大约到 96000s（26.7h），共需计算 1920 次。

表 4-3   计算到非稳态导热过程进行 2400s 后的结果

x[m]	0.0	0.006	0.012	0.018	0.024	0.030	0.036	0.042	0.048	0.056	0.06
T[℃]	23.02	23.58	25.25	28.34	33.17	40.16	49.69	62.05	77.29	95.21	115.31

隐式差分格式计算机程序的编制如图 4-15 所示。

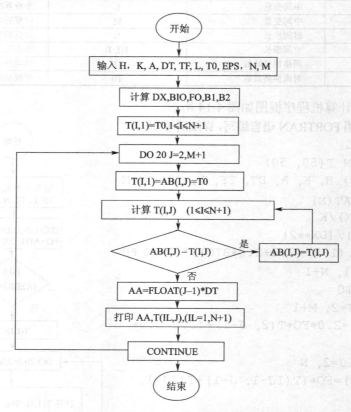

图 4-15   隐式示差分格式计算机程序框图

可以简化出该算例的隐示差分格式的内节点及边界节点的差分方程式如下。

$$TiK=[Fo(Ti+1K+Ti-1K)+Ti-1K-1]/(1+2Fo) \quad （内节点）$$
$$T1K=(2FoT2K+T1K-1)/(1+2Fo) \quad （对称中心边界节点）$$
$$TN+1K=(2FoTNK+2FoBiT∞K+TN+1K-1)/(1+2FoBi+2Fo) \quad （对流换热边界节点）$$

由于隐示差分格式是无条件稳定的，故在编制程序时不必设立稳定性判别语句，但确要联立求解所有的节点方程组。这里采用高斯-赛德尔迭代法，程序用 FORTRAN 语言编写。程序中的 EPS 是精度控制的允许误差，计算中取为 0.01。若时间步长也取 $\Delta\tau=50$s，计算到 2000s 时可以得到与表 4-3 所示的相近似的结果；若取 $\Delta\tau=2000$s，只需计算 48 次即可接近平板被均匀加热到 150℃的稳定工况。当然随着 $\Delta\tau$ 的增大，计算结果的误差也会相应增大。

按上面的框图编写的计算机程序如下。

```
• REAL K, L
```

- DIMENSION T(50, 50), AB(50, 50)
- READ(*, *) H, K, A, DT, DF, L, T0, EPS, N, M
- DX=L/FLOAT(N)
- BIO=(H*DX)/K
- FO=(A*DT)/DX**2
- B1=1.0+2.0*FO
- B2=1.0+2.0*FO+2.0*FO*BIO
- DO 10 I=1, N+1
- T(I, 1)=T0
- DO 20 J=2, M+1
- DO 30 IJ=1, N+1
- T(IJ, J)=T0
- AB(IJ, J)=T0
- T(1, J)=(T(1, J-1+2.0*FO*T(2, J))/B1
- DO 40 IK=2, N
- T(IK, J)=(T(N+1, J-1)+FO*(T(IK+1, J)+T(IK-1, J)))/B1
-   T(N+1, J)=(T(N+1, J-1)+2.0*FO*BIO*TF+2.0*FO*T(N, J))/B2
- DO 50 II=1, N+1
- IF(ABS(T(II, J)-AB(II, J))•••GT•EPS) GOTO 65
- CONTINUE
- GOTO 75
- DO 70 IM=1.N=1
- AB(IM, J)=T(IM, J)
- GOTO 35
- AA=FLOAT(J-1)*DT
-   WRITE(*, 80)
- 80   FORMAT(F9.2)
- WRITE(*, 90) (T(IL, J), IL=1, N+1)
- FORMAT(11F7.2)
- CONTINUE
- STOP
- END

例 4：用有限差分法和 Matlab 计算二维热加工温度场分析。

薄板焊接过程温度场分析：取焊件的一半为模型进行离散化，起始点为 O 点（图 4-16），以后以 v 速度沿 x 轴运动。根据题意为二维不稳态导热，二维不稳态导热方程为

$$\frac{1}{\alpha} \times \frac{\partial t}{\partial \tau} = \frac{\partial^2 t}{\partial x^2} + \frac{\partial^2 t}{\partial y^2} + \frac{\bar{Q}}{k}$$

可化为以下微分方程组（以 y 轴正方向为上，x 轴正方向为右）。

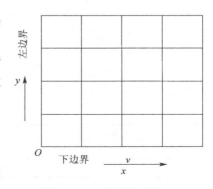

图 4-16　二维焊接离散化

97

$$\begin{cases} \rho c \dfrac{\partial t}{\partial \tau} = k\Delta + \bar{Q} \\ t(x,y,0) = t_0 \\ k\dfrac{\partial t}{\partial x} = 0, \ \text{左边界}(y \text{轴}) \\ k\dfrac{\partial t}{\partial x} = \beta(t_e - t), \ \text{右边界} \\ k\dfrac{\partial t}{\partial y} = \beta(t - t_e), \ \text{下边界}(x \text{轴}) \\ k\dfrac{\partial t}{\partial x} = \beta(t_e - t), \ \text{上边界} \end{cases}$$

需要的参数（均以 cm,cal,g 为单位，所以不必换算）见表 4-4。

表 4-4　需要的参数

参　数	数　　值	备　注	参　数	数　　值	备　注
ρ	7.82 g/cm³	密度	β	0.0008cal/(cm²·s·℃)	换热系数
v	0.4 cm/s	焊接速度	t_e, t_0	20℃	周边介质温度，初始温度
h	1cm	板厚度	k	0.1cal/(cm²·s·℃)	热导率
q_m	4000cal/cm³	热源分布密度			

注：1 cal=4.18 J。

则

$$\begin{aligned} \bar{Q} &= \frac{Q_m}{h} \exp\left[-3\left(\frac{r}{\bar{r}}\right)^2\right] \\ &= \frac{4000}{1} \exp\left\{-3\left[\frac{\sqrt{x^2 + (y-v\tau)^2}}{\bar{r}}\right]^2\right\} \\ &= 4000\exp\left\{\frac{-3[x^2 + (y-0.4\tau)^2]}{0.49}\right\} \end{aligned}$$

用 PDE Tool 解题步骤如下。

（1）区域设置

单击 □ 工具，在窗口拉出一个矩形，双击矩形区域，在 Object Dialog 对话框输入 Left 为 0，Bottom 为 0，Width 为 2,Height 为 2。

与默认的坐标相比，图形小得看不见，所以要调整坐标显示比例。方法：选择 Options →Axes Limits，把 X，Y 轴的自动选项打开。设置 Options→Application 为 Heat Transfer（设置程序应用热传输模型）。

（2）设置边界条件

单击 ?Ω，使边界变红色，然后分别双击每段边界，打开 Boundary Conditions 对话框，设置边界条件（根据边界条件）。所有的边界都为 Neumann 条件。输入值见表 4-5。

表 4-5　输入值

边　界	g (热流量)	q (热转换系数)	边　界	g (热流量)	q (热转换系数)
左边界	0	0	下边界（x 轴）	−0.0008*20	−0.0008
右边界	0.0008*20	0.0008	上边界	0.0008*20	0.0008

（3）设置方程类型

单击 PDE，打开 PDE Specification 对话框，设置方程类型为 Parabolic（抛物型），rho（密度）为 7.82，C（比热）为 0.16，k（热导率）为 0.1，Q（热源）为 4000*exp(–3*(x.^2+(y–0.4*t).^2)/0.49)，其他参数为 0。

（4）网格划分

单击 △，或者加密网格，单击 △。

（5）初值和误差的设置

单击 Solve 菜单中 Parameters...选项，打开 Solve Parameters 对话框，输入 Time 为 0:0.5:5，u(t0) 为 20，其他不变。

（6）解方程

单击 =，开始解方程。

（7）整理数据

单击 Mesh→Export Mesh...输出 p e t 的数值，单击 Solve→Export Solution...输出 u。

回到 Matlab 主窗口执行下面两条命令。

```
u1=[p', u(:, 7)]          %将节点坐标及其在 3s 时的温度组成新矩阵；
u2=sortrows(u1, 3)        %将 u1 按温度值大小升序排列。
u1=[p', u(:, 4)]          %将节点坐标和其在 1.5s 时的温度组成新矩阵；
u2=sortrows(u1, 3)        %将 u1 按温度值大小升序排列。
```

（8）温度场分布如图 4-17~图 4-20 所示。

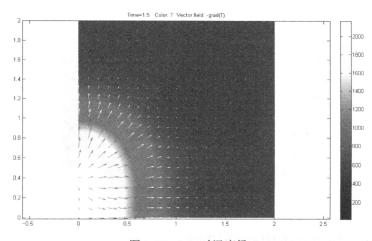

图 4-17　1.5s 时温度场

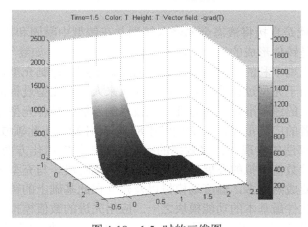

图 4-18　1.5s 时的三维图

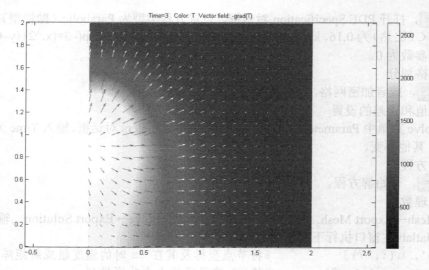

图 4-19　3s 时的温度场

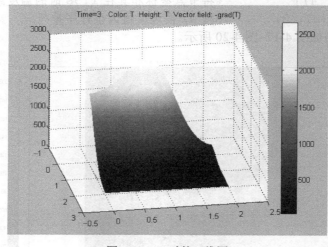

图 4-20　3s 时的三维图

4.2　铸件充型过程的通用数学模型

　　铸造生产的实质就是直接将液态金属浇入铸型并在铸型中凝固和冷却，进而得到铸件。液态金属的充型过程是铸件形成的第一个阶段。许多铸造缺陷（如卷气、夹渣、浇不足、冷隔及砂眼等）都是在充型不利的情况下产生的。因此，了解并控制充型过程是获得优质铸件的重要条件。但是，由于充型过程非常复杂，长期以来人们对充型过程的把握和控制主要是建立在大量试验基础上的经验准则。随着计算机技术的发展，铸件充型凝固过程数值模拟受到了国内外研究工作者的广泛重视，从 20 世纪 80 年代开始，在此领域进行了大量的研究，在数学模型的建立、算法的实现、计算效率的提高以及工程实用化方面均取得了重大突破。目前铸件充型凝固过程数值模拟的发展已进入工程实用化阶段。与充型过程相比，铸件凝固过程温度场模拟相对要成熟得多，温度场模拟以及建立在此基础上的铸件缩孔、缩松预测是目前凝固模拟商品化软件最基本的功能模块之一。应用先进的数值模拟技术，铸造生产正在由经验走向科学理论指导。通过充型凝固过程模拟，人们可以掌握主要铸造缺陷的形成机理，优化铸造工艺参数，确保铸件质量，缩短试制周期，降低生产成本。目前砂型铸造的充型模拟还占主导地位，本节主要介绍砂型铸件充型凝固过程中的流场、温度场模拟技术以及在此基础上进行的铸钢件和球墨铸铁件缩孔、缩松预测。

欲获得健全的铸件，必先确定一套合理的工艺参数。数值模拟或称数值试验的目的，就是要通过对铸件充型凝固过程的数值计算，分析工艺参数对工艺实施结果的影响，便于技术人员对所设计的铸造工艺进行验证和优化，以及寻求工艺问题的尽快解决办法。

铸件充型凝固过程数值计算以铸件和铸型为计算域，包括熔融金属流动和传热数值计算，主要用于液态金属充填铸型过程；铸件铸型传热过程数值计算，主要用于铸件凝固过程；应力应变数值计算，主要用于铸件凝固和冷却过程；晶体形核和生长数值计算，主要用于金属铸件显微组织形成过程和铸件机械性能预测；传热传质传动量数值计算，主要用于大型铸件或凝固时间较长的铸件的凝固过程。数值计算可预测的缺陷主要是铸件形成过程中易发生的冷隔、卷气、缩孔、缩松、裂纹、偏析、晶粒粗大等，另外可以通过数值计算，提出合理的铸造工艺参数，包括浇注温度、铸型温度、铸件凝固时间、打箱时间、冷却条件等。目前，用于液态金属充填铸型过程的熔融金属流动和传热数值计算以及用于铸件凝固过程的铸件铸型传热过程数值计算已经比较成熟，逐渐为铸造厂家在实际生产中采用，下面主要介绍这两种数值试验方法。

数学模型：熔融金属充型与凝固过程为高温流体于复杂几何型腔内作有阻碍和带有自由表面的流动及向铸型和空气的传热过程。该物理过程遵循质量守恒、动量守恒和能量守恒定律，假设液态金属为常密度不可压缩的黏性流体，并忽略湍流作用，则可以采用连续、动量、体积函数和能量方程组描述这一过程。

连续性方程为

$$\frac{\partial u}{\partial x} + \frac{\partial v}{\partial y} + \frac{\partial w}{\partial z} = 0 \tag{4-53}$$

动量守恒方程为

$$\frac{\partial(\rho u)}{\partial t} + u\frac{\partial(\rho u)}{\partial x} + v\frac{\partial(\rho u)}{\partial y} + w\frac{\partial(\rho u)}{\partial z} = -\frac{\partial P}{\partial x} + \mu\left(\frac{\partial^2 u}{\partial x^2} + \frac{\partial^2 u}{\partial y^2} + \frac{\partial^2 u}{\partial z^2}\right) + \rho g_x$$

$$\frac{\partial(\rho v)}{\partial t} + u\frac{\partial(\rho v)}{\partial x} + v\frac{\partial(\rho v)}{\partial y} + w\frac{\partial(\rho v)}{\partial z} = -\frac{\partial P}{\partial y} + \mu\left(\frac{\partial^2 v}{\partial x^2} + \frac{\partial^2 v}{\partial y^2} + \frac{\partial^2 v}{\partial z^2}\right) + \rho g_y \tag{4-54}$$

$$\frac{\partial(\rho w)}{\partial t} + u\frac{\partial(\rho w)}{\partial x} + v\frac{\partial(\rho w)}{\partial y} + w\frac{\partial(\rho w)}{\partial z} = -\frac{\partial P}{\partial y} + \mu\left(\frac{\partial^2 w}{\partial x^2} + \frac{\partial^2 w}{\partial y^2} + \frac{\partial^2 w}{\partial z^2}\right) + \rho g_z$$

体积函数方程为

$$\frac{\partial F}{\partial t} + \frac{\partial(Fu)}{\partial x} + \frac{\partial(Fv)}{\partial y} + \frac{\partial(Fw)}{\partial z} = 0 \tag{4-55}$$

能量守恒方程为

$$\frac{\partial(\rho cT)}{\partial t} + u\frac{\partial(\rho cT)}{\partial x} + v\frac{\partial(\rho cT)}{\partial y} + w\frac{\partial(\rho cT)}{\partial z} = \frac{\partial^2(\lambda_x T)}{\partial x^2} + \frac{\partial^2(\lambda_y T)}{\partial y^2} + \frac{\partial^2(\lambda_z T)}{\partial z^2} + \rho Q \tag{4-56}$$

式中　u，v，w——分别为 x、y、z 方向速度分量；

ρ——金属液密度；

t——时间；

P——金属液体内压力；

μ——金属液动力黏度；

g_x，g_y，g_z——x、y、z方向重力加速度；

F——体积函数，$0 \leq F \leq 1$；

c——金属液比定压热容；

T——金属液温度；

λ——金属液热导率；

ρQ——热源项。

实体造型和网格剖分：欲进行三维充型凝固过程数值模拟，首先需要铸件的几何信息，具体地说是要根据二维铸件图形成三维铸件实体，然后再对铸件实体进行三维网格划分以得到计算所需的网格单元几何信息。利用市场上成熟的造型软件（如 UG，ProE，Solid-Edge，AutoCAD 等）进行铸件铸型实体造型，然后读取实体造型后产生的几何信息文件（如 STL 文件），编制程序对实体造型铸件进行自动划分，这种方法可以大大缩短几何条件准备时间。剖分后的网格信息包括单元尺寸和单元材质标识。

充型凝固过程数值计算步骤如下。

① 将铸件和铸型作为计算域，进行实体造型、剖分和单元标识。

② 给出初始条件、边界条件和金属、铸型的物性参数。

③ 求解体积函数方程得到新时刻流体流动计算域。

④ 求解连续性方程和动量方程，得到新时刻计算域内流体速度场和压力场。

⑤ 求解能量方程，得到铸件和铸型的温度场及液态金属固相分数场。

⑥ 增加一个时间步长，重复③～⑥步至充型完毕。

⑦ 计算域内流体流动速度置零，调整时间步长。

⑧ 将充型完毕时计算得到的铸件和铸型温度场作为初始温度条件，求解能量方程至铸件凝固完毕。

⑨ 计算结果后处理，进行铸造工艺分析、铸件缺陷预报和工艺参数优化工作。

4.3 浓度场的通用数学模型与计算

任何不均质的材料，在一定的热力学条件下，都将趋向于均匀化。譬如，通过扩散退火可以改善因凝固带来的成分不均匀性，这是在合金中分布不均匀的溶质原子从高浓度区域向低浓度区域运动（扩散）的结果。所以固态中的扩散本质是在扩散力（浓度、电场、应力场等的梯度）作用下，原子定向、宏观的迁移。这种迁移运动的结果是使系统的化学自由能下降。材料的扩散现象在工程中广泛存在，如压力加工时的动态恢复再结晶，双金属板的生产、焊接过程，热处理中的相变，化学热处理以及粉末冶金的烧结等。扩散理论的研究主要方面之一是宏观规律的研究，它重点讨论扩散物质的浓度分布与时间的关系，根据不同条件建立一系列的扩散方程，并按其边界条件求解。用计算机数值计算方法代替传统的、复杂的数学物理方程对浓度场问题进行研究已成为发展的趋势。

4.3.1 菲克第一定律

稳定浓度场模型如图 4-21 和图 4-22 所示，x 轴上两单位面积 1（A）和 2（B），间距 dx，面上原子浓度为 C_A、C_B，则平面 1 到平面 2 上原子数 $n_1=C_1dx$，平面 2 到平面 1 上原子数 $n_2=C_2dx$，若原子平均跳动频率 f，$d\tau$ 时间内跳离平面 1 的原子数为 $n_1fd\tau$，跳离平面 2 的原

子数为 $n_2 f \mathrm{d}\tau$。

　　菲克第一定律（一定时间内，浓度不随时间变化 $\mathrm{d}C/\mathrm{d}\tau=0$），单位时间内通过垂直于扩散方向的单位截面积的扩散物质流量（扩散通量）与该面积处的浓度梯度成正比。定义：组分 i 每单位时间通过单位面积的质量传输量正比于浓度梯度，定义式为

$$J = -D \frac{\partial C}{\partial x} \tag{4-57}$$

式中　D ——扩散系数，负号表示质量传输的方向与浓度梯度的方向相反；

　　　　J ——扩散通量，$\mathrm{g/(cm^2 \cdot s)}$。

式中负号表明扩散通量的方向与浓度梯度方向相反。可见，只要存在浓度梯度，就会引起原子的扩散，物体的扩散系数单位为 $\mathrm{m^2/s}$，物理意义为单位传质量相当于单位浓度梯度下的扩散传质通量。影响因素：物体的种类、物体的结构、温度、压力等。

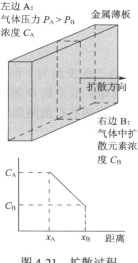

图 4-21　扩散过程

4.3.2　菲克第二定律

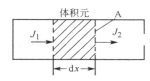

图 4-22　单元模型

　　单元模型如图 4-22 所示。解决溶质浓度随时间变化的情况，即 $\mathrm{d}c/\mathrm{d}t \neq 0$。

　　两个相距 $\mathrm{d}x$ 垂直 x 轴的平面组成的微体积，J_1、J_2 为进入、流出两平面间的扩散通量，扩散中浓度变化为 $\partial C / \partial \tau$，则单元体积中溶质积累速率为

$$\frac{\partial C}{\partial \tau}\mathrm{d}x = J_1 - J_2$$

由菲克第一定律得

$$J_1 = -D \left(\frac{\partial C}{\partial x} \right)_x$$

$$J_2 = -D \left(\frac{\partial C}{\partial x} \right)_{x+\mathrm{d}x} = J_1 + \frac{\partial}{\partial x}\left(-D \frac{\partial C}{\partial x} \right)_{\mathrm{d}x}$$

　　即第二个面的扩散通量为第一个面注入的溶质与在这一段距离内溶质浓度变化引起的扩散通量之和。若 D 不随浓度变化，则

$$\frac{\partial C}{\partial \tau}\mathrm{d}x = J_1 - J_2 = -D \frac{\partial}{\partial x}\left(\frac{\partial C}{\partial x} \right) = -D \frac{\partial^2 C}{\partial x^2}\mathrm{d}x$$

$$\frac{\partial C}{\partial \tau} = D \left(\frac{\partial^2 C}{\partial x^2} \right)$$

　　菲克第二定律在三维直角坐标系下的形式为

$$\frac{\partial C}{\partial \tau} = D \left(\frac{\partial^2 C}{\partial x^2} + \frac{\partial^2 C}{\partial z^2} + \frac{\partial^2 C}{\partial z^2} \right) \tag{4-58}$$

4.3.3　渗碳浓度场的有限差求解

　　渗碳是最常用的一种化学热处理工艺，工件渗碳后表面具有高硬度和耐磨性，心部具有良好的强韧性。工件渗碳后的碳浓度分布决定了工件的性能，求解菲克第二定律偏微分方程，能预测工件渗碳后的碳浓度分布。实际工件的形状是多种多样的，其表面形状可归为平面、凸柱面、凹柱面和球面四类。许多工作表明，工件的表面形状和曲率半径影响渗碳后的碳浓度分布，对不同形状的工件或表面，应采用不同的坐标求解。数学描述：工件内任一时刻任

何位置的碳浓度变化规律由菲克第二定律偏微分方程描述。

$$\frac{\partial C}{\partial \tau} = D\left(\frac{\partial^2 C}{\partial x^2} + \frac{\partial^2 C}{\partial y^2} + \frac{\partial^2 C}{\partial z^2}\right) \tag{4-59}$$

当工件表面为平面，可将碳在工件内的扩散看成只在垂直于工件表面的一维方向上进行，忽略扩散系数 D 随碳浓度的变化，考虑到气体渗碳过程主要由碳向工件表面的传递和碳在工件内部的扩散两部分组成，则工件内的碳浓度分布可归结为求下列定解问题，直角坐标系下的方程为

$$\begin{cases} \dfrac{\partial C}{\partial \tau} = D\dfrac{\partial^2 C}{\partial x^2} \\[2mm] -D\dfrac{\partial C}{\partial x}\Big|_{x=0} = \beta(C_g - C_s) \\[2mm] \dfrac{\partial C}{\partial x}\Big|_{x=\infty} = 0 \end{cases} \tag{4-60}$$

半径为 R、长径比较大的圆柱形工件，可认为碳在工件内只沿半径方向进行扩散，利用坐标变换，归结为求下列定解问题，极坐标系下的方程为

$$\begin{cases} \dfrac{\partial C}{\partial \tau} = D\left[\dfrac{\partial^2 c}{\partial r^2} + \dfrac{1}{r} \times \dfrac{\partial C}{\partial r}\right] \\[2mm] -D\dfrac{\partial C}{\partial r}\Big|_{r=R} = \beta(C_g - C_s) \\[2mm] \dfrac{\partial C}{\partial r}\Big|_{r=r_m} = 0 \end{cases} \tag{4-61}$$

半径为 R 的球形工件内的碳浓度分布可归结为求下列定解问题，球坐标系下的方程为

$$\begin{cases} \dfrac{\partial C}{\partial \tau} = D\left[\dfrac{\partial^2 C}{\partial^2 r} + \dfrac{2}{r} \times \dfrac{\partial C}{\partial r}\right] \\[2mm] -D\dfrac{\partial C}{\partial r}\Big|_{r=R} = \beta(C_g - C_s) \\[2mm] \dfrac{\partial C}{\partial r}\Big|_{r=r_m} = 0 \end{cases} \tag{4-62}$$

20 世纪 80 年代以来，随着计算机技术的发展，采用数值方法求解扩散方程不仅使求解简单边界条件下的扩散问题变得十分简捷，而且还能够处理以前难以解决的各种复杂的边界条件与初始条件的扩散问题，因而得到了广泛的应用。例如，解式（4-60）扩散方程，其初始条件为

$$C\big|_{t=0} = C_0(x, y, z) \qquad (x, y, z \geqslant 0) \tag{4-63}$$

在一维扩散条件下，边界条件为

$$\begin{cases} C = C_s(外层), \dfrac{\partial C}{\partial x} = 0(内层) \\[2mm] D\dfrac{\partial C}{\partial x} = J(外层) \\[2mm] D\dfrac{\partial C}{\partial x} = \beta(C_s - C)(外层) \end{cases} \tag{4-64}$$

　　如结合具体渗碳过程，式（4-64）中 C_S 为气氛碳势或工件表面碳浓度；D 为碳在奥氏体中的扩散系数；β 为气固界面反应的传递系数，mm/s。采用有限差分法求上述扩散方程的解是较为普遍和方便的方法。利用有限差分法求解时，一般分两步进行。

　　（1）将连续函数 $C=f(x, \tau)$ 离散化，将 $x-\tau$ 平面划分为如图 4-23 所示的网格，图中 Δx、$\Delta \tau$ 分别代表距离步长和时间步长。两条平行线的交点称为节点，并以有限个节点上的函数值 $C(x_i, t_n)$ 代替连续函数 $C=f(x, \tau)$。为简便起见，将 $C(x_i, \tau_n)$ 写为 $C_{i,n}$，即表示在 τ_n 时刻 x_i 处的浓度值；同理可用 $C_{i,n+1}$ 表示在 $\tau_{n+1}(\tau_n+\Delta\tau)$ 时刻 x_{i+1} 处的浓度值。

　　（2）用差分代替微分，对每个节点用差分代替微分，此时在工处可作下列代换。

$$\frac{\partial C}{\partial \tau} = \frac{C_i^{n+1} - C_i^n}{\Delta \tau} \tag{4-65}$$

　　对 n 及 $n+1$ 两个时间间隔的平均值，其浓度对时间的二阶偏导数同样也用二阶中心差分替代。

$$\frac{\partial^2 C}{\partial x^2} = \frac{1}{2}\left[\frac{C_{i+1}^{n+1} - 2C_i^{n+1} + C_{i-1}^{n+1}}{(\Delta x)^2} + \frac{C_{i+1}^n - 2C_i^n + C_{i-1}^n}{(\Delta x)^2}\right] \tag{4-66}$$

式（4-65）和式（4-66）代入菲克第二定律，则有

$$\frac{C_i^{n+1} - C_i^n}{\Delta \tau} = \frac{D}{2(\Delta x)^2}\left(C_{i+1}^{n+1} - 2C_i^{n+1} + C_{i-1}^{n+1} + C_{i+1}^n - 2C_i^n + C_{i-1}^n\right) \tag{4-67}$$

　　式（4-67）称为 Crank-Niclson 格式，实质上是完全隐式与完全显式的中间加权格式，它对任何时间步长都是稳定的。式（4-67）的截断误差为 $[(\Delta x)^2+(\Delta \tau)^2]$，小于其他差分格式。按 Crank-Niclson 格式描述渗层浓度场的示意图如图 4-24 所示。

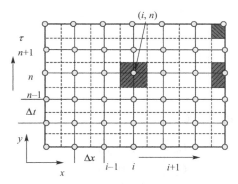
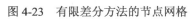
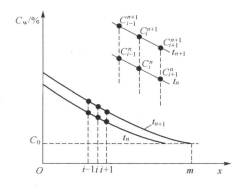

图 4-23　有限差分方法的节点网格　　　图 4-24　连续函数 $C=f(x, \tau)$ 的离散化示意图

式（4-65）整理后，得

$$-kC_{i+1}^{n+1} + 2(1+k)C_i^{n+1} - kC_{i-1}^{n+1} = kC_{i+1}^n + 2(1-k)C_i^n + kC_{i-1}^n \tag{4-68}$$

式中　　　　　　　k——其值为 $D\dfrac{\Delta \tau}{(\Delta x)^2}$；

　　C_i^n，C_{i+1}^n，C_{i-1}^n——第 n 时刻在 i 点及其相邻节点的浓度；

C_i^{n+1}，C_{i+1}^{n+1}，C_{i-1}^{n+1}——上述各节点在 $n+1$ 时刻的浓度。

　　若采用下列边界条件

$$\beta\left(C_g - C_s\right) = -D\frac{\partial C}{\partial x}\Big|_{x=0}$$

依质量守恒定律，可以得出边界节点 $(i=0)$ 的有限差分方程

$$\beta\left[C_g - \frac{1}{2}\left(C_0^{n+1} + C_0^n\right)\right] - \frac{D}{2\Delta x}\left(C_0^{n+1} - C_1^{n+1} + C_0^n - C_1^n\right) = \frac{\Delta x}{2\Delta \tau}\left(C_0^{n+1} - C_0^n\right)$$

式中，C_g 为气相碳势，其物理意义为单位时间内碳从气相传递到固相表面的通量与碳从 0 节点扩散到 1 节点的扩散量之差等于边界节点($i=0$)所控制的单元体积中单位时间内碳浓度的变化率。如令

$$L = \frac{\beta \Delta \tau}{\Delta x}$$

则有

$$(1 + k + L)C_0^{n+1} - kC_1^{n+1} = (1 - k - L)C_0^n + C_1^n + 2LC_g$$

在节点 $i=m$ 处，物质的传递边界条件为

$$C_m^{n+1} = C_{m-1}^{n+1} = C_0$$

式中，C_0 为材料心部原始碳含量。根据节点 m 处的物质传递边界条件和质量守恒定律，可以得出

$$\frac{D}{2\Delta x}\left(C_{m-1}^{n+1} - C_m^{n+1} + C_{m-1}^n - C_m^n\right) = \frac{\Delta x}{2\Delta \tau}\left(C_m^{n+1} - C_m^n\right)$$

整理后得到

$$-kC_{m-1}^{n+1} + (1 + k)C_m^{n+1} = kC_{m-1}^n + (1 - k)C_m^n$$

这样，用有限差分方法求解扩散方程就成为求解由式和式组成的 $m+1$ 个方程的大型联立方程组。用矩阵可表示为

$$
\begin{bmatrix}
d_0 & a_0 & & & & & & \\
b_1 & d_1 & a_1 & & & & & \\
 & \ddots & \ddots & \ddots & & & & \\
 & & b_i & d_i & a_i & & & \\
 & & & \ddots & \ddots & \ddots & & \\
 & & & & b_{m-1} & d_{m-1} & a_{m-1} & \\
 & & & & & & b_m & d_m
\end{bmatrix}
\begin{bmatrix}
C_0 \\
C_1 \\
\vdots \\
C_i \\
\vdots \\
C_{m-1} \\
C_m
\end{bmatrix}^{n+1}
$$

$$
=
\begin{bmatrix}
d_0' & a_0' & & & & & & \\
b_1' & d_1' & a_1' & & & & & \\
 & \ddots & \ddots & \ddots & & & & \\
 & & b_i' & d_i' & a_i' & & & \\
 & & & \ddots & \ddots & \ddots & & \\
 & & & & b_{m-1}' & d_{m-1}' & a_{m-1}' & \\
 & & & & & & b_m' & d_m'
\end{bmatrix}
\begin{bmatrix}
C_0 \\
C_1 \\
\vdots \\
C_i \\
\vdots \\
C_{m-1} \\
C_m
\end{bmatrix}^{n}
+
\begin{bmatrix}
2LC_R \\
0 \\
\vdots \\
0 \\
\vdots \\
0 \\
0
\end{bmatrix}
$$

方程左边系数矩阵中

$$d_0 = 1 + k + L$$

$$d_i = 2(1 + k) \qquad i = 1, 2 \cdots, m-1$$

$$d_m = 1 + k$$

$$b_i = -k \qquad i = 1, 2, \cdots, m$$

$$a_i = -k \qquad i = 1, 2, \cdots, m-1$$

方程右边系数矩阵中

$$d_0' = 1 - k - L$$
$$d_i' = 2(1-k) \qquad i-1, 2, \cdots, m-1$$
$$d_m' = 1 - k$$
$$b_i' = k \qquad i = 1, 2, \cdots, m$$
$$a_i' = k \qquad i = 1, 2, \cdots, m-1$$

（3）差分方程组求解

方程的矩阵仅在主对角线及相邻的两条对角线上有非零元素，属于 $m+1$ 阶三对角矩阵，采用追赶法用计算机可快速求解。将矩阵及扩散系数 D，传递系数 β 的计算式，以及相应的渗碳工艺参数输入计算机。如已知某一时刻 n 的碳浓度分布$(C_0, C_1, \cdots, C_{m-1}, C_m)_n$，就可以计算出 $\Delta\tau$ 时间后$(n+1)$时刻的碳浓度分布$(C_0, C_1, \cdots, C_{m-1}, C_m)_{n+1}$。同时，将直读光谱实测的碳浓度分布数据输入计算机，与计算曲线进行比较。图 4-25 为差分法求解扩散方程计算的流程图。

输入参数中，t 为温度，℃；C_0 为钢的原始含碳量，%；$\Delta\tau$为时间步长，s；Δx 为渗层深度步长，mm；d 为需达到的渗层深度；τ_f 为渗碳时间。初始条件是 $C_{0i}=C_0$。为保证计算的稳定性，在计算中合理选择步长比例 $D\left[\dfrac{\Delta t}{(\Delta x)^2}\right]$ 是非常重要的。

（4）计算结果分析

图 4-26 为 20$^{\#}$碳钢在 RJJ-35-9 式渗碳炉中进行气体渗碳实测和用 Crank-Niclson 差分格式计算的结果。渗碳工艺如下。

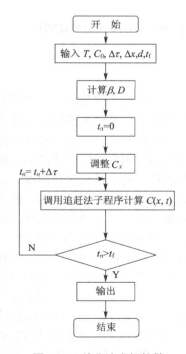

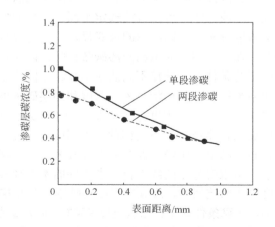

图 4-25　差分法求解扩散
方程计算的流程图

图 4-26　20$^{\#}$钢渗碳实测点和 Crank-Niclson
差分格式计算曲线

① 单段渗碳　渗碳温度 T=920℃，碳势 C_g=1.2%，时间 t_f=6h。

② 两段渗碳　渗碳温度 T=920℃，碳势 C_{g_1}=1.2%，时间 t_{f_1}=2h，碳势 C_{g_2}=0.76%，时间 t_{f_2}=2h。

计算结果表明，在合理选择步长比例 $D\left[\dfrac{\Delta t}{(\Delta x)^2}\right]$ 的条件下，采用 Crank-Niclson 差分格式求解扩散方程，适用于单段渗碳和两段渗碳模拟计算，计算结果与实验测得结果十分吻合。

在碳浓度的模拟计算中，扩散系数 D、碳的传递系数 β 和气氛碳势 C_g 是几个重要参数。碳在奥氏体中的扩散系数 D 与含碳量和温度有关，当钢中含碳量小于 1% 时，扩散系数 D 随碳浓度的变化不大，只考虑扩散系数 D 随温度的变化。在 800～1000℃ 的范围内，碳在奥氏体中的扩散系数 D 与温度的近似关系是

$$D(\mathrm{Cr-Fe}) = 16.2\exp\frac{-137800}{RT} \tag{4-69}$$

式中　R——常数，其值为 8.314J/K·mol；

　　　T——绝对温度，K。

碳的传递系数 β 是描述渗碳界面反应快慢的反应速度常数，随渗碳气氛的成分而变化。确定 β 值的方法有箔片法等。

气氛碳势 C_g 表征气氛渗碳能力的大小。碳势指渗碳反应达到平衡时碳钢的含碳量，合金钢渗碳时，应考虑钢的化学成分对渗碳的影响，合金元素改变奥氏体中碳的活度，在相同的气氛碳势下将得到不同的平衡碳含量。从工程应用的角度，可认为合金元素改变了气氛的有效碳势，Cr、Mn、Mo 等倾向形成 Fe_3C 更稳定碳化物的元素增高气氛的有效碳势，Si 和 Ni 等倾向形成比 Fe_3C 不稳定碳化物的元素降低气氛的有效碳势。合金钢渗碳后表面含碳量按 Gunnarson 公式计算。

$$\lg\frac{C_a}{C_c} = 0.013\%(\mathrm{Mn}) + 0.040\%(\mathrm{Cr}) + 0.013\%(\mathrm{Mo}) - 0.005\%(\mathrm{Si}) - 0.014\%(\mathrm{Ni})$$

式中　C_a——合金钢表面达到的实际含碳量；

　　　C_c——在相同的碳势时碳钢表面的含碳量。

计算碳浓度的通用程序由两个功能模块构成。功能模块 1 是根据选择的钢种、工件的形状和尺寸、渗碳的有关工艺参数，计算工件渗碳后的碳浓度分布。计算结果能以图形或表格的形式显示或打印。可以直接选定平面、凸柱面、凹柱面、球体四种形状中的一种计算渗碳后的碳浓度分布，并以图形的形式显示。也可以选定同时计算四种形状的工件渗碳后的碳浓度分布，在一张图上显示相同渗碳条件时，四种形状的工件渗碳后的碳浓度分布曲线。在相同渗碳工艺条件下，计算不同曲率半径、不同形状工件渗碳后工件内的碳浓度分布，能了解工件曲率半径和工件形状对渗层深度和渗层碳浓度分布梯度的影响。该模块预测工件渗碳后的渗层深度和渗层碳浓度分布梯度，为工艺人员进行渗碳工艺设计提供"离线"帮助。

用通用程序计算了不同钢种、不同曲率半径、不同形状的工件渗碳后的渗碳层深度和碳浓度分布。结果表明当工件曲率半径较大时，形状对工件渗碳后的渗碳层深度和碳浓度分布影响小，碳浓度分布曲线重合。当工件曲率半径较小时，形状对工件渗碳后的渗碳层深度和碳浓度分布影响较大，渗碳层深度和碳浓度分布梯度差别较大。图 4-27 是 20CrNiMo 钢的一个算例，计算条件如下：渗碳温度 930℃，强渗碳势 C_g=1.2，强渗时间 6h，扩散碳势 C_g=0.8，扩散时间 4h，β 取 1.58×10^{-4}mm/s。以 0.4% 含碳量作为渗碳层深度。从图 4-27 看出，相同渗碳工艺条件下，球体渗碳后渗碳层深度最大，碳浓度分布梯度明显高于其他形状工件的碳浓

度分布。制订渗碳工艺时应注意到这一点。

例 5：对一足够长的碳含量 ω_c=0.1%的低碳钢棒材渗碳，渗碳温度为 930℃，设渗碳开始时棒材表面碳含量即达 ω_c=1%且始终保持这一水平，试求渗碳进行 4h 后表面 4×10^{-4}m 处的碳浓度 C。已知碳在 γ-Fe 中的扩散系数 1.61×10^{-12}m^2/s，通过误差函数解得 C=0.157%。转化为求解如下方程组。

$$\begin{cases} \dfrac{\partial u}{\partial t}-1.61\times10^{-12}\nabla u=0 \\ u=0.001, \text{上边界上} \\ u=0.01, \text{下边界上} \\ \dfrac{\partial u}{\partial n}=0, \text{左右边界上} \\ u\mid_{t=t_0}=0.001 \end{cases}$$

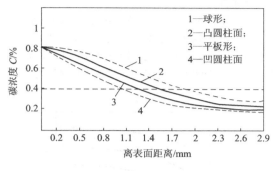

图 4-27　碳浓度分布曲线(R=3mm)

用 PDE Tool 解题步骤如下。

（1）区域设置

单击 ▭ 工具，在窗口拉出一个矩形，双击矩形区域，在 Object Dialog 对话框输入 Left 为 0，Bottom 为 0，Width 为 1e-4，Height 为 4e-3。

与默认的坐标相比，图形小得看不见，所以要调整坐标显示比例。方法：选择 Options →Axes Limits，把 X，Y 轴的自动选项打开。

（2）设置边界条件

单击 ?Ω，使边界变红色，然后分别双击每段边界，打开 Boundary Conditions 对话框，设置边界条件。在左边界和右边界，选择 Neumann，输入 g 为 0，q 为 0（表示左右边界与外界绝缘）。下边界选择 Dirichlet 条件，输入 h 为 1，r 为 1e–2（表示下边界恒为 0.01）。上边界选择 Dirichlet 条件，输入 h 为 1，r 为 1e–3（表示上边界恒为 0.001）。

（3）设置方程类型

单击 PDE，打开 PDE Specification 对话框，设置方程类型为 Parabolic(抛物型)，c=1.61e-12，a=0,f=0,d=1。

（4）网格划分

单击 △，或者加密网格，单击 △。

（5）初值和误差的设置

单击 Solve 菜单中 Parameters...选项，打开 Solve Parameters 对话框，输入 Time 为 0:4*3600，u(t0)为 1e–3，其他不变。

（6）解方程

单击 ＝，开始解方程。

（7）整理数据

单击 Mesh→Export Mesh...输出 p e t 的数值，单击 Solve→Export Solution...输出 u，回到 Matlab 主窗口执行下面两条命令。

```
u1=[p', u(:,14401)] %将节点坐标和其在 14400s(即 4h)时的碳浓度组成新矩阵;
u2=sortrows(u1, 2) %将 u1 按 y 值大小排列。
```

（8）求解

观察 u2 可发现，y=0.0004 时，C=0.0016，并可看出渗碳厚度≤7.09×10^{-4}m。

思考题与上机操作实验题

1. 举例说明材料科学与工程中某一工艺所涉及的物理场，并查找相关资料，得到该物理场的数学模型及初始条件、边界条件。

2. 导热方程的物理意义。阐述温度场边界条件的种类及表达方式。

3. 如图 4-28 所示 L 形平板，初始温度见下图，计算温度分布。

4. 如图 4-29 所示为一矩形区域，其边长 $L=W=1$，假设区域内无内热源，热导率为常数，三个边温度为 $T_1=0$，一个边温度为 $T_2=1$，求该矩形区域内的温度分布。

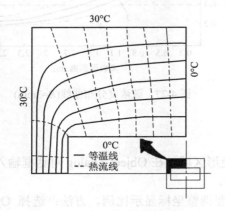

图 4-28　L 形平板导热计算

图 4-29　二维矩形区域稳态导热

5. 考虑一个内径为 1m、外径为 2m 的厚壁圆筒。内、外壁温度分别为 10℃和 100℃。圆筒的热导率为 0.158W/(m·℃)。求圆筒内的温度分布。

6. 有一个厚度为 0.12m 的无限大平板（图 4-30），初始温度为 20℃，两侧表面同时受到温度为 150℃的流体加热，流体与平板表面之间的对流换热系数为 24W/(m²·℃)，平板材料的热导率为 0.24W/(m·℃)，而热扩散系数为 0.147×10⁻⁶m²/s。试计算平板温度分布随时间的变化。

7. 按扩散方程的物理意义，阐述浓度场边界条件的种类及表达方式。

8. 某种低碳铁或钢处于甲烷（CH_4）与一氧化碳（CO）混合气中，950℃左右保温。渗碳的目的是使铁的表面形成一层高碳层，即表面含碳量高于 0.25%（质量分数），以便进一步作热处理。碳在相铁中的溶解度为 1%（质量分数）。在 950℃时，相铁的扩散系数 D 约为 γ。求扩散处理时间为 10^4s（约 3h）后，碳在 γ 相铁中的浓度分布。

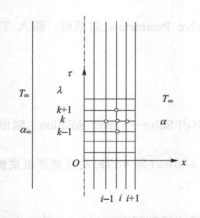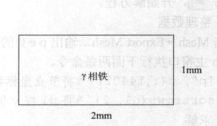

图 4-30　大平板非稳态导热数值解区域离散化示意图

固体扩散方程-菲克第二定律

$$\frac{\partial C}{\partial t} = \frac{\partial}{\partial x}\left(D\frac{\partial C}{\partial x}\right) + \frac{\partial}{\partial y}\left(D\frac{\partial C}{\partial y}\right)$$

式中，$D = 10^{-11}\,\text{m}^2/\text{s}$。边界条件及初始条件为

$$\begin{cases} C(0,y,t) = C_0 = 0.01 \\ C(2,y,t) = 0.0 \\ C(x,y,0) = 0.0 \end{cases}$$

9．节点数 $N_1 = N_2 = 10$；$T_a = T_b = 20℃$；比热容 $C = 0.16\text{cal}/(\text{g}\cdot℃)$，1 cal=4.18 J，密度 $\rho = 7.82\text{g/cm}^3$，$\kappa = 0.1\text{cal}/(\text{cm}\cdot\text{s}\cdot℃)$，节点间距为 0.2cm，时间步长为 0.01s，热源作用时间 $S_1 = 5\text{s}$，$\beta = 0.0008\text{cal}/(\text{g}\cdot℃)$，$q_m = 2500\text{cal}/℃$，板厚 $H = 1\text{cm}$，用有限差分法计算二维热加工温度场。

10．有一个很长的方形模具，外部尺寸为 30mm×30mm，内部为 10mm×10mm，现需进行渗碳处理，以提高内表面耐磨性。现假定其内部充满渗碳剂，内表面碳浓度维持在 1.4%，外表面为空气，碳浓度为 0。求稳态时的碳浓度分布。不考虑扩散系数随碳浓度的变化；不考虑碳浓度升高引起的相变。

第5章 ANSYS 软件及其在材料科学与工程中的应用

本章介绍了 ANSYS 软件的基本情况、ANSYS 软件在材料科学与工程中的温度场和应力场模拟中的应用，并详细介绍了操作步骤和大量实例。紧密结合材料科学与工程专业中的铸造、焊接、热处理、塑性成形、复合材料等方面，介绍了 ANSYS 软件在这些领域的应用及操作步骤和结果。

5.1 ANSYS 软件介绍

ANSYS 软件是由总部设在美国宾夕法尼亚州匹兹堡的世界 CAE 行业最著名的 ANSYS 公司开发研究的大型 CAE 仿真分析软件，是融结构、热、流体、电磁、声学于一体的大型通用有限元分析软件，广泛应用于核工业、铁道、石油化工、航空航天、机械制造、能源、汽车交通、国防军工、电子、土木工程、造船、生物医学、轻工、地矿、水力、日用家电等一般工业及科学研究。

ANSYS 具有丰富的单元库，提供了对各种物理场量的分析功能。ANSYS 的主要分析功能有：结构分析、热分析、高度非线性瞬态动力分析、流体动力学分析、电磁场分析、声学分析、压电分析、多场耦合分析等。

在结构分析中，ANSYS 可以进行线性及非线性结构静力分析、线性及非线性结构动力分析、线性及非线性屈曲分析、断裂力学分析、复合材料分析、疲劳分析及寿命估算、超弹性材料分析等，其中非线性包括几何非线性、材料非线性、接触非线性及单元非线性。

ANSYS 软件具有强大的帮助功能，帮助系统包括所有的 ANSYS 命令解释、所有的图形用户界面（GUI）解释和 ANSYS 系统分析指南，还包括为多个分析领域提供完整的循序渐进 ANSYS 分析步骤的 ANSYS 在线教学系统。用户可以通过在应用菜单中选取 Help、在 ANSYS 程序组中选取 Help 和在任何对话框中选取 Help 三种方式进入 ANSYS 帮助系统。

ANSYS 程序是一个功能强大、灵活的设计分析及优化软件包。该软件可浮动运行于从计算机、NT 工作站、UNIX 工作站直至巨型机的各类计算机及操作系统中，数据文件在其所有的产品系列和工作平台上均兼容。其多物理场耦合的功能，允许在同一模型上进行各式各样的耦合计算，如：热-结构耦合、磁-结构耦合以及电-磁-流体-热耦合，在计算机上生成的模型同样可运行于巨型机上，这样就能保证所有 ANSYS 用户的多领域多变数的工程问题的求解。

（1）ANSYS 可与许多先进 CAD 软件共享数据

利用 ANSYS 的数据接口，可精确地将在 CAD 系统下生成的几何数据传入 ANSYS，如 Pro/Engineer、NASTRAN、Alogor、I-DEAS 和 AutoCAD 等，并通过必要的修补可准确地在该模型上划分网格并求解，这样可以节省用户在创建模型过程中所花费地大量时间，极大地提高了工作效率。与 ANSYS 软件能够共享数据接口的软件有 Pro/ENGINEER、Unigraphics、SolidEdge、SolidWorks、IDEAS、Bentley 和 AutoCAD 等，它们之间实现了双向数据交换，使用户在用 CAD 软件完成部件和零件的造型设计后，能直接将模型传送到 CAE 软件中进行有限元网格划分并进行分析计算，及时调整设计方案，有效地提高分析效率。

（2）ANSYS 具有强大的网格处理能力

使用有限元法求解问题的基本过程主要包括：分析对象的离散化、有限元求解及计算结果的后处理部分。结构离散后的网格质量直接影响到求解时间及求解结果的正确性。复杂的模型需要非常精确的六面体网格才能得到有效的分析结果；另外，在许多工程问题的求解过程中，模型的某个区域会产生极大的应变，单元畸变严重，如果不进行网格的重新划分，将会导致求解中止或结果不正确，ANSYS 凭借其对体单元精确的处理能力和网格划分自适应技术在实际工程应力方面占有了很大的优势，越来越受到用户的欢迎。

（3）ANSYS 可进行高精度非线性问题求解

随着科学技术的发展，线性理论已经远远不能满足设计的要求，许多工程问题如材料的破坏与失效、裂纹扩展等仅靠线性理论根本不能解决，必须进行非线性分析求解，例如薄板成形就要求同时考虑结构的大位移、大应变(几何非线性)和塑性(材料非线性)；而对塑料、橡胶、陶瓷、混凝土及岩土等材料进行分析或者需考虑材料的塑性、蠕变效应时，则必须考虑材料非线性。众所周知，非线性问题的求解是很复杂的，它不仅涉及很多专门的数学问题，还必须掌握一定的理论知识和求解技巧，学习起来也较为困难。为此，ANSYS 公司花费了大量的人力和物力开发了适用于非线性求解的求解器，满足了用户的高精度非线性分析的需求。

（4）ANSYS 具有强大的耦合场求解能力

有限元分析方法最早应用于航空航天领域，主要用来求解线性结构问题，实践证明这是一种非常有效的数值分析方法，而且从理论上也已经证明，只要用于离散求解对象的单元足够小，所得的数值解就可足够逼近于精确值。现在用于求解结构线性问题的有限元方法和软件已经比较成熟，发展方向是结构非线性、流体动力学和耦合场问题的求解。例如，由于摩擦接触而产生的热问题，金属成形时由于塑性功而产生的热问题，都需要结构场和温度场的有限元分析结果交叉迭代求解，即"热力耦合"的问题。当流体在弯管中流动时，流体压力会使弯管产生变形，而管的变形又反过来影响到流体的流动，这就需要对结构场和流场的有限元分析结果交叉迭代求解，即所谓"流固耦合"的问题。由于有限元的应用越来越深入，人们关注的问题也越来越复杂，耦合场的求解就成为用户的迫切需求，ANSYS 软件是迄今为止唯一能够进行耦合场分析的有限元分析软件。

5.2　ANSYS 在材料科学与工程中的应用实例

5.2.1　铸件温度场分布及模具内部应力场分布

有一个用于铸造工字形梁的模具，其横截面形状如图 5-1 所示，已知钢水充满型腔后其初始温度为 1670℃，模具型腔初始温度为 25℃，周围空气温度为 25℃，模具材料钢的性能参数见表 5-1 和表 5-2，空气对流系数 65W/(m² · ℃)。求 1h 后模具与铸件的温度场分布以及模具内部的应力场分布。

图 5-1　模具外形

表 5-1　钢的性能参数

温度/℃	热导率/[W/(m · ℃)]	焓/(J/m²)	温度/℃	热导率/[W/(m ℃)]	焓/(J/m²)
0	28.8	0	1595	24.4	9.6×10^9
1533	31.2	7.5×10^9	1670	24.4	1.05×10^{10}

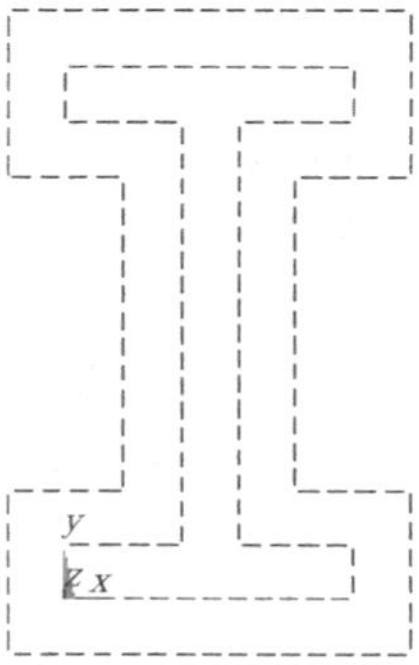

表 5-2　模具材料性能参数

弹性模量 GPA	泊松比	热导率/[W/(m·℃)]	密度/(kg/m³)	比热容/[J/(kg·℃)]	热膨胀系数/m⁻¹
250	0.28	0.52	1630	1120	1.1×10^{-6}

命令流文件如下。

```
/FILENAME, METAL MOLD CASTING
/TITLE, CASTING SOLIDIFICATION OF  I BAR
/PREP7
ET, 1, PLANE13
KEYOPT, 1, 1, 4
MP, DENS, 1, 1630
MP, KXX, 1, 0.52
MP, C, 1, 1120
MP, EX, 1, 25E+10
MP, ALPX, 1, 1.1E-6
MP, NUXY, 1, 0.28
MPTEMP, 1, 0, 1533, 1595, 1670          ! 输入铸件材料性能参数
MPDATA, KXX, 2, 1, 28.8, 31.2, 24.4, 24.4
MPDATA, ENTH, 2, 1, 0, 7.5E9, 9.6E9, 1.05E10
RECTNG, 0, 0.05, 0, 0.01               ! 生成矩形面
RECTNG, 0.02, 0.03, 0.01, 0.1
RECTNG, 0, 0.05, 0.1, 0.11
RECTNG, -0.01, 0.06, -0.01, 0.02
RECTNG, 0.01, 0.04, 0.02, 0.09
RECTNG, -0.01, 0.06, 0.09, 0.12
AADD, 1, 2, 3                           ! 面相加操作
APLOT, ALL
AADD, 4, 5, 6
NUMCMP, AREA                            ! 压缩面编号
APLOT, ALL
SMRTSIE, 4
MAT, 2
AMESH, 1                                ! 对面进行网格划分
APLOT, ALL                             ! 显示面
MAT, 1
AMESH, 2
NUMMRG, NODE                            ! 合并相同节点
NUMCMP, LINE                            ! 压缩线段数
NUMCMP, NODE                            ! 压缩节点数
SAVE
LPLOT, ALL                             ! 显示线段
/PNUM, LINE
LSEL, S, LINE,, 3, 9, 2
```

```
LSEL, A, LINE,, 13, 20
SFL, ALL, CONV, 65,, 25                 ! 施加对流边界条件
ALLSEL
SAVE
FINISH

/SOLU                                   ! 进入求解器
ANTYPE, TRANS
TIMINT, OFF                             ! 进行稳态分析, 确定初始条件
TIME, 0.01
DELTIM, 0.01
ASEL, S,,, 1
NSLA, S, 1
D, ALL, TEMP, 1670                      ! 施加温度载荷
ALLSEL
ASEL, S,,, 2
NSLL, S, 1
D, ALL, TEMP, 25                        ! 施加温度载荷
ALLSEL
LSEL, S,,, 13
NSLL, S, 1
D, ALL, UY
ALLSEL
SOLVE                                   ! 得到初始温度分布
TIMINT, ON                              ! 进行瞬态分析
TIME, 3600                              ! 设置计算终止时间
AUTOTS, -1
DELTIM, 30, 3, 750, 1
KBC, 0
DDELE, ALL, TEMP                        ! 删除稳态分析中定义的节点温度
OUTRES, ALL, ALL
SOLVE
FINISH

/POST1                                  ! 进入 POST1 后处理器
SET, FIRST
PLNSOL, TEMP                            ! 显示初始温度场分布
SET, NEXT
PLNSOL, TEMP                            ! 显示 30s 温度场分布
SET,,,,, 1800
PLNSOL, TEMP                            ! 显示 1800s 温度场分布
SET, LAST
PLNSOL, TEMP                            ! 显示 3600s 温度场分布
```

```
ESEL, S, MAT,, 1
NSLE, S, 1
PLNSOL, S, X
PLNSOL, S, Y
PLNSOL, S, Z
PLNSOL, S, EQV                           ！显示模具内部等效应力场分布
PLNSOL, EPTO，X
PLNSOL, EPTO，Y
PLNSOL, EPTO，Z
PLNSOL, EPTO，EQV                         ！显示模具内部等效应变场分布
ALLSEL
FINISH
/EXIT, ALL                               ！退出 ANSYS
```

模拟结果分别如图 5-2~图 5-6 所示。

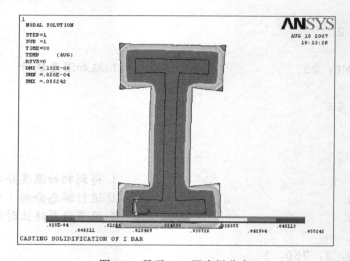

图 5-2　显示 30 s 温度场分布

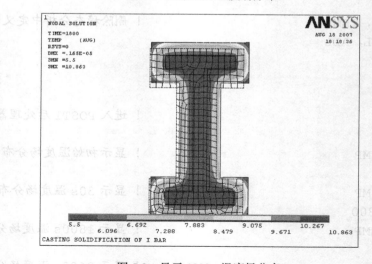

图 5-3　显示 1800 s 温度场分布

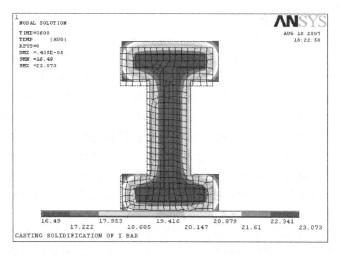

图 5-4　显示 3600 s 温度场分布

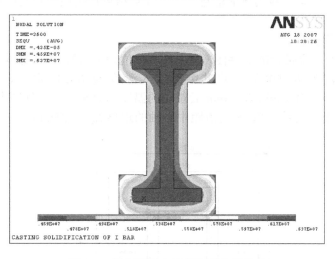

图 5-5　显示模具内部等效应力场分布

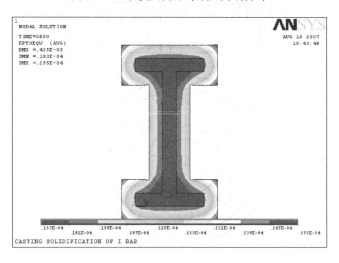

图 5-6　显示模具内部等效应变场分布

5.2.2　热处理淬火过程的温度场模拟

淬火是把钢加热到临界温度以上，保温一定时间，然后以大于临界冷却速度进行冷却，从而获得以马氏体为主的不平衡组织（也有根据需要获得贝氏体或保持单相奥氏体）的一种热处理工艺方法。淬火目的一般有两个方面：① 提高钢的硬度及耐磨性，例如刀具、量具、模具、渗碳零件，通过淬火可以大幅度提高它们的硬度及耐磨性，这类零件淬火后要配合低温回火；② 使钢获得良好的综合力学性能，提高钢的强度、硬度、抗疲劳能力的同时又有较高的塑韧性。例如机器中的大部分承载零部件（变速箱花键轴、汽车半轴、机床主轴、齿轮等），淬火后要配合高温回火可提高其综合力学性能。淬火之所以能大幅度提高钢的机械性能或其他的性能，主要是决定于两个因素：一是钢要进行马氏体相变；二是要使钢有向马氏体转变的热力学条件。钢在淬火工艺中主要的相变是马氏体相变，即 A→M。但要完成马氏体相变，首先要将钢奥氏体化，即 P→A。

淬火过程是温度、组织转变、应力三方面相互作用的复杂过程。对淬火过程进行计算机数值模拟可对温度场、应力场进行计算，并在计算中考虑各物理参数随温度等的变化，然后计算出每一瞬时的温度场、应力场的信息，通过计算结果直接观察到其在整个过程中的变化情况。

实例：带轮淬火过程分析。

如图 5-7 所示为一个带轮的零件图（图中长度单位为毫米），带轮材料的热性能参数见表 5-3。带轮的初始温度为 500℃，将其突然放入温度为 0℃的水中，水的对流系数为 110W/(m^2·℃)。求解：①1 min 及 5 min 后带轮的温度场分布。②零件图上 A、B、C、D、E 各点温度随时间的变化关系。B、E 两点距中心轴的距离 L_{OB}=125mm，L_{OE}=350mm。

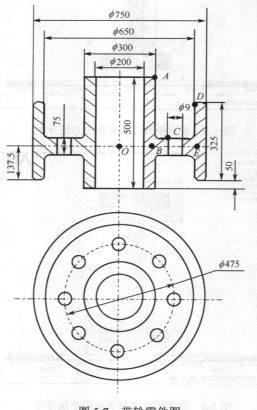

图 5-7　带轮零件图

表 5-3　带轮材料热性能参数

密度/(kg/m³)	热导率/[W/(m·℃)]	比热容[J/(kg·℃)]
2400	70	328

```
/ FILNAME, QUENCH                           ! 定义工作文件名
/ TITLE, QUENCH ANALYSIS OF A WHEEL
/PREP7                                      ! 进入前处理器
ET, 1, SOLID70                              ! 定义单元类型
ET, 2, SOLID90
MP, KXX, 1, 70                              ! 输入热导率
MP, DENS, 1, 2400                           ! 输入密度
MP, C, 1, 328                               ! 输入比热容
/RGB, IHDEX, 100, 100, 100, 0              ! 设置显示颜色
/RGB, INDEX, 80, 80, 80, 13
/RGB, INDEX, 60, 60, 60, 14
/RGB, INDEX, 0, 0, 0, 15
/REPLOT
RECTNG, 0.1, 0.15, 0, 0.5                   ! 生成矩形面
RGTNG, 0.325, 0.375, 0.05, 0.375
RGTNG, 0.1, 0.375, 0.15, 0.225
AOVLAP, ALL                                 ! 面叠加
/PNUM, LINE, 1                              ! 显示线段编号
/PNUM, KP, 1                                ! 显示关键点编号
/REPLOT                                     ! 显示线段
LPLOT                                       ! 线段倒角
LFILLT, 16, 28, 0.025
LFILLT, 14, 27, 0.025
LFILLT, 28, 23, 0.25
LFILLT, 27, 19, 0.025
/REPLOT                                     ! 由线段生成面
AL, 4, 6, 2                                 ! 定义关键点
AL, 9, 8, 11
AL, 32, 34, 33                              ! 显示关键点
AL, 30, 29, 31                              ! 生成弧线段
K, 25, 0.35, 0.0745, 0
K, 26, 0.35, 0.3505, 0                      ! 显示线段
KPLOT                                       ! 由线段生成面
LARC, 5, 6, 25, 0.05                        ! 面相加
LARC, 7, 8, 26, 0.05                        ! 选择线段
LPLOT
AL, 7, 36                                   ! 将所选线段连成一条线
AL, 5, 35                                   ! 选择线段
AADD, ALL                                   ! 将所选线段连成一条线
```

```
LSEL, S,,, 2, 13
LSEL, A,,, 17
LCOMB, ALL,, 0
LSEL, S,,, 10, 20, 10
LSEL, A,,, 22
LCOMB, ALL,, 0
ALLSEL
NUMCMP, AREA                                    ! 压缩面编号
NuMCMP, LINE                                    ! 压缩线段编号
NUMCMP, KP                                      ! 压缩关键点编号
/PNUM, LINE, 0                                  ! 不显示线段编号
/PNUM, KP, 0                                    ! 不显示关键点编号
/REPLOT
/TITLE, PLANE GEOMETRIC MODEL                   ! 生成关键点
APLOT                                           ! 绕中心线旋转面生成体
K, 21, 0, 0, 0                                  ! 设置视图观测方向
K, 22, 0, 0.5, 0
VROTAT, ALL,,,,,,, 22, 22. 5, 1
/VIEW, 1, 1, 1, 1
/REPLOT
/TITLE, VOLUME OBTAINED THROUGH SWEEPING AREA ABOUT AXIS
VPLOT                                           ! 显示体
WPAVE, 0.2375, 0.15, 0                          ! 平移工作平面
WPROT, 0, -90, 0                                ! 旋转工作平面


CYL4,,, 0.045,,,, 0.075                         ! 生成圆柱体
VSBV, 1, 2                                       ! 体相减
/TITLE, VOLOMEEOMETRIC MODEL
VPLOT                                           ! 显示体
KWPAVE, 11                                       ! 平移工作平面至关键点 11
VSBW, 3                                          ! 由工作平面剖分体
VPLOT  KWPAVE, 13                                ! 平移工作平面至关键点 13
VSBW, 4                                          ! 由工作平面剖分体
VPLOT
SHAPE, 1, 3D                                     ! 设置单元形状
MSHKEY, 0
ESIZE, 0.025                                     ! 定义单元尺寸
VMESH, 1, 3, 1                                   ! 对体划分网格
VMESH, 5
TYPE, 2                                          ! 指定单元类型
ESIZE, 0.02                                      ! 定义单元尺寸
VMESH, 6                                         ! 对体划分网格
```

```
TCHG, 90, 87                    ! 将退化的六面体单元转变为四面体单
ALLSEL
/TITLE, ELEMENTs IN MODEL
NUMCMP, VOLUME                  ! 压缩体编号
NUMCMP, AREA                    ! 压缩面编号
NUMCMP, LINE                    ! 压缩线段编号
NUMCMP, KP                      ! 压缩关键点编号
EPLOT                          ! 显示单元
FINISH
/SOLU                          ! 进入求解器
ANTYPE, TRANSIENT              ! 设置分析类型为瞬态分析
TIME, 300                      ! 定义计算终止时间
DELTIM, 1, 1, 6               ! 指定最大、最小时间步长
AUTOTS, ON                     ! 打开自动时间步长
OUTRES,, ALL
KBC, 1                         ! 设置加载方式
BFUNIF, TEMP, 500
ALLSEL
ASEL, U,,, 1, 6, 5            ! 去除面
ASEL, U,,, 18, 22, 2
ASEL, U,,, 25, 30, 5
ASEL, U,,, 31, 34, 3
ASEL, U,,, 35, 36
NSLA, S, 1                     ! 选择面上所有节点
SF, ALL, CONV, 110, 0         ! 施加对流载荷
ALLSEL
EQSLV, JCG                     ! 选择求解器
SOLVE                          ! 开始求解计算
FINISH
/POST1                         ! 进入 POST1 后处理器
WPSTYLE                        ! 取消显示工作平面
SET,,, 1,, 60                 ! 读取时间为 60s 的计算结果
/PLOPTS, INFO, ON             ! 显示图例栏
/TITLE, TEMPERATURE CONTOURS IN WHEEL AFTER 1 MINUTE
PLNSOL, TEMP                   ! 绘制温度场等值线图
SET, LAST                      ! 读取最终计算结果
/TITLE, TEMPERATURE CONTOURS IN WHEEL AFTER 5 MINUTE
PLNSOL, TEMP                   ! 绘制温度场等值线图
ALLSEL
FINISH
/POST26                        ! 进入 POST26 后处理器
```

```
/PLOPTS, INFO, OFF                    ! 关闭显示图例栏
/AXLAB, X, TIME, (sec)                ! 定义 X 坐标轴标题
/AXLAB, Y, TEMPERTURE                 ! 定义 Y 坐标轴标题
/GTHK, AXIS, 3                        ! 指定坐标轴粗度
/GTHK, CURVE, 3                       ! 指定曲线粗度
/COLOR, CURVE, MRED, 1                ! 设置曲线显示颜色

WPCSYS, -1
/REPLOT
NSEL, s, LOC, X, 0 15                 ! 选择节点
NSEL, R, LOC, Y, 0 5
*GET, NODE1, NODE,, NUM, MAX          ! 根据节点坐标读取最大节点编号
NSEL, s, LOC, X, 0 12 6               ! 选择节点
NSELt R, LOC, Y, 0. 1825
*GET, NODE2, NODE,, NUM, MAX          ! 根据节点坐标读取最大节点编号
NSEL, S, LOC, X, 0 1925               ! 选择节点
NSEL, R, LOC, Y, 0 225
*GET, NODE 3, NODE,, NUM, MAX         ! 根据节点坐标读取最大节点编号
NSEL, S, LOC, X, 0 32 5               ! 选择节点
NSEL, R, LOC, Y, 0 3 75
*GET, NODE 4, NODE,, NUM, MAX         ! 根据节点坐标读取最大节点编号
NSEL, S. LOC, X, 0. 35                ! 选择节点
NSEL, R, LOC, Y, 0 1 8 5
*GET, NODE 5, NODE,, NUM, MAX         ! 根据节点坐标读取最大节点编号
NSOL, 2, NODE1, TEMP                  ! 定义变量 2
NSOL, 3, NODE2, TEMP                  ! 定义变量 3
NSOL, 4, NODE3, TEMP                  ! 定义变量 4
NSOL, 5, NODE4, TEMP                  ! 定义变量 5
NSOL, 6, NODE5, TEMP                  ! 定义变量 6
/TITLE, CURVE DECRIBED THE KELATION BETWEEN TEMPERATURE AND TIME
AT POINT A PLVAR, 2                   ! 绘制 A 点温度随时间的变化规律曲线
/TITLE, CURVE DECRIBED THE RELATION BETWEEN TEMPERATURE AND TIM AT
POINT B PLVAR, 3                      ! 绘制 B 点温度随时间的变化规律曲线
/TITLE, CURVE DECRIBED THE RELATION BETWEEN TEMPERATURE AND TIME
AT POINT C PLVAR, 4                   ! 绘制 C 点温度随时间的变化规律曲线
/TITLE, CURVE DECRIBED THE RELATION BETWEEN TEMPERATURE AND TIME
AT POINT D PLVAR, 5                   ! 绘制 D 点温度随时间的变化规律曲线
/TITLE, CURVE DECRIBED THE RELATION BETWEEN TEMPERATURE AND TIME
AT POINT E PLVAR, 6                   ! 绘制 E 最温度随时间的变化规律曲线
FINISH
/EXIT, ALL                            ! 退出 ANSYS
```

模拟结果如图 5-8~图 5-14 所示。

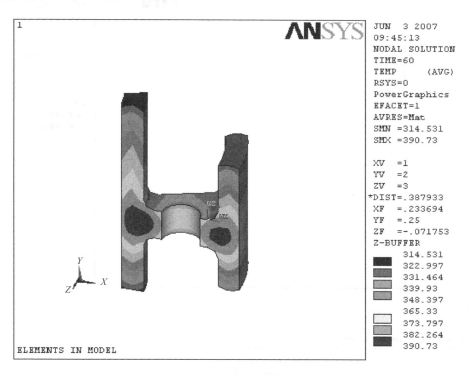

图 5-8　1 min 时带轮内部温度场分布

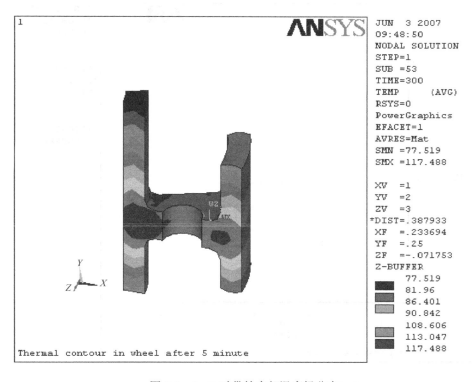

图 5-9　5min 时带轮内部温度场分布

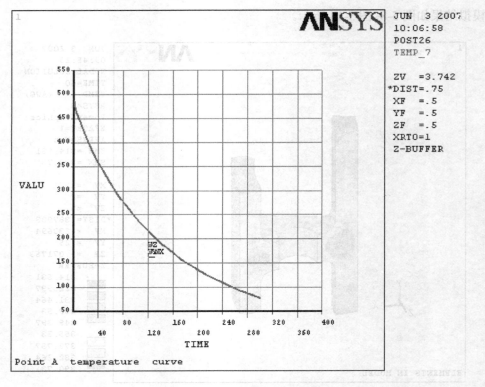

图 5-10 *A* 点的温度随时间变化关系曲线图

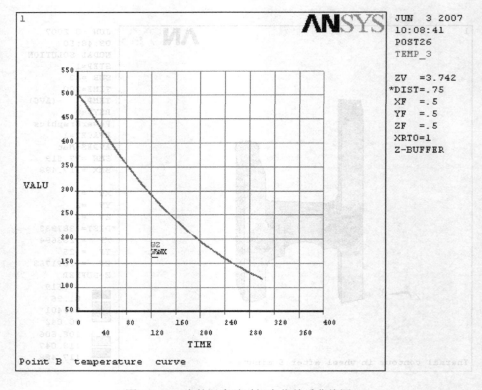

图 5-11 *B* 点的温度随时间变化关系曲线图

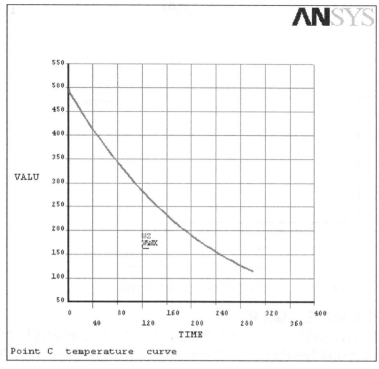

图 5-12　C 点的温度随时间变化关系曲线图

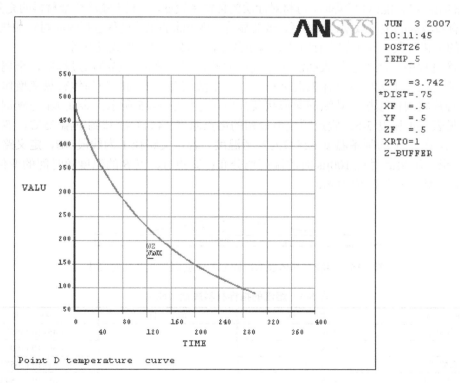

图 5-13　D 点的温度随时间变化关系曲线图

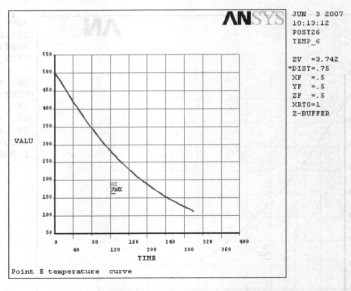

图 5-14　E 点的温度随时间变化关系曲线图

5.2.3　热喷涂过程的温度场和应力场分析

将金属或非金属固体材料加热至熔化或半熔软化状态，然后将它们高速喷射到工件表面上，形成牢固涂层的表面加工方法称为热喷涂技术。根据热源的不同，可分为火焰喷涂、等离子喷涂、电弧喷涂、激光喷涂等。热喷涂技术的主要特点：①涂层和基体材料广泛；②热喷涂工艺灵活，喷涂层、喷焊层的厚度可以在较大范围内变化；③热喷涂时基体受热程度低，一般不会影响基体材料的组织和性能；④喷焊时，母材对涂层的稀释率较低，有利于喷涂合金材料的充分利用；⑤热喷涂有着较高的生产效率，成本低，效益显著。热喷涂的工艺过程包括喷涂材料加热熔化阶段、熔滴的雾化阶段、粒子的飞行阶段、粒子的喷涂阶段、涂层形成过程等。

热喷涂过程中熔滴液基体表面沉积凝固后的残余应力分析，热喷涂过程中，金属 Ni 熔滴以一定速度在无限大碳钢基体表面沉积后，发生散流变形的同时与基体有热变换作用，最终凝固成圆片状固体颗粒。其纵剖面形状及几何尺寸如图 5-15 所示。金属 Ni 与碳钢的基本物性参数见表 5-4 和表 5-5。假定颗粒由最初的熔点温度 1454℃冷却到室温 25℃，忽略对流带来的影响，假定平均制备温度 625℃为参考温度。若定义路径 1 为线段 AB，定义路径 2 为线段 BC，求：①熔滴经过 100μs 时的温度场分布；②点 A、点 B 的温度随时间的变化曲线；③100μs 时，熔滴的径向应力场。

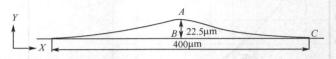

图 5-15　熔滴在基体表面凝固后的纵创面形状及几何尺寸

表 5-4　熔滴的指标材料属性（Ni）

项　目	指　标	项　目	指　标
弹性模量/GPa	204		1.45×10^6（355℃）
泊松比	0.28		1.50×10^6（360℃）
热膨胀系数/℃$^{-1}$	13.3×10^{-6}	焓（kJ/mol）	1.55×10^6（365℃）
热导率/[W/(m·℃)]	87.86		6.65×10^6（1454℃）
焓/(kJ/mol)	8.48×10^5（25℃）		0（0℃）

表 5-5　基体的材料属性（碳钢）

项　目	指　标	项　目	指　标
弹性模量/GPa	215	热导率/[W/(m·℃)]	71
泊松比	0.26	密度/(kg/m³)	7900
热膨胀系数/℃⁻¹	13.3×10⁻⁶	比热容/[J/(kg·℃)]	460.24

问题分析：根据题意，可将问题简化为二维轴对称问题，分析过程中取纵剖团的一半进行求解，如图 5-16 所示，对称向上取对称约束。对于无限大碳钢基体可在建模过程中取远远大于颗粒的尺寸近似代替（本例按矩形取 2000μm×1000μm））。求解热应力采用间接耦合法，即先用 P1ane55 单元完成温度场计算后，再转换成 Plane42 单元，计算热应力。

图 5-16　模型的对称简化

```
/FILNAME, HOTSPRAY
/TITLE, TKERMAL STRESS ANALYSIS OF A MOLTEN IN HOT SPRAYING
/PREP7
ET, 1, 55,,, 1                                 ! 定义单元
MP, EX, 1, 0.204                               ! 输入材料 1 弹性模量
MP+NUXY, 1, 2 8                                 ! 输入材料 1 泊松比
MP, ALPX, 1, 13 36E-6                           ! 输入材料 1 线膨胀系数
MP, KXX, 1, 87.86E-6                            ! 输入材料 1 导热系数
MPTEMP, 1, 0, 25, 355, 360, 365, 1454           ! 建立温度参数表
MPDATA, ENTH, l, 1, 0, 8.48E-5, 1.45E-3, 1.5E-3, 1.55E-3, 6.65E-3
                                                ! 输入不同温度下材料 1 的焓值
MP, EX, 2, 0.215                               ! 输入材料 2 弹性模量
MP. NUXY, 2, 0.26                              ! 输入材料 2 泊松比
MP, ALPX, 2, 11.3E-6                           ! 输入材料 2 线膨胀系数
MP, DENS, 2, 7.9E-9                            ! 输入材料 2 密度
MP, KXX, 2, 7.1E-5                             ! 输入材料 2 热导率
MP, c, 2, 460.24                              ! 输入材料 2 比热容
/RGB, INDEX, 100, 100, 100, 0
/RGB, INDEX, 80, 80, 80, 13
/RGB, INDEX, 60, 60, 60, 14
/RGB, INDEX, 0, 0, 0, 15
/REPLOT
K, 1,, 22.5, 0
K, 2, 10, 22
K, 4, 30, 16.5
K, 5, 40, 13.8
K, 7, 60, S.5
```

```
K, 8, 70, 7.5
K, 10, 90, 4.5
K, 11, 100, 2.8
K, 13, 200, 0
K, 14, 0, 0
*DO, I, i, 13
LSTR, I, I+1
*ENDDO
LSTR, 14, 1                    ! 连接关键点 14 与 1, 生成线
AL, ALL                       ! 选择所有线生成面
RECTNG, 0, 2000, -1000, 0,    ! 生成矩形面
AGLUE, ALL                    ! 将面 1 与面 GLUE 在一起
NUMCMP, AREA                  ! 压缩面编号
ASEL, S, AREA,, 2             ! 选择面 2
AATT, 2,                      ! 将自 2 赋予材料属性 2
ASEL, ALL                     ! 选择所有面
AMESH, ALL                    ! 划分网格
NUMMRG, NODE                  ! 合并重合节点
SAVE. HOTSPRAY.DB
/SOLU                         ! 进入求解器
ANTYPE, 4                     ! 指定分析类型为瞬态分析
SOLCONTROL, ON               ! 激活优化的非线性求解控制
ESEL, S, MAT,, 1             ! 选择材料 1 对应的所有单元
NSLE, S                      ! 选择所选单元对应的所有结点
IC, ALL, TEMP, 1 4 5 4      ! 在熔滴上施加初始边界条件 1454℃
ESEL, S, MAT,, 2            ! 选择材料 2 时应的所有单元
NSLE, S                     ! 一选择所选单元对应的所有结点
IC, ALL, TEMP, 25          ! 在基体上施加初始边界条件 25℃
ALLSEL, ALL                ! 选择全部实体
TIME, 100                  ! 设置计算时间为100μs
AUTOTS, ON                ! 打开自动时间步长
DELTIM, 1                 ! 指定时间步长为1
KBC, 0                    ! 按 RAMPPED 方式加载
OUTRES, ALL, ALL         ! 将每一步计算结果均输出到结果文件
SOLVE                    ! 开始求解
SAVE, HOTSPRAY.DB        ! 将当前计算结果保存到文件 HOTSPRAY.DB
/POST1                   ! 进入 POST1 后处理器
/PLOPTS, INFO, ON        ! 显示图例栏
ESEL, S, MAT,, 1        ! 选择材料 1 对应的所有单元
/TITLE, TEMPERATURE CONTOURS FOR THE NI PARTICLE AT 100E-6S
```

```
PLNSOL, TEMP                          ! 绘制 100μs 时熔滴的温度场分布
/POST26                               ! 进入 POST26 后处理器
NSOL, 2, 1, TEMP,, POINT-A            ! 定义变量 POINT-A
NSOL, 3, 4 2, TEMP,, POINT-B          ! 定义变量 POINT-B
/TITLE, TEMPERATURE HISTORY FOR POINT A AND POINT B
PLVAR, 2, 3                           ! 绘制 A、B 两点的温度-时间曲线
ALLSEL, ALL                           ! 选择所有实体
/PREP7                                ! 进入前处理器，进行应力场分析
ETCHG, TTS                            ! 转变单元类型
KEYOPT, 1, 3, 1                       ! 为单元设置轴对称关键点
NSEL, S, L0C, X, O                    ! 选择 X=O 处的所有结点
D, ALL,, 0,,,, UX                     ! 定义 UX=0 约束
TREF, 625                             ! 设置参考温度为 625℃
ALLSEL, ALL                           ! 选择所有实体
LDREAD, TEMP,,,,, 'HOTSPRAY', 'RTH', ' '
                                      ! 从文件 HOTSPRAY.DB.RTH 读取温度载荷
/SOLU                                 ! 进入求解器
SOLVE                                 ! 开始求解计算求解
SAVE, HOTSPRAY.DB, DB                 ! 将当前计算结果保存到文件 HOTSPRAY.DB
/POST1                                ! 进入 POST1 后处理器
ESEL, S, MAT,, 1                      ! 选择材料 1 对应的所有单元
PATH, PATH1-SX, 2
PPATH, 1, 1
PPATH, 2, 42
PDEF, PATH1-SX, S, X, AVG
/TITLE, RADIAL STRESS FOR PATH1
PLPATH, PATH1-sx                      ! 绘制路径 1 沿径向的应力变化曲线
PATH, PATH1 SY, 2
PPATH, 1, 1
PPATH, 2, 42
PDZF, PATH1 SY, S, Y, AVG
/TITLE, AXIAL STRESS FOR PATH1
PLPATH, PATH1-SY                      ! 绘制路径 1 沿轴向的应力变化曲线
PATH, PATH2-SX, 2                     ! 定义沿径向的路径 2
FPATH, 1, 42
PPATH, 2, 35
PDEF, PATH2-SX, S, X, AVG
/TITLE, RADIAL STRESS FOR PATH2
PLPATH, PATH2-sx                      ! 绘制路径 2 沿径向的应力变化曲线
PATH, PATH2 SY, 2                     ! 定义沿轴向的路径 2
```

129

```
PPATH, 1, 42
PPATH, 2, 35
PDEF, PATH2-SY, S, Y, AVG
/TITLE, AXIAL STRESS FOR PATH2
PLPATH, PATH2-SY                    ! 绘制路径 2 沿轴向的压力变化曲线
/TITLE, RADIAL STRESS FOR THE NT PARTICLE AT 100E-6S
PLESOL, S, X                        ! 绘制 100μs 时，熔滴的径向应力场
ETABLE, SX, S, X                    ! 建立径向应力单元表 SX
ETABLE, SY, S, Y                    ! 建立轴向应力单元表 SY
SMULT, SX-NPA, SX,, 1000000, 1      ! SX 乘以 1E6 得到单元表 SX-MPA
SMULT, SY-MPA, SY,, 10000000, 1     ! SY 乘以 1E6 得到单元表 SY-MPA
PLETAB, SX-MPA, AVG                 ! 绘制 100μs 时熔滴的径向应力场
/TITLE, AXIAL STRESS FOR THE NI PARTTCLE AT 100E-6S
PLETAB, SY-MPA, AVG                 ! 绘制 100μs 时熔滴的轴向应力场
/EXPAND, 9, AXI,,, 10              ! 设置三维扩展模式
/VIEW, 1, 1, 2, 3                   ! 设置斜视角度
/REPLOT
/TITLE, 3D PADIAI. STRESS FOR THE NI PARTICLE AT 100E-6S
PLESOL, S, X                        ! 绘制 100μs 时熔滴的径向应力场
/TITLE, 3D AXIAL STP, ESS FOR THE NI PARTICLE AT 100E-6S
PLESOL, S, Y                        ! 绘制 100μs 时熔滴的轴向应力场
/REPLOT
FINISH
/EXIT, ALL                          ! 退出 ANSYS
```

部分模拟结果如图 5-17~图 5-19 所示。

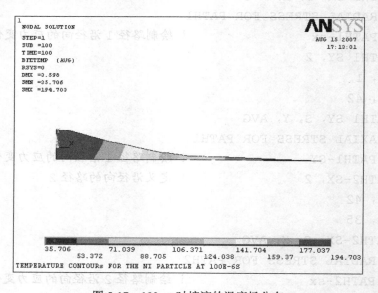

图 5-17   100 μs 时熔滴的温度场分布

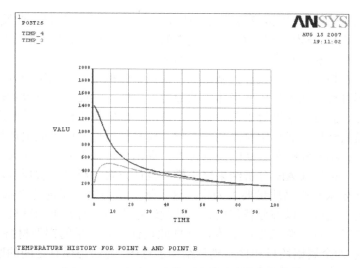

图 5-18　*A* 点和 *B* 点的温度随时间的变化曲线

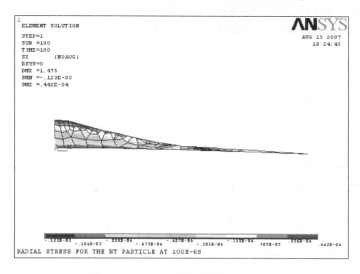

图 5-19　100 μs 时熔滴的径向应力场

5.2.4　铝材挤压过程的应力应变分析

　　铝型材挤压是指将铝合金高温铸坯通入专用模具内，在挤压机提供的强大压力作用下，按给定的速度，将铝合金从模腔中挤出，从而获得所需形状、尺寸以及具有一定力学性能的铝合金挤压型材。铝型材挤压成形过程非常复杂，除了圆形和圆环形截面铝型材的挤压属于二维轴对称问题外，一般而言，其他形状的铝型材挤压属于三维流动大变形问题。因此，挤压模具的设计制作质量及其使用寿命就成了挤压过程是否经济可行的关键之一。合理的设计与制造能大大延长模具寿命，对于提高生产效率、降低成本和能耗具有重要意义。目前，我国型材挤压模具设计基本上还停留在传统的依靠工程类比和设计经验的积累上。而实际上，型材断面越复杂，其挤压变形的不均匀性就越显著，从而造成新设计的模具很难保证坯料一次性地均匀流出，导致型材因扭扭、波浪、弯曲及裂纹等缺陷而报废，模具也极易损伤，必须经过反复试模、修模才能投入正常使用，造成资金、人力、时间、资源等方面的浪费。因此，随着铝型材产品不断向大型化、扁宽化、薄壁化、高精化、复杂化和多用途、多功能、多品种、长寿命方向发展，改进传统的模具设计方法已成为当前铝型材工业发展的迫切需求。

铝型材挤压模 CAE 技术是利用 CAD 中建立的挤压产品模型、结合挤压工艺与控制参数、完成其成形过程分析和相应模具优化设计的一种数值技术。

具体做法为：在挤压模初步设计的基础上，根据事先拟定的工艺试验方案，利用计算机仿真整个挤压成形过程，获得挤压变形体内的应力、应变、温度、流速等物理量分布，以及挤压各阶段的压力、温度、速度等工艺参数变化情况；确定挤压模工作带断面和分流孔、焊合腔、导流槽等模具结构对成形铝材流动的影响，模具使用过程中可能出现的变形、塌陷、崩刃、裂口、磨损、粘着和疲劳等缺陷及其位置；提出分析报告并向设计人员推荐合适的挤压条件，设计人员再根据 CAE 分析结果修正模具设计方案。经过数次反复，直到模具设计方案满足产品设计要求和产品质量要求为止。这实际上是将生产现场的"试模-修模-试模"过程转移到计算机上完成，以部分替代模具设计制造过程中费时费事的试模工作，从而减少该阶段的材料和能源消耗，降低生产成本，并据此设计出高质量的铝型材挤压模具。

如图 5-20 所示为金属铝坯料和挤压模具结构示意图，坯料与模具之间的摩擦系数为 0.1，挤压过程中坯铝的应力-应变关系如图 5-21 所示。

坯料材料参数：弹性模量 E_1=82GPa；泊松比 ν_1=0.32。

模具材料参数：弹性模量 E_2=220GPa ；泊松比 ν_1=0.3；f=0.06。

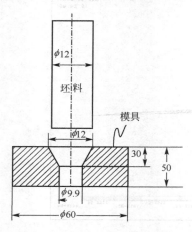 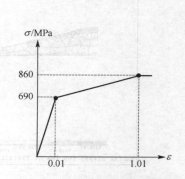

图 5-20 坯料与模具结构示意图　　图 5-21 铝的应力-应变曲线图

命令流文件如下。

```
FFILNAME. EXTRUSION                    ! 定义工作文件名
/TITLE, EXTRUSION EXERCISE             ! 定义工作标题
/PREP7                                 ! 进入前处理器
ET, 1, PLANE182                        ! 定义平面单元
ET, 2, TARGE169                        ! 定义接触单元
ET, 3. CONTA172
KEYOPT, 1, 3, 1                        ! 设置单元关键字
KEYOPT, 3, 5, 3
MP, EX, 1, 6.9E10                      ! 输入挤压材料参数
MP, PRXY, 1, 0.26
TB, MISO, 1
TBPT,, 0.01, 6.9E8
```

```
TBPT,, 1.01, 8.6E8
MP, MU, 1, 0.1                          ! 输入摩擦系数
MP, EX, 2, 3.6E11                       ! 输入模具材料参数
MP, PRXY, 2, 0.3
MP, MU, 2, 01
R, 2                                    ! 定义实常数
REAL, 2
RECTNG, 0, 8E-3,, 0.05                  ! 创建矩形面
RECTNG, 7E-3, 0025, -0.02, -0.01
K, 9, 8E-3                              ! 生成关键点
K, 10, 0025
L, 9, 8                                 ! 由关键点生成线段
L, 10, 9
L, 7, 10
LSEL, S,,, 7, 11, 2                     ! 选择线段
LSEL, A,,, 10
AL, All                                 ! 由所选线段生成面
LSEL, S,,, 2, 4, 2
LESIZE, All,,, 50                       ! 将所选线段分为 50 等份
LSEL, S,,, 1, 3, 2
LESIZE, ALL,,, 4
LSEL, S,,, 5, 7, 2
LSEL, A,,, 10
LESIZE, ALL,,, 6
LSEL, S,,, 9, 11, 2
LESIZE, ALL,, 10
LSEL, S,,, 6, 8, 2
LESIZE, ALL,,, 10
MAT, 1                                  ! 指定材料参考号
AMESH, 1                                ! 对面进行网格划分
MAT, 2
AMESH, 2
AMESH, 3
ALLSEL
LSEL, S,,, 8, 9
CM, JARGET, LINE                        ! 定义组元
TYPE, 2                                 ! 设置单元类型
NSLL, S, 1                              ! 选择所选线段上的所有
ESURF, ALL                             ! 生成表面单元
ALLSEL
LSEL, S,,, 2
CM, _CONTACT, LINE
TYPF, 3
```

```
NSLL, S, 1
ESURF, ALL
ALLSEL
FlNISH
/SOLU                              ! 进入求解器
ANTYPE, STATIC                     ! 定义求解类型
NLGEOM, ON                         ! 打开大应变选项
AUTOT, ON                          ! 启动自动时间步长选项
TIME, l                            ! 设置计算终止时间
NSUB, 25, 200, 25                  ! 定义求解步数及求解步 1
LSEL, S,,, 4, 6, 2
LSEL, A,,, 11
NSLL, S, 1
D, ALL, UX                         ! 施加位移约束
LSEL, S,,, 5
NSLL, S, 1
D, ALL, UY
LSEL, S,,, 3
NSLL, S, 1
D, ALL, UY, -0.025                 ! 施加位移载荷
ALLSEL
SOLVE                              ! 开始求解计算
/POST1                             ! 进入 POST1 后处理器
SET, LAST
PLNSOL, S, EQV                     ! 绘制等效应力等值线图
PLNSOL, CONT, SFRIC                ! 绘制摩擦应力等值线图
FINISH
EXIT, ALL                          ! 退出 ANSYS
```

部分模拟结果如图 5-22~图 5-31 所示。

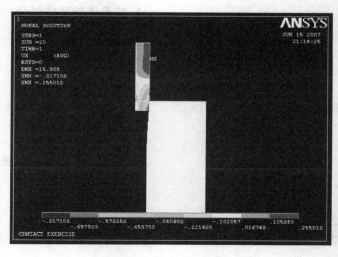

图 5-22　X 方向位移场分布

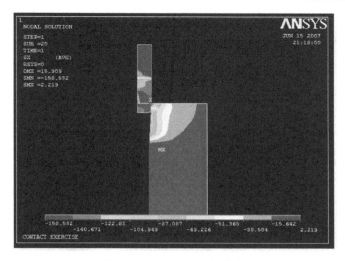

图 5-23　X 方向应力场分布

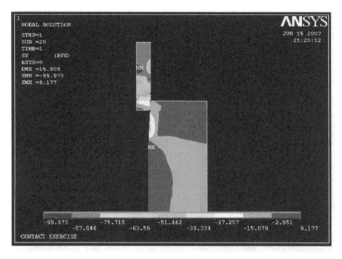

图 5-24　Y 方向应力场分布

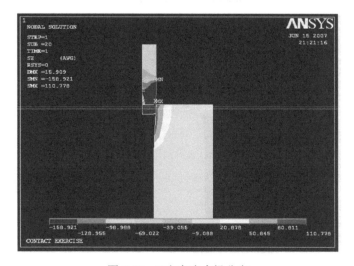

图 5-25　Z 方向应力场分布

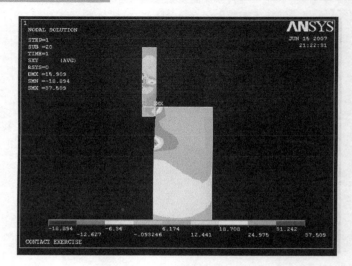

图 5-26 *XY* 面上剪应力场分布

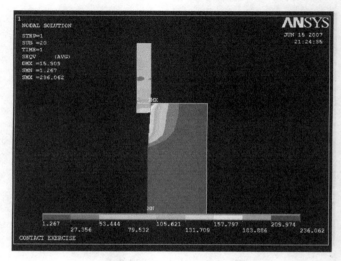

图 5-27 等效应力场分布

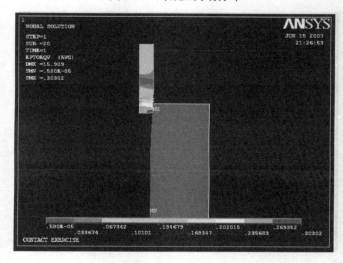

图 5-28 等效应变场分布

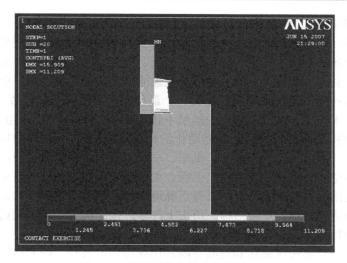

图 5-29　接触面上摩擦应力结果显示

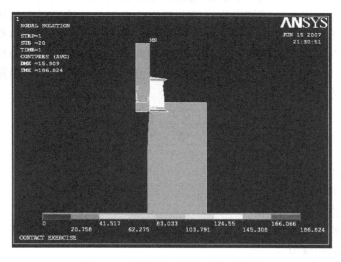

图 5-30　接触面上压应力结果显示

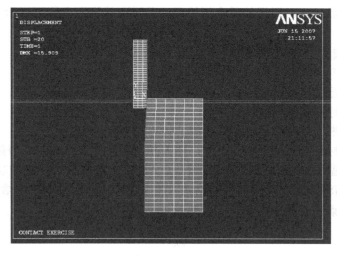

图 5-31　变形后的几何形状及未变形轮廓显示

5.2.5　焊接过程中的应力和变形分析

焊接是一个牵涉到电弧物理、传热、冶金和力学的复杂过程。焊接现象包括焊接时的电磁、传热过程、金属的熔化和凝固、冷却时的相变、焊接应力与变形等。要得到一个高质量的焊接结构必须控制这些因素。一旦各种焊接现象能够实现计算机模拟，就可以通过计算机系统来确定焊接各种结构和材料时的最佳设计、最佳工艺方法和焊接参数。

我国的焊接技术在工业中应用的历史虽然不长，但却发展非常迅速。由于焊接方法经济、灵活；采用焊接结构与铆接结构相比，能简化结构的构造细节，节约材料，提高生产效率，改善工人劳动条件。因此，目前，船舶、机车、车辆、桥梁、锅炉等工业产品，以及能源工程、海洋工程、航空航天工程、石油化工工程、大型厂房、高层建筑等重要结构，无一不采用焊接结构。焊接结构有自己的特点，只有正确地认识、切实地掌握它的特点，才能设计制造出性能良好、经济指标高的焊接结构。历史上许多焊接结构失效的事例追其根源，多数与未考虑焊接结构的特点有关。

由于焊接是一个局部快速加热到高温并随后快速冷却的过程，随着热源的移动，整个焊件的温度随时间和空间急剧变化，材料的物理性能参数也随温度剧烈变化，同时还存在熔化和相变时的潜热现象。因此，焊接温度场的分析属于典型的非线性瞬态热传导问题。因为焊接温度场分布十分不均匀，在焊接过程中和焊后将产生相当大的焊接应力和变形。焊接应力和变形的计算中既有大应变、大变形等几何非线性问题又有弹塑性变形等材料非线性问题。

对均匀、各向同性的连续介质，且其材料特征值与温度无关时，在能量守恒的基础上，可得到热传导微分方程式。

$$\frac{\partial T}{\partial t} = \frac{\lambda}{c\rho}\left(\frac{\partial^2 T}{\partial x^2} + \frac{\partial^2 T}{\partial y^2} + \frac{\partial^2 T}{\partial x^2}\right) + \frac{1}{c\rho} + \frac{\dot{Q}}{c\rho} \tag{5-1}$$

式中　T——温度；

　　　λ——材料的热导率；

　　　t——过程进行的时间；

　　　c——材料的质量比热容；

　　　ρ——材料的密度；

　　　$\dot{Q}$——内热源的强度。

焊接过程属于瞬态传热过程，在这个过程中系统的温度、热流率、热边界条件以及系统内能随时间都有明显变化。根据能量守恒原理，其瞬态热平衡方程可表示为

$$C\dot{T} + KT = Q \tag{5-2}$$

式中　K——传导矩阵，包含热导率、对流系数及辐射率和形状系数；

　　　C——比热矩阵，考虑系统内能的增加；

　　　T——节点温度向量；

　　　$\dot{T}$——温度对时间的导数；

　　　Q——节点热流率向量，包含热生成。

在焊接过程中材料必然会有相变产生，随着相变而发生热量转换（潜热的放出与吸收），为了准确计算焊接温度场，必须考虑相变潜热。ANSYS 热分析最强大的功能之一就是可以分析相变问题，ANSYS 通过定义材料的焓随温度变化来考虑熔融潜热，焓的单位是 J/m^3，是密度与比热容的乘积对温度的积分，其数学定义为

$$H = \int_{T_0}^{T} \rho c\, dT \tag{5-3}$$

在热物理性能参数定义时，确定随温度变化的密度和比热容后，ANSYS 会自动算出热焓。

焊接温度场求解过程中，将每一个载荷步划分为若干个时间步，在焊接和冷却开始以及相变发生的时候，时间步长要取得比较小，一般为 0.1 s 左右，打开线性搜索选项，关闭自动时间步长，通过 deltime 命令设定时间步长，冷却到一定的时候，可以用较大的时间步长，打开自动时间步长，这样可以保证得到一个良好的焊接瞬态温度场。将计算得到的各节点温度保存在热分析结果文件中，以便作为应力场分析的体载荷。

在厚板焊接过程温度场的三维有限元模拟中，x、y、z 三个方向的热传导、对流都要考虑，冷却和升温的速度都相当高，是个高度非线性的过程，在求解过程一定要做一些非线性特殊处理。

热源模型是否选取适当，对瞬态温度场的计算精度，特别是在靠近热源的地方，有很大的影响。在电弧焊时，通常采用高斯分布的热源模型，此时的热流分布为

$$q(r) = q_\mathrm{m} \exp\left(-3\frac{r^2}{\bar{r}^2}\right) \tag{5-4}$$

式中　r ——离开热源中心的距离；

　　　$\bar{r}$ ——电弧有效加热半径；

　　　q_m ——最大比热流。

对移动热源（非高速），有

$$q_\mathrm{m} = \frac{3}{\pi \bar{r}^2} q \tag{5-5}$$

$$q = \eta I U \tag{5-6}$$

式中　q ——热源瞬时给焊件的热能；

　　　η ——焊接热效率；

　　　U ——电弧电压；

　　　I ——焊接电流。

由于高斯分布函数没有考虑电弧的穿透作用，为了克服这个缺点，Goldak A.提出了双椭球热源模型。这种模型将焊接融池的前半部分作为一个 1/4 椭球，后半部分作为另一个 1/4 椭球。设前半部分椭球能量分数为 f_1，后半部分椭球能量分数为 f_2，且 $f_1 + f_2 = 2$。

高斯球、双椭球两种热源模型将焊接热流直接施加在整个焊件有限元模型上，不能模拟焊缝金属熔化和填充，无法模拟实际焊接过程，而生死单元能够克服这个缺点。生死单元技术就是采用生死单元模拟焊缝填充的方法来模拟焊接热输入过程。通过试验测量，将全部焊接热 Q 均匀分布在焊缝上，假设所有焊缝单元在计算前是不激活的。在开始计算前，将焊缝中所有单元"杀死"。在计算过程中，按顺序将被"杀死"的单元"激活"，模拟焊缝金属的填充。同时，给激活的单元施加生热率（HGEN），热载荷的作用时间等于实际焊接时间。

$$\mathrm{HGEN} = \frac{Q}{A_{焊接} v \mathrm{d}t} \tag{5-7}$$

式中　HGEN ——每个载荷步施加的生热率；

　　　$A_{焊接}$ ——焊缝的横截面积；

　　　v ——焊接速度；

　　　$\mathrm{d}t$ ——每个载荷步的时间步长。

图 5-32 为焊缝的剖面示意图，用铜焊将钢和铁焊接在一起，利用 ANSYS 软件对焊接后的焊接残余应力、在焊接过程中的温度变化和应力分布的模拟。已知各种材料的属性见表 5-6，单位为 SI 单位制。

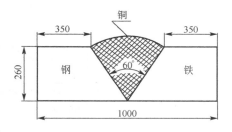

图 5-32　焊缝结构示意图

139

表 5-6　材料的特性系数

材料	摄氏温度/℃	弹性模量/Pa	屈服强度/Pa	切变模量/Pa	材料密度/(kg/m³)	泊松比	传热系数/[W/(m·℃)]	线膨胀系数/℃⁻¹	比热容/[J/(kg·℃)]
钢	30	2.06×10^{11}	1.4×10^{9}	2.06×10^{10}	7800	0.3	16.3	1.06×10^{-5}	502
	500	1.7×10^{11}	1.0×10^{9}	1.7×10^{10}					
	1000	0.9×10^{11}	0.5×10^{9}	0.9×10^{10}					
	1500	0.2×10^{11}	0.07×10^{9}	0.2×10^{10}					
	2000	0.01×10^{11}	0.007×10^{9}	0.01×10^{10}					
铜	30	1.03×10^{11}	0.9×10^{9}	1.03×10^{10}	8900	0.3	3.93	1.66×10^{-5}	385
	500	0.84×10^{11}	0.7×10^{9}	0.84×10^{10}					
	1000	0.23×10^{11}	0.25×10^{9}	0.23×10^{10}					
	1500	0.02×10^{11}	0.038×10^{9}	0.02×10^{10}					
	2000	0.002×10^{11}	0.004×10^{9}	0.002×10^{10}					
铁	30	1.18×10^{11}	1.04×10^{9}	1.18×10^{10}	7000	0.3	8.04	5.87×10^{-6}	440
	500	0.8×10^{11}	0.85×10^{9}	0.8×10^{10}					
	1000	0.3×10^{11}	0.34×10^{9}	0.3×10^{10}					
	1500	0.04×10^{11}	0.05×10^{9}	0.04×10^{10}					
	2000	0.004×10^{11}	0.005×10^{9}	0.004×10^{10}					

注：假定钢和铁的参考温度为30℃，铜的参考温度为1500℃。

GUI 操作方式如下。

（1）定义工作文件名及工作标题

① 定义工作文件名　Utility Menu>File>Change Jobname，在弹出的对话框中输入工作文件名为"Weld"，单击"OK"。

② 定义工作标题　Utility Menu>File>Change title，在弹出的话框中输入工件标题名为"2D Weld Analysis by Element with birth and Death"，单击"OK"。

③ 关闭坐标系的三角符号　Utility Menu>PlotCtrls>Window Controls>Window Option，弹出一个如图 5-33 所示的对话框，在"Location of triad"后面的下拉式选择中，选择 Not Shown"，单击"OK"。

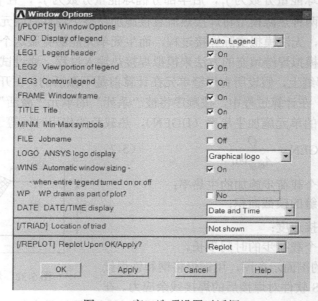

图 5-33　窗口选项设置对话框

（2）生成坐标几何实体模型

① 生成关键点　Main Menu> Preprocessor>modeling>Create>Keypoint>In Active CS，弹出一个如图 5-34 所示的对话框，在 "Keypoint number" 后面输入关键点的编号 "1"，在 "Location in active CS" 后面输入该关键点相对的坐标值 "0，0，0"，单击 "Apply"。

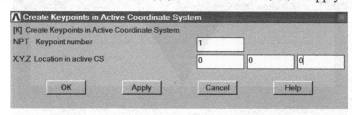

图 5-34　生成关键点的对话框

重复上述过程，分别输入下列 6 个关键点的坐标值。

2（0.5，0，0）　　　　　　　　　　　　3（1.0，0，0）

4（0，0.26，0）　　　　　　　　　　　　5（0.35，0.26，0）

6（0.65，0.26，0）　　　　　　　　　　7（1,0.26,0）

输入完后最后单击该对话框的 "OK"，则在图形屏幕上生成 7 个关键点，其结果如图 5-35 所示。

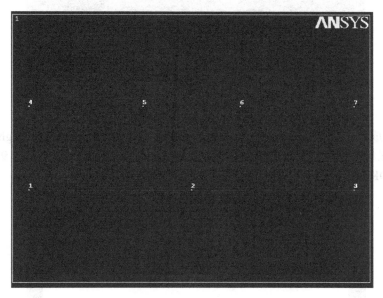

图 5-35　生成关键点的结果显示

② 由点生成面　Main Menu>Preprocessor>Create>Areas>Arbitrary>Through KPs，出现一个拾取框，用鼠标在图形屏幕上依次拾取编号为 "1，2，5，4" 的关键点，然后单击拾取框上的 "Apply"；又出现一个拾取框，重复上虚操作分别以此拾取编号为 "2，3，7，6"，然后单击拾取框上的 "OK"，则在屏幕上生成 2 个面，其结果如图 5-36 所示。

③ 改变当前坐标系　Utility Menu>WorkPlane>Change Active CS to>Global Cylindrical。

④ 生成圆弧线　Main Menu>Preprocessor>Create>Lines> Lines>In Active Coord，出现一个拾取框，用鼠标依次拾取编号为 "6，5" 的关键点，单击拾取框上的 "OK"，生成的结果如图 5-37 所示。

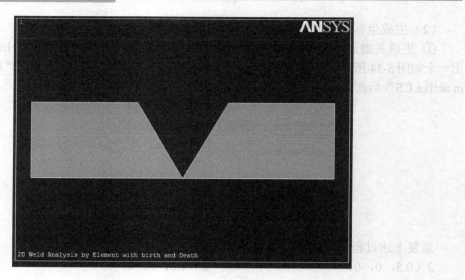

图 5-36 生成面的结果显示

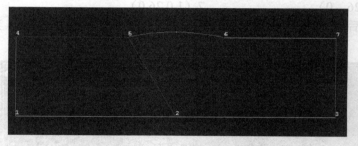

图 5-37 生成的圆弧线显示

⑤ 由线生成面 Main Menu>Preprocessor>Create>Areas>Arbitrary>Through KPs,出现一个拾取框,有鼠标在图形屏幕上分别拾取编号为"1,2,3,4,5,6,7,8,9"的线,单击拾取框上的"OK",生成的结果如图 5-38 所示。

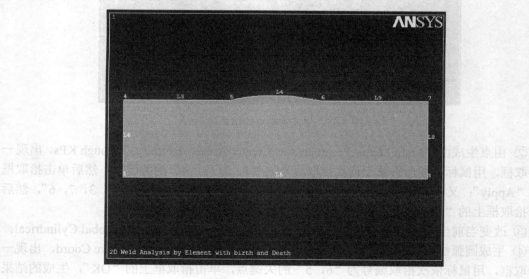

图 5-38 生成面的结果显示

⑥ 保存结果　单击工具条上的"SAVE-DB"

（3）选择单元和输入材料属性

① 输入材料的弹性模量和泊松比　Main Menu>Preprocessor>Material Props>Material Models，出现一个如图 5-39 所示的对话框，在"Material Model Available"下面的对话框中，双击打开"Structural>Linear>Elastic>Isotropic"，又出现一个对话框，连续单击该对话框上的"Add Temperature"五次，其结果如图 5-40 所示，这时分别输入表 5-6 中第一种材料即钢在五种不同的温度下的弹性模量"EX"和泊松比"PRXY"，输入完的结果如图 5-40 所示，单击"OK"。

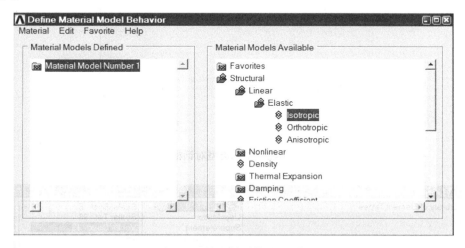

图 5-39　输入材料模型对话框

输入材料的其他属性：如图 5-41 所示的对话框，在"Density"后面输入材料的线膨胀系数"1.06e-5"，在"Reference temperaturte"后面输入参考温度值"30"，在"Thermal conductivity"后面输入传热系数"16.3"，在"Specific heat"后面输入比热"502"，用鼠标拖动其右边的滚动条，直到出现"Relative Permeability"，并在其后输入磁特性"1"，单击"Apply"。

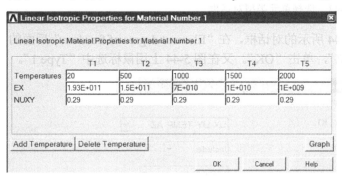

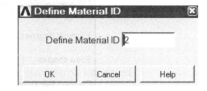

图 5-40　输入不同的温度下的弹性模量和泊松比　　　图 5-41　指定材料的编号对话框

单击打开"Material>New Model"，弹出一个对话框，单击"OK"，接受其缺省设置，则生成第二种材料的编号，重复上述操作，输入第二种材料的铜在不同温度下的弹性模量和泊松比。

② 选择单元类型　Main Menu>Preprocessor>Element type>Add/Edit/Delete，出现一个如图 5-42 所示的对话框，单击"Add"，又弹出一个如图 5-43 所示的对话框，在"Library of Element

Type"左面的列表栏选择"Coupled Field",在其右面的列表栏中选择"Vector Quad 13"。

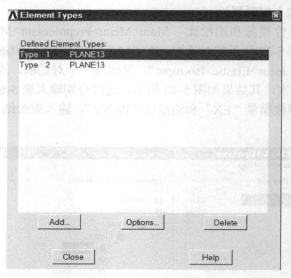

图 5-42　单元类型对话框

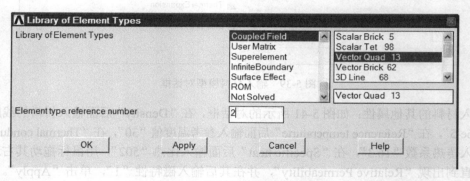

图 5-43　选择单元类型对话框

单击"Options",弹出一个如图 5-44 所示的对话框,在"Element degree of freedom"后面的选择栏中选择"UX,UY,TEMP,AZ",单击"OK"。又在图 5-44 上用鼠标选中"Type 1"。

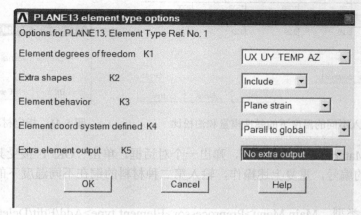

图 5-44　设置单元属性对话框

　　单击"Options"，弹出一个如图 5-45 所示的对话框，在"Element degree of freedom"后面的选择栏中选择"UX，UY，TEMP，AZ"，单击"OK"。

　　③ 保存输入结果　单击工具栏上的"SAVE_DB"。

　　（4）生成有限元网络单元

　　① 指定网络大小　Main Menu>Preprocessor>Meshing> Size Cntrls ManualSize>Global>size 弹出一个如图 5-45 所示的对话框，在"Element edge length"后面的输入栏输入"0.025"，单击"OK"。

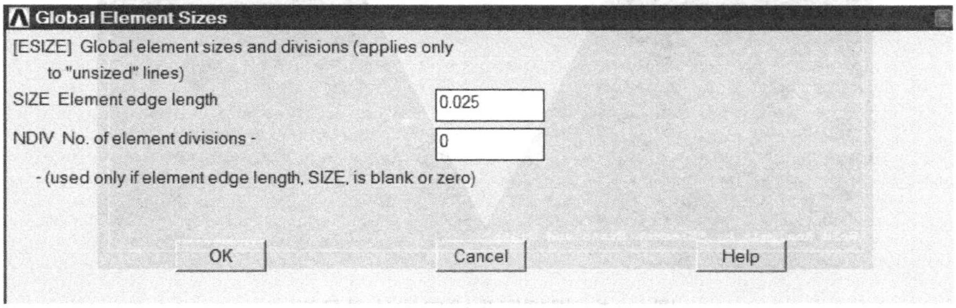

图 5-45　指定第二个面的网格大小

　　② 指定单元类型和属性　Main Menu>Preprocessor>Define>Default Attribs，弹出一个如图 5-46 所示的对话框，在"Element type number"后面的下拉式选择栏选择"2PLANE13"，在"Material number"后面的选择栏中选择第二种材料"2"，单击"OK"。

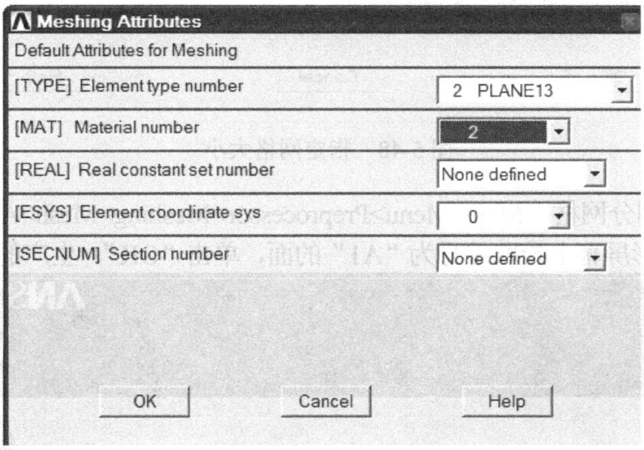

图 5-46　指定划分网格的属性

　　③ 对第三个面划分网络　Main Menu>Preprocessor>Meshing>Mesh>Areas>Free，出现一个拾取框，用鼠标在图形屏幕上拾取编号为"A3"的面，单击"OK"，生成的网络如图 5-47 所示。

　　④ 指定网格大小　Main Menu>Preprocessor>Meshing> Size Cntrls ManualSize> Global>size，弹出一个如图 5-48 所示的对话框，在"Element edge length"后面的输入栏输入"0.05"，单击"OK"。

　　⑤ 改变单元类型和属性　Main Menu>Preprocessor>Define>Default Attribs，弹出一个如图 5-45 所示的对话框，在"Element edge length"后面的下拉式选择栏选择"1 PLANE13"，在"Material number"后面的选择栏中选择第 1 种材料"1"，单击"OK"。

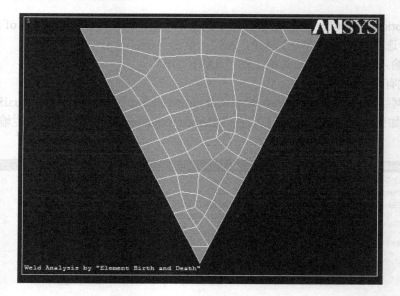

图 5-47　焊缝区生成田格结果显示

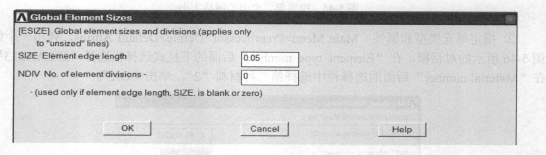

图 5-48　指定网格大小

⑥ 对第一个面划分网格　Main Menu>Preprocessor>Meshing>Mesh>Areas>Free，出现一个拾取框，用鼠标在图形屏幕上拾取编号为"A1"的面，单击"OK"，生产的网格如图 5-49 所示。

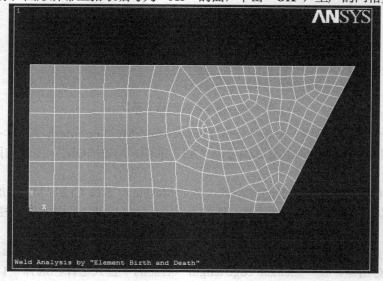

图 5-49　A1 面生成网格后的结果显示

⑦ 改变单元类型和属性　Main Menu>Preprocessor>Define>Default Attribs，弹出一个如图 5-45 所示的对话框，在"Element edge length"后面的下拉式选择栏选择第一种材料"3"，单击"OK"。

⑧ 对第三个面划分网格　Main Menu>Preprocessor>Meshing>Mesh>Areas>Free，出现一个拾取框，用鼠标在图形屏幕上拾取编号为"A2"的面，单击"OK"，生产的网格如图 5-50 所示。

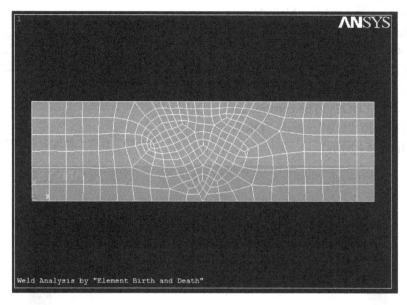

图 5-50　A2 面生成网格后的结果显示

⑨ 保存网格结果　单击工具栏上的"SAVE_DB"。

（5）进入求解器进行瞬态分析

① 指定分析类型　Main Menu>Solution> Analysis Type>New Analysis，弹出一个如图 5-51 所示的对话框，选取"transient"复选框，单击"OK"，又弹出一个如图 5-52 所示的对话框，单击"OK"，接受其缺省设置。

② 在做边界线上施加位移约束条件　Main Menu>Solution>Defined Load>

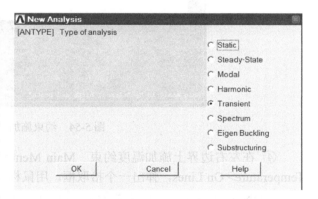

图 5-51　指定分析类型对话框

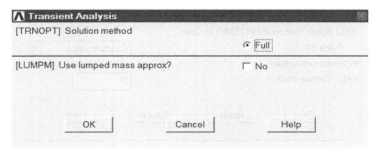

图 5-52　指定求解的方法

147

Apply>Structural>Displacement>On Lines，出现一个拾取框，用鼠标在图形屏幕上拾取编号为
"L4（即 $X=0$ 的做边界线）"的线，单击"OK"，
又弹出一个如图 5.53 所示的对话框，在
"DOFs to be constrained"后面的选择栏中选
择"UX"，单击"OK"。

③ 在关键点上施加约束　Main Menu>
Solution>Defined Loads>Apply>Structural>
Displacement>On Keypoints，出现一个拾取
框，用鼠标在图形屏幕上拾取编号为"1"
的关键点，单击"OK"，又弹出一个如图 5-53
所示的对话框，在"DOFs to be constrained"
后面的选择栏中选择"UY"，单击"OK"，
施加的结果如图 5-54 所示。

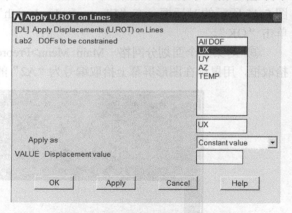

图 5-53　在线上施加约束的对话框

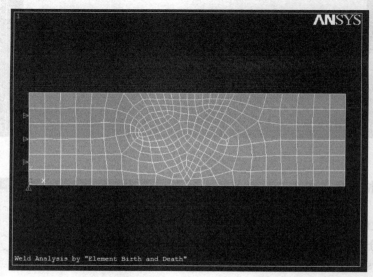

图 5-54　约束施加的结果显示

④ 在左右边界上施加温度约束　Main Menu>Solution>Defined Loads>Apply>Structural>
Temperature> On Lines，弹出一个拾取框，用鼠标在图形屏幕上拾取编号为"L4，L8"的线，
单击"OK"，又弹出一个如图 5-55 所示的对话框，在"VAL1 Temperature"后面的输入栏中
输入温度值"30"，单击"OK"，施加的结果如图 5-56 所示。

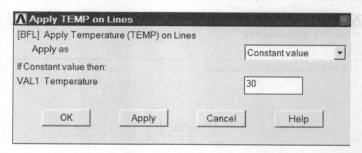

图 5-55　在边界上施加温度约束

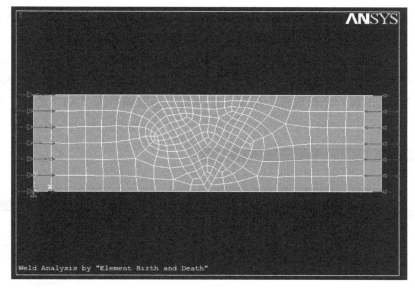

图 5-56　施加温度边界条件后的结果显示

⑤ 选择所有的实体　Utility Menu>Select>Everything。

⑥ 提取单元的个数　Utility Menu>Parameters>Get Scalar Data，弹出一个如图 5-57 所示的对话框，在左边的选择框中选取"Model data"，在右边的选择框中选择"For selected set"，单击"OK"，又弹出一个如图 5-58 所示的对话框，在"Name of parameter to be defined"后面的输入栏中输入用户自定义的名称"EMAX"，在"data to be retrieved"后面的第一个选择框中选择"Current elem Set"，在其第二栏中选择"Number of elem's"，单击"OK"。

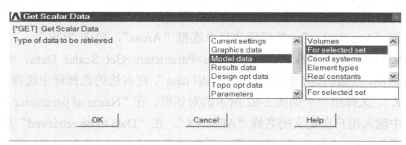

图 5-57　获取数据的对话框

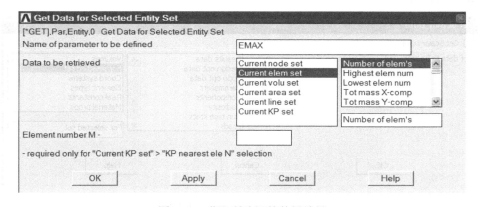

图 5-58　获取所选疑的数据结果

149

⑦ 查看获取结果　Utility Menu> Parameters >Scalar Parameter，弹出一个对话框（图 5-59），在对话框中显示："EMAX=260"，单击"Close"，关闭对话框。

⑧ 选择焊缝区的面积　Utility Menu>Select> Entities，弹出一个如图 5-60 所示的对话框，在最上面的下拉式选择框中选取"Areas"，其下面的下拉式选择框中选取"By Num/Pick"，单击"Apply"，又出现一个拾取框，用鼠标在图形上拾取编号为"A3"的面，单击拾取框上的。

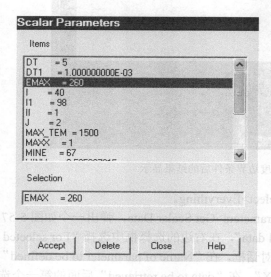

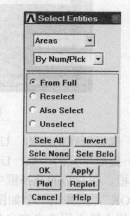

图 5-59　Scalar Parameter 对话框

图 5-60　选择工具条

⑨ 选择焊缝区的单元　在图 5-60 中的最上面下拉式选择框选取"Element"，在其下面的选择框中选取"Attached to"，然后再选择单选框"Areas"，单击"OK"。

⑩ 获取焊缝区单元的个数　Utility Menu>Parameters>Get Scalar Data，弹出一个如图 5-61 所示的对话框，左边的选择框中选取"Model data"，在右边的选择框中选择"For Selected set"，单击"OK"，又弹出一个如图 5-62 所示的对话框，在"Name of parameter to be defined"后面的输入栏中输入用户自定义的名称"AEMAX"，在"Data to be retrieved"后面的第一个选择框中选择"Current elem Set"，在其第二栏中选择"Number of elem's"，单击"OK"，可得到"AEMAX=71"。

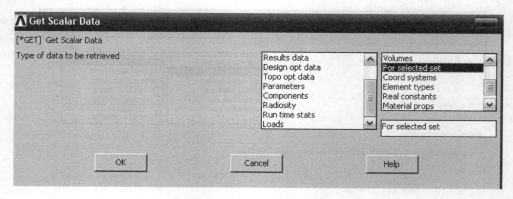

图 5-61　Get Scalar Data 对话框

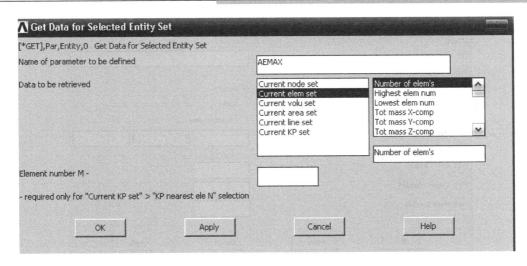

图 5-62　选择设置对话框

⑪ 定义四个数组　Utility Menu>Parameters>Array Parameters>Define/Edit，弹出一个如图 5-63 所示的对话框，单击"Add"，又弹出一个如图 5-64 所示的对话框，在"Parameter name" 后面输入参数名"ANE"，在"No of rows cols planes"后面的第一个框中输入"AEMAX"， 单击"Apply"。

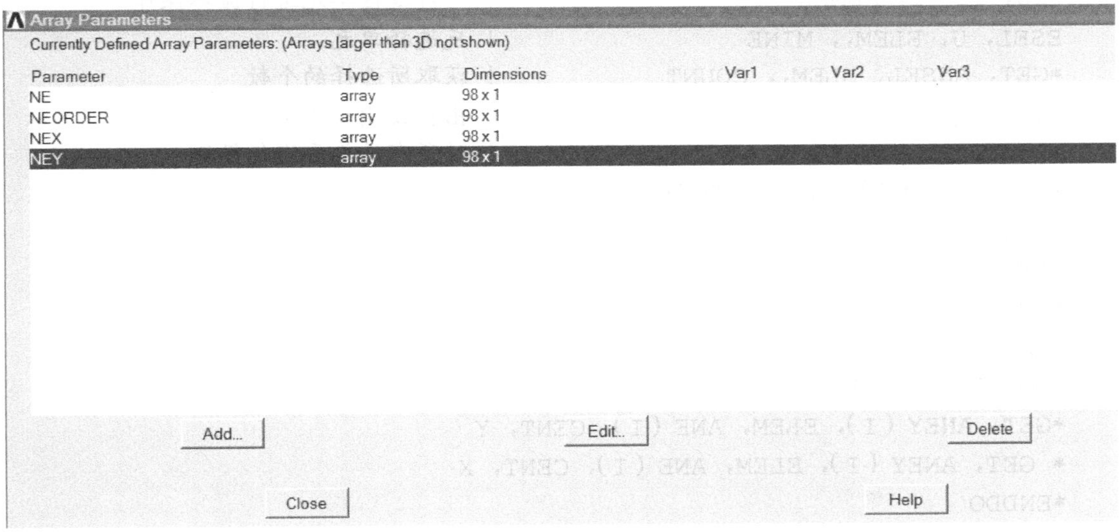

图 5-63　定义数组对话框

如图 5-64 所示的对话框中，在"Parameter name"后面输入参数名"ANEX"，其他参数 保持不变，单击"Apply"；重复上述过程，分别输入的参数名为"ANEY"和"ANEO"，最 后单击"OK"。

⑫ 保存数据　单击工具栏上的"SAVE_DB"。

⑬ 改变当前坐标系为直角坐标系　Utility Menu>Workplace>Change Active CS to>Global Cartesian。

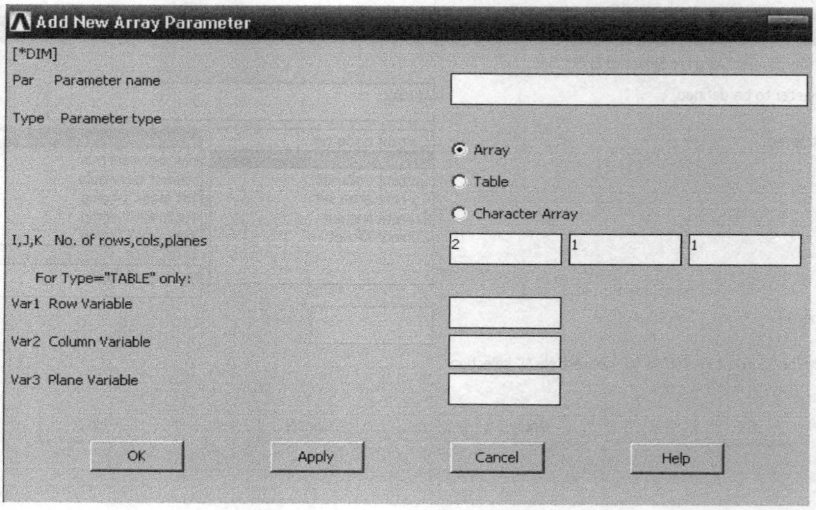

图 5-64　指定数组名和数组维数对话框

（6）求解计算

① 对焊缝区的单元按其形心的 Y 坐标进行排序，在 ANSYS 软件的输入窗口中输入下列命令。

```
MINE=0                                    ! 设置一个初始值
*DO，I1，1，AEMAX                          ! 对焊缝区单元进行循环操作
ESEL，U，ELEM，，MINE                       ! 反选择单元
*GET，ANSEL，ELEM，，COUNT                  ! 获取所选择的个数
II=0                                      ! 出世或循环变量
*DO，I，1，EMAX                            ! 对所有的单元进行循环
*IF，ESEL（I），EQ，1，THEN
II=II+1
ANE（II）=I
*ENDIF
*ENDDO
*DO，I1，ANSEL
*GET，ANEY（I），ELEM，ANE（I），CENT，Y
* GET，ANEY（I），ELEM，ANE（I），CENT，X
*ENDDO
MINY=1E20
MINX=1E20
*DO，I，1，ANSEL
*IF，ANEY（I），LT，MINY，THEN
MINY=ANEY（I）
MINX=ANEX（I）
MINE=ANE（I）
*ELSE
*IF，ANEY（I），EQ，MINY，THEN
```

```
*IF, ANEY (I), LT, MINX, THEN
MINY=ANEY (I)
MINX=ANEX (I)
MINE=ANE (I)
*ENDIF
*ENDIF
*ENDIF
*ENDDO
ANEO (I1) =MINE
*ENDDO
```

② 又在输入窗口中的输入行输入下列参数。

```
MAXT=1500
DT1=1E-3
DT=5
T=0
```

③ 选择所有的实体：Utility Menu>Select>Everything。

④ 显示单元：Utility Menu>Plot>Element。

⑤ 输入下列命令杀死所在的焊缝区的单元。

```
*DO, I, 1, AEMAX
EKILL, ANEO(I)
ESEL, S, LIVE
EPLOT
*ENDDO
```

⑥ 输出控制　Main Menu>Solution>Load step Opts>Output Ctrls>DB/Result File，弹出一个如图 5-65 所示的对话框，在"Item to be controlled"后面的下拉式选择中选择"All items"，在"File write frequency"后面选择单选框"Every sub step"，单击"OK"。

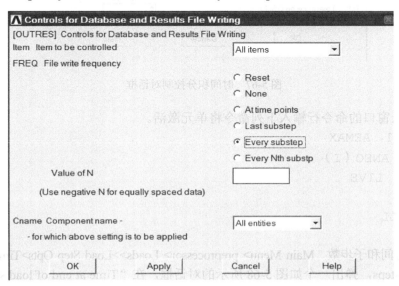

图 5-65　输出控制对话框

⑦ 在节点指定初始温度 Main Menu>preprocessor> Loads>Define Loads> Apply >Initial Condit>Define，出现一个拾取框，单击"Pick All"，弹出一个如图 5-66 所示的对话框，在"DOF to be constrained"后面的下拉式选择栏中选取"TEMP"，在"Initial value of DOF"后面输入初始温度"30"，单击"OK"。

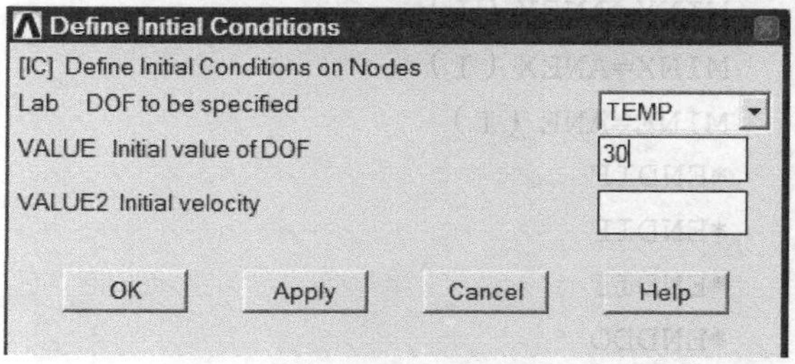

⑧ 选择阶跃载荷变化 Main Menu> preprocessor>Loads>>Load Step Opts>Time/Frequency> Time-Time Step，弹出一个对话框，在"Stepped or Ramped b.c."下面选择单选框"Stepped"，单击 OK。

图 5-66 输入初始条件值对话框

⑨ 打开瞬态响应 Main Menu> preprocessor> Loads>>Load Step Opts>Time/Frequency> Time Integration，弹出一个如图 5-67 所示的对话框，将"For structural DOFs"和"For magnetic DOFs"后面的复选项关闭，使其处于"Off"，在"Amplitude decay factor"后面的输入栏中输入"0.005"，在"Transient integ param"后面的输入栏中输入"1"，在"Tolerance on OSLM"的后面输入"0.2"，单击"OK"。

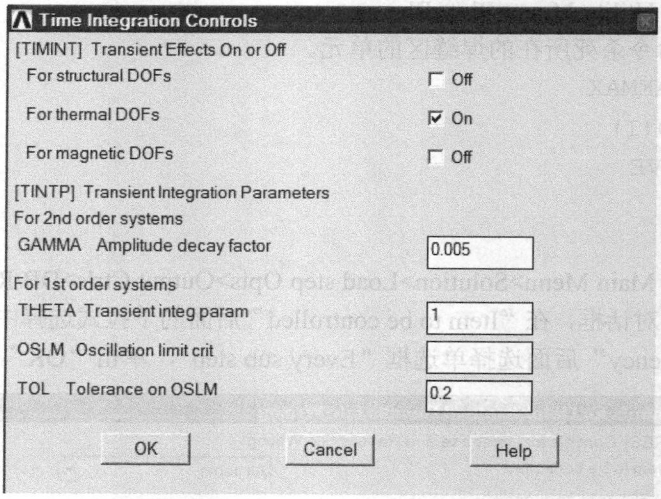

图 5-67 时间积分控制对话框

⑩ 在输入窗口的命令行输入下列命令将单元激活。

```
*DO, I, 1, AEMAX
EALIVE, ANEO (I)
ESEL, S, LIVE
EPLOT
ESEL, ALL
T=T+DT1
```

⑪ 设置时间和子步数 Main Menu> preprocessor> Loads>>Load Step Opts>Time/Frequency> Time and Sub steps，弹出一个如图 5-68 所示的对话框，在"Time at end of load step"后面输入时间"T"，在"Number of substeps"后面输入子步数"1"，单击"OK"。

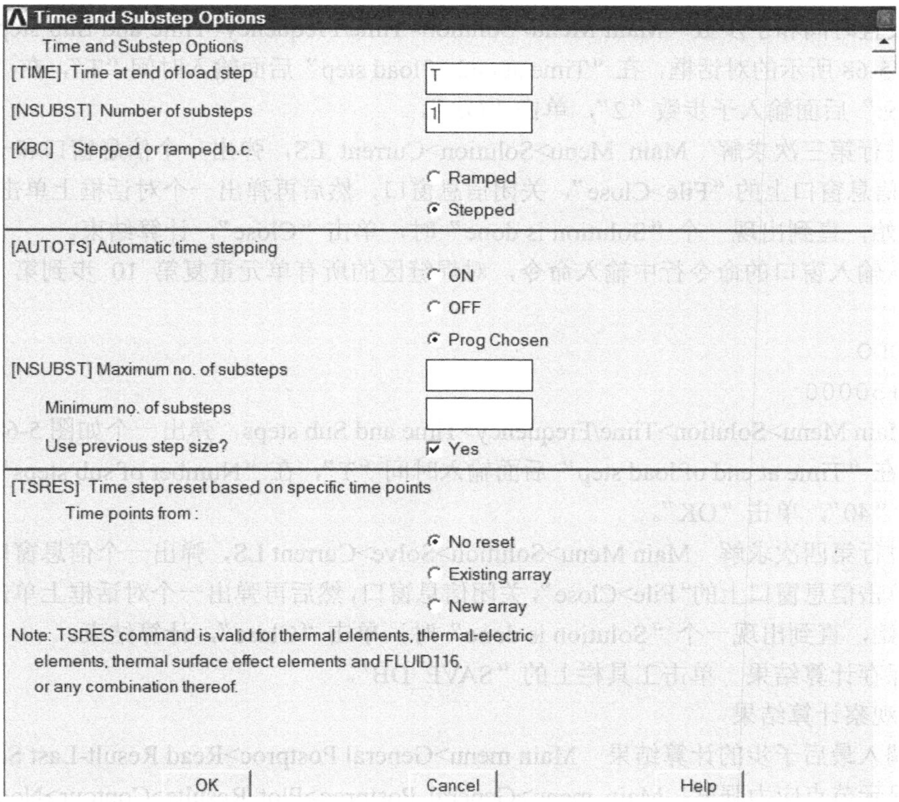

图 5-68　设置终止时间和子步数

⑫ 输入下列命令对激活的单元施加初始值。

```
*DO, J, 1, 4
D, NELEM (ANEO (I), J), TEMP, MAXT
*ENDDO7
```

⑬ 第一次求解　Main Menu>Solution>Current LS，弹出一个信息窗口和一个对话框，单击信息窗口上的"File>Close"，关闭信息窗口，然后在弹出一个对话框上单击"OK"，则求解开始，直到出现一个"Solution is done"时，单击"Close"，计算结束。

⑭ 从输入窗口的命令行中输入命令：T=T+DT1。

⑮ 设置载荷步的终止时间　Main Menu>Solution>Time/Frequency>Time and Sub steps，弹出一个如图 5.76 所示的对话框，在"Time at end of load step"后面输入时间"T"，单击"OK"。

⑯ 第二次求解　Main Menu>Solution>Current LS，弹出一个信息窗口和一个对话框，单击信息窗口上的"File>Close"，关闭信息窗口，然后再弹出一个对话框上单击"OK"，则求解开始，直到出现一个"Solution is done"时，单击"Close"，计算结束。

⑰ 输入下列命令删除施加在焊缝区的初始温度：

```
*DO, J, 1, 4
DDELE, NELEM (ANEO (I), J), TEMP
*ENDDO
T=T+DT-2*DT1
```

⑱ 设置时间和子步数 Main Menu>Solution>Time/Frequency>Time and Sub steps，弹出一个如图 5-68 所示的对话框，在"Time at end of load step"后面输入时间"T"，在"Number of sub steps"后面输入子步数"2"，单击"OK"。

⑲ 进行第三次求解 Main Menu>Solution>Current LS，弹出一个信息窗口和一个对话框，单击信息窗口上的"File>Close"，关闭信息窗口，然后再弹出一个对话框上单击"OK"，则求解开始，直到出现一个"Solution is done"时，单击"Close"，计算结束。

⑳ 从输入窗口的命令行中输入命令，对焊缝区的所有单元重复第 10 步到第 19 步的过程。

```
*ENDDO
T=T+50000
```

㉑ Main Menu>Solution>Time/Frequency>Time and Sub steps，弹出一个如图 5-68 所示的对话框，在"Time at end of load step"后面输入时间"T"，在"Number of sub steps"后面输入子步数"40"，单击"OK"。

㉒ 进行第四次求解 Main Menu>Solution>Solve>Current LS，弹出一个信息窗口和一个对话框，单击信息窗口上的"File>Close"，关闭信息窗口，然后再弹出一个对话框上单击"OK"，则求解开始，直到出现一个"Solution is done"时，单击"Close"，计算结束。

㉓ 保存计算结果 单击工具栏上的"SAVE_DB"。

（7）观察计算结果

① 调入最后子步的计算结果 Main menu>General Postproc>Read Result-Last Set。

② 显示节点应力强度：Main menu>General Postproc>Plot Results>Contour>Nodal Solu，弹出对话框，如图 5-69 所示。在"Item, Comp Item to be contoured"后面的列表框中选择"Stress von Mises SEQV"，然后单击"OK"，生成的结果如图 5-70 所示。

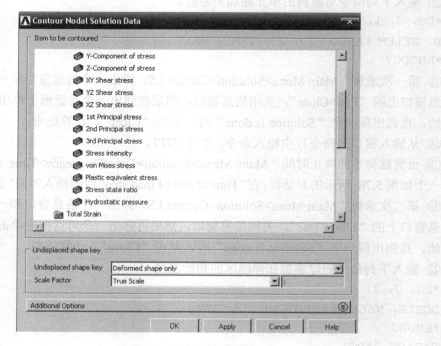

图 5-69 节点控制对话框

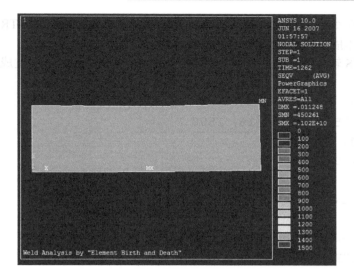

图 5-70 显示节点的应力结果

③ 在 ANSYS 输入窗口的命令行中输入下列命令，将在工作目录中生成一个应力的动画文件：

```
/SEG, DELE                          ! 删除储存在内存中的图形信息
/CONT, 1, 15, 0, 1200E6/16, 1200E6  ! 指定在应力等值线显示时的状态
/DSCALE, 1, 1.0                     ! 与实体模型同比例显示（1：1）
AVPRIN, 0.0                         ! 指定应力计算的准则
AVRES, 1                            ! 设置应力显示时的平均方法
/SEG, MULTI, WELD_STR, 0.1          ! 设置图形储存的方式
ESEL, ALL                           ! 选择所有的单元
*DO, I, 1, AEMAX                    ! 对所有的单元进行循环
ESEL, U, ELEM,, ANEO（I）            ! 反向选择
*ENDDO                              ! 循环选择
*DO, I, 1, ANSE                     ! 对焊接区的单元循环
ESEL, A, ELEM,, ANEO（I）            ! 附加选择
SET,（I-1）*3+1, 1                   ! 从数据库调入结果数据
PLNSOL, S, EQV                      ! 显示节点的 Miss 应力
*DO, J, 1, 2                        ! 对子步循环
SET,（I-1）*3+3, J                   ! 调入子步的数据
PLNSOL, S, EQV                      ! 显示节点的 Miss 应力
*ENDDO                              ! 结束循环
* ENDDO                             ! 结束循环
*DO, I, 1, 40                       ! 对子步数循环
SET,（AEMAX-1）*3+4., I              ! 调入子步的数据
PLNSOL, S, EQV                      ! 显示节点的应力
*ENDDO                              ! 结束循环
/SET, OFF, WELD_STR, 0.1            ! 关闭数据
/ANFILE, SAVE, WELD_STR, AVI        ! 保存动画文件
```

157

输入完上述命令后,用户可以到当前的工作目录下查找"WELD_STR.AVI"文件,用 Windows 的多媒体播放器即可观看应力的生成过程。

④ 在 ANSYS 输入窗口的命令行中输入下列命令,将在工作目录中生成一个温度变化的动画文件。

```
/SEG, DELE
/CONT, 1, 15, 0, 1500/16, 1500
/DSCALE, 1, 1.0
AVPRIN, 0, 0
.AVRES, 1
/SEG, MULTI, TEMP, 0.1
ESEL, ALL
*DO, I, 1, AEMAX
ESEL, U, ESEM,, ANEO(I)
*ENDDO
*DO, I, 1, AEMAX
ESEL, A, ELEM,, ANEO(I)
SET, (I-1)*3+1, 1
PLNSOL, TEMP
*DO, J1, 2
SET , (I-1)*3+3, J
PLNSOL, TEMP
*ENDDO
*ENDDO
*DO, I, 1, 40
SET, (AEMAX-1)*3+4, I
PLNSOL, TEMP
*ENDDO
/SEG, OFF, TEMP, 0.1
/SNFILE, SAVE, TEMP.AVI
```

输入完上述命令后,用户可以到当前的工作目录下查找"TEMP.AVI"文件,用 Windows 的多媒体播放器即可观看应力的生成过程。

(8)退出 ANSYS

单击工具栏上的"Quit",出现一个对话框,选择"Quit-No Save!",单击"OK",则结束 ANSYS 运行,退回到 Windows 操作界面。

思考题与上机操作实验题

1. ANSYS 软件有何功能和特点?

2. 用 ANSYS 软件分析实际工程问题有哪些基本步骤?

3. 复合材料墙广泛应用于寒冷地区建筑,使建筑物与周围的冷环境隔离,减少热损失,降低能耗。一般的复合材料墙大致结构如下。墙内部主要为绝热材料,一般两层交叉排列。本题中取墙的一段进行分析,评估墙的保暖性。

材料参数：复合材料墙的外部材料为钢，热导率为 W/(m·K)。绝热材料的热导率为 0.1W/(m·K)。

约束：外界环境温度为 220K，Film Coefficient 为 200W/(m²·K)。右侧室内温度为 300K，Film Coefficient 为 20W/(m²·K)。墙的两侧为对流传热。

几何参数：几何参数如图 5-71 所示。

要求：沿长度方向热流场；复合材料的温度场；绘制热流矢量图。

提示：不考虑时间因素，分析类型为稳态热传导分析。

4．分析水坝渗漏情况，计算并绘制大坝下的多空隙土壤内的渗漏速度场。

单元：单元参考热场分析所用单元

几何参数：大坝尺寸如图 5-72 所示，单位为 m。

多空隙土渗透性：10。

要求：绘制坝下渗漏速度场。绘制渗漏出口处速度变化曲线（坝至右侧多空隙图边缘，长度 9m）

提示：此问题可以视为热场分析。坝视为绝热体，水压视为温度边界。渗透性视为热导率。

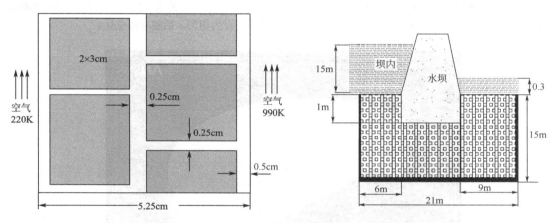

图 5-71　复合保暖墙　　　　　　　　　　图 5-72　渗漏分析

5．瞬态传热模型如图 5-73 所示。

几何参数：边长为 1m 的立方体。

材料参数：Thermal conductivity（K）=5 W/(m·K)，材料密度为 920 kg/m³，specific heat capacity（c）=2.040 kJ/(kg·K)。

约束（热载荷）：材料的初始温度为 20℃，上侧面突然施加 500℃的温度场，下侧面突然施加 100℃温度场，其他面绝热。

要求：求 300s 后，立方体的温度场并动画显示 0～300s 立方体的温度变化；绘制立方体中心温度随施加变化曲线。

提示：将立方体简化为二维模型分析。

6．如图 5-74 所示，复合板由不同材料构成的，每种材料的热膨胀系数不同，因此在加热膨胀会产生应力差别，造成板弯曲变形。

单元：采用热-结构分析常用单元，Plane55。

几何参数：所有几何参数如图 5-74 所示，单位为 cm。

边界条件：板左端刚性固定而且绝热，板右端同样绝热。上下两边处于恒定温度场，大小如图 5-74 所示。两种材料之间理想黏合，不会开裂。

材料参数：如图 5-74 所示。

要求：得到复合板的温度场、应力场（主应力和等效应力），最大应力位置。

提示：涉及到热-应力耦合分析，需要进行耦合分析；注意所用参数单位！

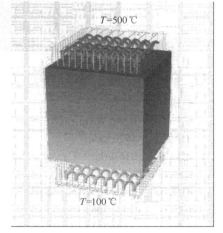

图 5-73　瞬态传热分析模型

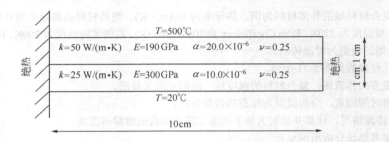

图 5-74　热-结构耦合分析

7. 如图 5-75，铝制飞轮的铸造过程作相变分析。飞轮是将溶解的铝注入砂模中制造的。研究飞轮凝过程。部件在圆柱型砂模（高 20cm，半径 25cm）中间。铝在 750℃时注入沙模。沙模初始温度为 25℃。模型顶面和侧面与砂模通过自由对流交换热量。环境温度为 30℃，侧面换热系数为 7.5W/(m² · ℃)，顶面换热系数为 5.75 W/(m² · ℃)。铸造模型为轴对称。砂的热材料特性假设为均匀，铝随时间变化。

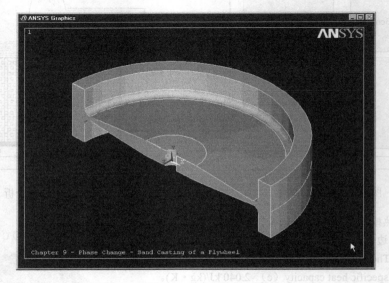

图 5-75　铝制飞轮

砂模特性（常数）如下。

热导率　　0.346 W/(m · ℃)
密度　　　1520 kg/m³
比热容　　816 J/(kg · ℃)

铝的热导率如下。

温度/℃	k/[W/(m · ℃)]
100	206
200	215
300	228
400	249
530	249
800	290

8. 手工电弧焊焊缝，工件尺寸如图 5-76 所示，焊接热输入为 21000J/s，高斯分布的热源集中为 0.013/mm³，有效半径内的热量输入比例为 98%，焊接速度为 6mm/s，求焊接后的残余应力分布情况。

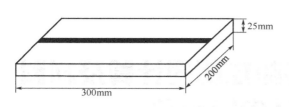

图 5-76　手工电弧焊焊缝　　　　　　　　　　图 5-77　模拟推焊球实验

9. 模拟推焊球实验（图 5-77），求推焊球过程中的应力分布。铅锡焊料、铜和 BT 衬底材料的参数见表 5-7。

表 5-7　材料参数

材　　料	泊松比	杨氏模量/MPa	密度/(g/cm^3)
铅锡焊料	0.40	29800	8.41
铜	0.34	128700	8.31
BT 衬底	0.39	14000	1.2

第6章　计算机在相图计算及材料设计中的应用

6.1　相图计算的理论及实践

相图是描述相平衡系统的重要几何图形，通过相图可以获得某些热力学资料；反之通过热力学数据可以建立一定的模型，从而计算和绘制相图。相图计算 CALPHAD（calculation of phase diagram）是在前人收集、总结热力学数据的基础上发展形成的一门新的介于热力学、相平衡和计算机科学之间的交叉学科。

6.1.1　相图计算过程及特点

（1）相图计算主要步骤

如图 6-1 所示，相图计算主要包括以下步骤。

① 体系的热力学、相平衡和晶体结构等文献数据的调研和评价。这是由于实验数据的来源和实验的方法有很多种，从而要加以判别实测数据的合理性及自洽性。

② 根据体系中各相的结构特点分别选择合适的热力学模型机器吉布斯自由能函数，注意是利用经过评价后精选的实验数据对自由能表达式中的可调参数进行优化。

③ 用适当的算法和相应的程序按照相平衡条件计算相图，比较计算结果和实验数据，通过调整可调参数或重新选择热力学模型进行两者之间的吻合。

④ 从低元系热力学性质的表达式可以外推出高元系的结果。

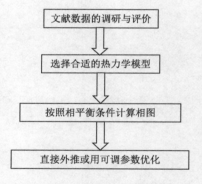

图 6-1　相图计算主要步骤

（2）理想溶液模型

① 各组元的原子在晶格结点上的分布完全是随机的，其摩尔混合熵为

$$\Delta S_m^M (x_1, x_2, \cdots, x_k) = -R \sum_{i=1}^{k} x_i \ln x_i \qquad (6\text{-}1)$$

② 理想溶液摩尔混合焓为零，即

$$\Delta H_m^M (x_1, x_2, \cdots, x_k) = 0 \qquad (6\text{-}2)$$

③ 理想溶液摩尔混合吉布斯函数值为

$$\Delta G_m^M (x_1, x_2, \cdots, x_k) = RT \sum_{i=1}^{k} x_i \ln x_i \qquad (6\text{-}3)$$

（3）规则溶液模型

混合熵与理想溶液一样，为

$$\Delta S_{\mathrm{m}}^{M}(x_1, x_2, \cdots, x_k) = -R \sum_{i=1}^{k} x_i \ln x_i \qquad (6\text{-}4)$$

① 混合吉布斯函数值为

$$\Delta G_{\mathrm{m}}^{M}(x_1, x_2, \cdots, x_k) = RT \sum_{i=1}^{k} x_i \ln \alpha_i \qquad (6\text{-}5)$$

② 混合焓不为零，即

$$\Delta H_{\mathrm{m}}^{M}(x_1, x_2, \cdots, x_k) = G_{\mathrm{m}}^{M} + TS_{\mathrm{m}}^{M} = RT \sum_{i=1}^{k} x_i \ln\left(\frac{\alpha_i}{x_i}\right) = RT \sum_{i=1}^{k} x_i \ln \gamma_i \qquad (6\text{-}6)$$

③ 经热力学推导，过剩吉布斯函数为

$$G_i^E = \mu_i^E = RT \ln \gamma_i \qquad (6\text{-}7)$$

式中　γ_i——活度系数。

故混合熵与过剩吉布斯函相等，即

$$\Delta H_{\mathrm{m}}^{M} = \Delta G_{\mathrm{m}}^{E}$$

对于二元体系溶液，可将规则溶液的混合焓与其成分建立起关系式，即

$$\Delta H_{\mathrm{m}}^{M} = \Omega x_{\mathrm{A}} x_{\mathrm{B}} \qquad (6\text{-}8)$$

故摩尔混合吉布斯函数为

$$\Delta G_{\mathrm{m}}^{M} = \Omega x_{\mathrm{A}} x_{\mathrm{B}} + RT(x_{\mathrm{A}} \ln x_{\mathrm{A}} + x_{\mathrm{B}} \ln x_{\mathrm{B}}) \qquad (6\text{-}9)$$

（4）相平衡计算和绘制相图（二元系理想溶液）

① 建立吉布斯自由能函数表达式，混合系 G_{m} 与温度和成分的关系如下。

$$G_{\mathrm{m}} = (x_{\mathrm{A}} G_{\mathrm{m,A}}^* + x_{\mathrm{B}} G_{\mathrm{m,B}}^*) + G_{\mathrm{m}}^M = (x_{\mathrm{A}} G_{\mathrm{m,A}}^* + x_{\mathrm{B}} G_{\mathrm{m,B}}^*) + RT(x_{\mathrm{A}} \ln x_{\mathrm{A}} + x_{\mathrm{B}} \ln x_{\mathrm{B}}) \qquad (6\text{-}10)$$

② 混合系的化学位 μ 与 G_{m} 的关系

$$\mu_{\mathrm{A}} = G_{\mathrm{m}} + x_{\mathrm{A}} \frac{\mathrm{d} G_{\mathrm{m}}}{\mathrm{d} x_{\mathrm{A}}} = G_{\mathrm{m,A}}^* + RT \ln x_{\mathrm{A}} \qquad (6\text{-}11)$$

$$\mu_{\mathrm{B}} = G_{\mathrm{m}} + x_{\mathrm{B}} \frac{\mathrm{d} G_{\mathrm{m}}}{\mathrm{d} x_{\mathrm{B}}} = G_{\mathrm{m,B}}^* + RT \ln x_{\mathrm{B}} \qquad (6\text{-}12)$$

温度 T 时 α、β 两相达到平衡时，有

$$G_{\mathrm{m}} = (x_{\mathrm{A}} G_{\mathrm{m,A}}^* - \mu_{\mathrm{A}}^{\alpha} = \mu_{\mathrm{A}}^{\beta} + RT(x_A \ln \mu_{\mathrm{B}}^{\alpha} = \mu_{\mathrm{B}}^{\beta} x_{\mathrm{B}}) \qquad (6\text{-}13)$$

则

$$G_{\mathrm{m,A}}^*(\alpha) + RT \ln x_{\mathrm{A}}^{\alpha} = G_{\mathrm{m,A}}^*(\beta) + RT \ln x_{\mathrm{A}}^{\beta} \qquad (6\text{-}14)$$

移项整理得

$$\frac{x_{\mathrm{A}}^{\alpha}}{x_{\mathrm{A}}^{\beta}} = \exp\left(\frac{1}{RT} \Delta G_{\mathrm{m,A}}^*\right) \qquad \frac{x_{\mathrm{B}}^{\alpha}}{x_{\mathrm{B}}^{\beta}} = \exp\left(\frac{1}{RT} \Delta G_{\mathrm{m,B}}^*\right) \qquad (6\text{-}15)$$

且

$$x_{\mathrm{A}}^{\alpha} + x_{\mathrm{B}}^{\alpha} = 1 \qquad x_{\mathrm{A}}^{\beta} + x_{\mathrm{B}}^{\beta} = 1$$

查热力学数据、计算 ΔG_{m}^*。

以 NiO-MgO 完全固溶体为例，NiO 和 MgO 的熔点分别为 1960℃、2800℃，NiO 和 MgO 的熔化热分别为 52.3kJ/mol、77.4kJ/mol，以纯液态 NiO 作为 NiO 的标准态，以纯固态 MgO 作为 MgO 的标准态，则

$$\Delta G_{m,MgO}^{*}=77400\left(1-\frac{T}{3073}\right) \qquad \Delta G_{m,NiO}^{*}=52300\left(1-\frac{T}{2233}\right)$$

建立数学模型，设液相（L）为β，固相（S）为α，则有

$$x_{MgO}^{S}=x_{MgO}^{L}\exp\frac{\Delta G_{m,MgO}^{*}}{RT}$$

$$x_{NiO}^{S}=x_{NiO}^{L}\exp\frac{\Delta G_{m,NiO}^{*}}{RT}$$

另外

$$x_{MgO}^{S}+x_{NiO}^{S}=1 \qquad x_{MgO}^{L}+x_{NiO}^{L}=1$$

$$x_{MgO}^{L}=\frac{1-\exp\frac{\Delta G_{m,NiO}^{*}}{RT}}{\exp\frac{\Delta G_{m,MgO}^{*}}{RT}-\exp\frac{\Delta G_{m,NiO}^{*}}{RT}} \qquad x_{MgO}^{S}=\frac{\left(1-\exp\frac{\Delta G_{m,NiO}^{*}}{RT}\right)\exp\frac{\Delta G_{m,MgO}^{*}}{RT}}{\exp\frac{\Delta G_{m,MgO}^{*}}{RT}-\exp\frac{\Delta G_{m,NiO}^{*}}{RT}}$$

故由上两式即可计算 NiO-MgO 完全固溶体相图，程序流程如图 6-2 所示。

（5）CALPHAD 方法的主要特点

① 体系热力学性质和相图的热力学自洽性。

② 外推和预测多元系热力学性质和相图。

③ 利用相图计算方法可以外推和预测相图的亚稳部分，从而建立体系的亚稳相图，通过这种外推，可以计算那些扩散活性差、难以达到平衡的体系和在极端条件下（如高温、高压、放射性等）下用试样磨难以测定的相图。

④ 提供相变动力学研究所需要的重要信息。

⑤ 可获得以不同热力学变量为坐标的各种相图形式，以便用于不同条件下材料的制备过程。

6.1.2 THERMO-CALC 相图计算软件介绍及使用

（1）THERMO-CALC 相图计算软件介绍

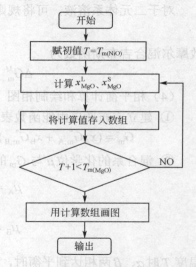

图 6-2　NiO-MgO 二元相图计算框图

由瑞典皇家工学院材料科学与工程系为主开发，它包括了欧共体热化学科学组（SGTE）共同研制的物质和溶液数据库、热力学计算系统（THERMO-CALC）及热力学评估系统（Top）。THERMO-CALC 系统有 Windows 版（TCW）和 DOS 版（TCC）两种版本，均包含有 SGTE 纯物质数据库、SGTE 溶液数据库、FEBASE 铁基合金数据库等多个数据库，还包括了 600 多个子程序模块。Thermo-Calc 可以在 http://www.thermocalc.se 下载教学版。THERMO-CALC&DICTRA 是由瑞典皇家工学院为进行热力学与动力学计算而专门开发的热力学相计算软件。经过几十年的完善发展，现已成为功能强大、结构较为完整的计算系统，是目前在世界上享有相当声誉且具有一定权威的计算软件；THERMO-CALC&DICTRA 是进行热力学模拟计算的，包括相图计算（二元、三元相图，等温相图，等压相图等，最多可达到五个自由变量）；纯物质、化合物、液相和化学反应的热力学计算；Gibbs 自由能计算；平衡、绝热温度的计算；平衡相图、非平衡相图、超平衡相图的计算；燃烧、重熔、烧结、燃烧、腐蚀生成物的计算；稳态反应热力学；集团变分法模拟计算；气象沉积计算；薄膜、表面氧化层形成计算；Scheil-Gulliver 凝固过程模拟计算；卡诺循环的模拟；数据库的建立和完善等；该

软件可以处理多组元系统和通过热力学计算查看多元合金体系中某一合金元素含量的变化对相图中不同相稳定性的影响等。该软件的相图计算方法构型如图 6-3 所示。

（2）相图计算实例

THERMO-CALC 系统计算相图举例，本例采用 THERMO-CALC 系统计算 Fe-8%Cr-C 三元系垂直截面图，其主要步骤如下。

① 在运行 THERMO-CALC 系统后，在 TCW MATERIAL 窗选择计算用的数据库 TER98，并选择 Cr、Fe 和 C 元素，如图 6-4 所示。

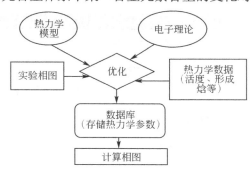

图 6-3　相图计算方法图解

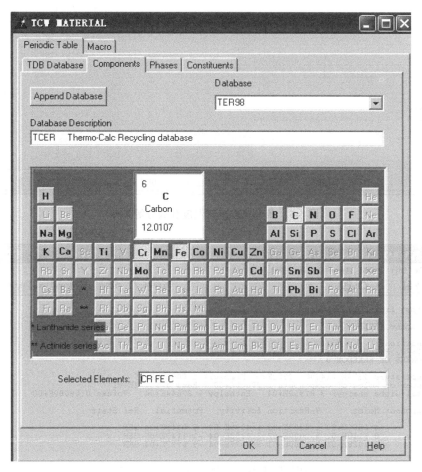

图 6-4　选择计算用的数据库和合金元素

② 在 CONTIDITIONS 条件窗内确定温度和成分等条件。如该例中选择温度 T=1673K，压力 p=100000Pa，1mol，成分 W_C=0.1%，W_{Cr}=8%，而后点击"Apply"，如图 6-5 所示。

③ 出现 THERMO-CALC 计算结果窗，如图 6-6 所示。从计算结果窗中可以看出有铁素体（BCC-A2#1）和奥氏体（Fcc-A1#1）组织的摩尔分数和各相成分以及相关的热力学数据。在该窗定义绘制计算相图的参数。如该例中选"System/Map/Step"定义栏，出现 TCW MAP/SETP DEFINITION 窗，如图 6-7 所示。在该窗口中定义轴 1 为 X 轴，表示碳的质量分

数 $W_C(\%)$，范围 0~1；轴 2 为 Y 轴，表示温度(K)，范围 200~2500K。

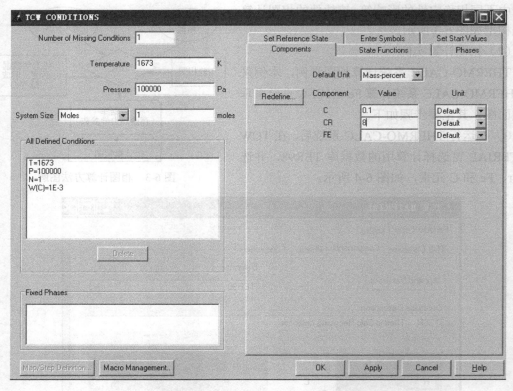

图 6-5　条件窗内确定温度和成分等条件

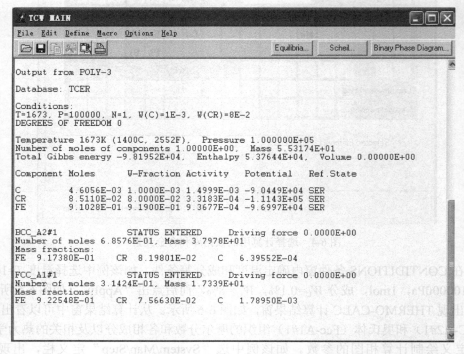

图 6-6　相图计算结果窗口

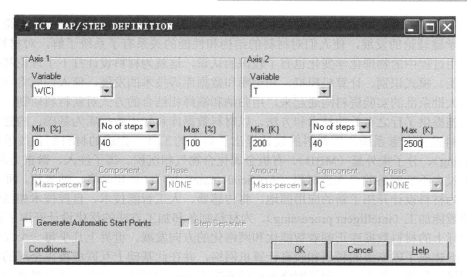

图 6-7　绘图定义窗口

④ 绘出相图。为了更清楚地了解相图中某个局部，可进行重定义选择。如欲得到碳的质量分数在 0~3%、温度在 500~1600℃范围的相图，可点击"Redefine"按钮，选 X 轴(0~3)；Y 轴（500~1600℃），并重新画相图，如图 6-8 所示。

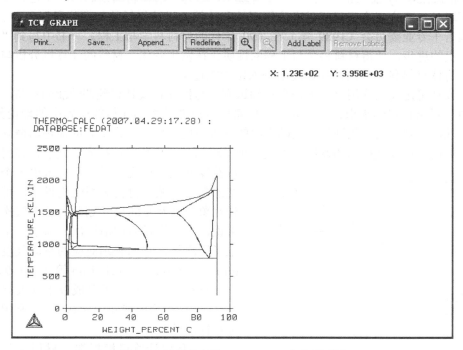

图 6-8　计算绘制的 Fe-8%Cr-C 垂直截面图

6.2　材料设计的理论及实践

6.2.1　材料设计介绍
材料微观结构设计的发展建立在这些础理论的完善和发展、计算机信息处理技术的建立和发展、先进的材料生产和设备的发展之上。物理学和化学的发展，特别是固体理论、量子化学和化学键理论的发展，使人们对材料的结构和性能的关系有了系统了解，对材料制备、加工和使用过程中的物理化学变化也有了较深的认识，这就为材料设计打下了理论基础。同时人工智能、模式识别、计算机模拟、知识库和数据库等技术的发展，使人们能将物理、化学理论和大批杂乱的实验资料沟通起来，用归纳和演绎相结合的方式对新材料研制，为材料设计的实施提供了行之有效的技术和方法。以材料数据库和知识数据库为基础，构建了多种类型的材料设计专家系统，为材料的设计提出了有力的工具。先进的材料制备技术如急冷（splat crating）、分子束外延（MBD）、有机金属化合物气相沉积、离子注入、微重力制备等，可制造出过去不能制备的"人造材料（Artificial materials）"，如超晶格、纳米相、亚稳相、准晶等，为材料设计开拓了新的应用园地，将传感器、人工智能技术、自控技术相结合，发展材料的智能加工（intelligent processing），为材料制备和加工方法的优化设计开辟了新方向。当前，国际上的材料数据库正朝着智能化和网络化的方向发展。世界上几乎每一个发达国家都已经相继建成了国家级的科研和教育计算机网络，并在此基础上互联成覆盖全球的国际性计算机网络。科学工作者可以利用网络进行学术交流，人们可以通过个人计算机作为终端直接使用远程的大型计算机来解决自己的计算问题和共享数据资料。网络数据库将给科研工作者进行材料设计提供更加便同和快捷的服务。

美国国家科学研究委员会（1995年）在《材料科学的计算与理论技术》一书中写到"材料设计（materials by design）一词正在变为现实，它意味着在材料研制与应用过程中理论的分量不断增长，研究者今天已经处在应用理论和计算来设计材料的初期阶段"。

美国若干专业委员会（1989年）在《90年代的材料科学与工程》一书中写到"现代理论和计算机的进步，使得材料科学与工程的性质正在发生变化。材料的计算机分析与模型化的进展，将使材料科学从定性描述逐渐进入定量描述阶段"。

材料设计可定义为应用有关的信息与知识预测与指导合成具有预期性能的材料。近几十年来，由于对新材料的需求日益增长，人们希望尽可能地增加在材料研制中的理论预见性，减少盲目性，客观上由于数理化等基础学科的深入发展，提供了许多新的原理与概念，更重要的是计算机信息处理技术的发展，以及各种材料制备及表征评价技术的发展，使材料设计日益发展成为现代材料科学技术中一个方兴未艾的基础领域。材料微观结构设计，可根据设计对象及涉及空间尺寸划分为若干层次。一般来说，可分为显微构造层次、原子分子层次及电子层次等，它们分别对应的空间尺度大致为$1\mu m$、$1\sim10nm$以及$0.1\sim1nm$等（图6-9）。

材料设计大体上可分成以下几大类。

① 在数据库和知识库基础上，利用计算机进行性能预报。

② 利用计算机模拟揭示材料微观结构与性能的关系。

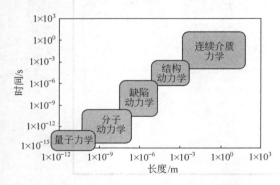

图6-9 材料设计的范畴与层次

③ 在突破已知理论或总结实验规律的基础上，提出新概念并采用新技术研制新材料。在这方面一个很成功的例子是半导体超晶格材料的设计，即所谓"能带工程"，或称"原子工程"。它通过人工设计和调控材料中的电子结构，由组分不同的半导体超薄层交替生长成多层异质周期结构材料，从而极大地推动了半导体激光器的研制。

④ 深入研究各种条件下材料的生长过程，探索和开创合成材料的新途径，如将有机、

无机和金属三大类材料在原子、分子水平上混合而构成所谓"杂化"(hybrid)材料的构思设想。

　　⑤ 选定重点目标，组织多学科力量联合设计某种新材料。如日本在 20 世纪 80 年代中期针对航天防热材料的要求而提出的"功能梯度材料"(FGM)的设想和实践。

　　利用计算机对真实的系统进行模拟"实验"、提供实验结果、指导新材料研究，是材料设计的有效方法之一。材料设计中的计算机模拟对象遍及从材料研制到使用的全过程（图 6-10），包括合成、结构、性能、制备和使用等。随着计算机技术的进步和人类对物质不同层次的结构及动态过程理解的深入，可以用计算机精确模拟的对象日益增多。在许多情况下，用计算机模拟比进行真实的实验要快、要省，可根据计算机模拟结果预测有希望的实验方案，以提高实验效果。

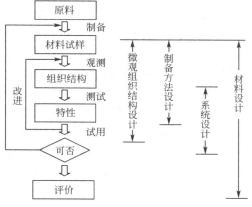

图 6-10　材料设计的工作范围

　　计算机模拟是一种根据实际体系在计算机上进行的模型实验。通过模拟可将模拟结果与试验的结果进行比较。再如材料科学中一些发展极快的过程，用现有的测试技术无法监测的问题，也可以借助计算机模拟技术进行详尽的研究，从而超越过去只能根据过程的最终状态的测试结果进行推论的传统研究方法的局限。材料研究的分析和建模按传统方法可大致分为三类不同的领域，是由所考察材料的性质在什么尺度上划分的。被凝聚态物理学家和量子化学家处理的微观尺度范围是最基本的模型，此时材料的原子结构起显著作用，一类是在唯象的层次上，许多最复杂的分析在中间尺度上进行，即连续的模型。最后是宏观尺寸，此时大块材料的性能被用作制造过程及使用模型的输入量。历史上，这三种层次的研究被不同领域的科学家——应用数学家、物理学家、化学家、冶金学家、陶瓷学家、机械工程师、制造工程师等分别进行。由于材料性质的研究是在不同尺度层次上进行的，计算机模拟也可根据模拟对象的尺度范围而划分为若干层次。一般说，可分为电子层次（如电子结构）、原子分子层次（如结构、力学性能、热力学和动力学性能）、微观结构层次（如晶粒生长、烧结、位错、极化和织构等）以及宏观层次（如铸造、焊接、锻造和化学气相沉积）等。正因为计算机模拟技术可以从微观上研究原子间的相互作用，对于一些现有的观测手段无法直接观察到的过程，如各种组织形成的规律、凝固过程、非晶态的形成、固态相变中原子间的相互运动和晶体缺陷及其运动、晶界构造、裂纹的产生和扩展过程等问题都可以用计算机模拟方法进行透彻的研究和模拟（如寿命预测、环境稳定性和老化等）。

　　由于巨型计算机的应用，当用于规则（或非常接近规则）的结晶固体时，利用计算机已经达到了定量预测的能力。最新的进展表明有可能以相似的精度描述诸如缺陷附近的晶体形变、表面和晶粒边界的非规则图像。新的方法甚至有可能用于研究物质的亚稳态或严重无序状态。最近，已经提出总能量从头算起的新方法，能用现今已有的计算机处理原子的较大排列，如在一个超晶胞中有 50~100 个原子。实际上，如果新的从头算起方法能达到预期的精度，大批的材料问题将转为定量的问题。

　　计算机模拟已应用在材料科学的各个方面，包括分子液体和固体结构的动力学、水溶液和电解质、胶态分子团和胶体、聚合物的结构、力学和动力学性质、晶体的复杂结构、点阵缺陷的结构和能量、超导体的结构、沸石的吸附和催化反应、表面的性质、表面的缺陷、表面的杂质、晶体生长、外延生长、薄膜的生长、液晶、有序-无序转变、玻璃的结构、黏度、蛋白质动力学、药物设计等。

传统制造业中新材料或新产品的产生往往要经历反复尝试的过程，这种迂回的研制方式耗时耗材。如果通过计算机预先仿真设计出材料的组分或显微结构，则可能为材料提供性能预报，这无疑对材料开发、制备和应用起到明显的加速作用。"虚拟制造技术"这一先进制造技术的诞生，明确指出了计算机仿真材料设计的重要地位和广阔前景。

目前，显微结构层次上的材料设计远落后于原子-电子尺度和宏观层次设计取得的进展，尤其国内极少见到对材料进行显微结构层次模拟和设计的研究报道。然而，由于显微组织与性能之间具有直接对应关系，显微结构虚拟设计是材料虚拟制造技术中的必备环节，在材料研制中占有相当重要的地位，极有必要加强这方面的研究和尝试。

材料的计算机仿真设计可以归属产品虚拟设计和制造的研究领域，而产生显微组织的可视化计算机图形技术则是虚拟现实技术中的一种。本文即利用此技术设计一系列显微组织模型，初步探索显微结构层次上材料设计的新途径，并可望对材料及其制备工艺的优化起到一定预测和指导作用。

（1）材料显微组织设计的三维计算机图形技术

Monte Carlo 仿真技术是对材料显微组织进行可视化图像设计的一种有效手段。现已开发出二维和三维系统单、复相材料组织及其演变的 Monte Carlo 仿真算法，尤其三维仿真算法，因其简便、灵活和高效的特点，已在国际上获得重视。

三维 Monte Carlo 仿真算法的构成分为以下几个部分。

① 将三维空间离散成大量微小间距的二维平面，每一平面再离散成大量正方形微元。每一微元赋值以代表其取向状态的随机数，晶界面微段存在于不同取向的微元之间。

② 定义所取微元的邻居，作为再取向状态的选择范围和考察能量变化时取向组态的包容对象。

③ 逐一取二维平面并依次取每一平面上的微元作再取向尝试。新取向选为该微元邻居取向状态之一。晶界附近微元更换取向则导致晶界迁移，即晶粒长大。

④ 以微元取向组态能量变化为标准判断微元重新取向是否成功。当取向组态能量降低时，该微元实现重新取向；当能量升高时，该微元保持原取向状态；当能量不变时，该微元重新取向和保持原状态的概率均等。

⑤ 引入三维空间的周期性边界条件，模拟连续、完整的立体多晶材料。视仿真设计单、复相材料显微组织的需要建立初始三维微元阵列。对于单相组织，所有微元均为晶粒构成微元；对于复相组织，初始微元阵列由基体晶粒微元和一定数量、一定形状和尺寸、一定空间分布状态的第二相微元构成，根据基体和第二相组织演变相互制约的物理基础，修正微元更换取向的有效取向概率。

对于显微组织几何模型设计，除了 Monte Carlo 方法外，还可以利用一般计算机图形、图像处理技术进行仿真设计。

（2）单相材料显微组织模型

如图 6-11 所示为三维单相材料正常晶粒长大的显微组织在二维截面的形态及其演变过程。晶粒之间因晶体学取向不同而呈现不同衬度，衬度反差越大表明晶粒间取向差异越大。图 6-11 下数字表示晶粒长大进行时间，MCS 为 Monte Carlo 仿真的时间单位。

对上述组织的定量分析表明，仿真的组织演变过程可以与真实过程建立确定对应关系，因而，能够利用仿真的组织演变定量预报实际的显微组织演变进程，以及实际生产中所用表征参量的动力学变化特征。

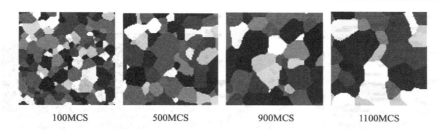

图 6-11　三维单相材料正常晶粒长大的截面显微组织

（3）复相材料显微组织及其演变

因第二相性质不同，复相组织及其演变特征可能明显不同。图 6-12 示出含有不稳定第二相粒子的三维复相材料显微组织及其演变过程。当材料加工处理时，如果温度过高或时间过长，粒子发生熔解和（或）粗化，很易导致粗大的尺寸不均的显微组织，这种现象在退火、时效等处理中常因工艺控制不当而发生。

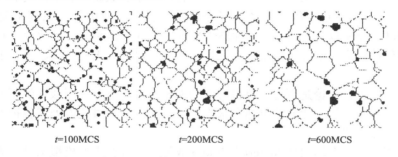

图 6-12　含有不稳定第二相粒子的复相显微组织及其演变

图 6-13 则表示在一定条件下沿基体晶界析出第二相粒子，如果在材料处理条件下粒子保持稳定，基体晶粒尺寸就可以得到有效控制，如此细小、均匀的复相组织必然能够满足工业应用上的高强度和良好韧性的性能要求。

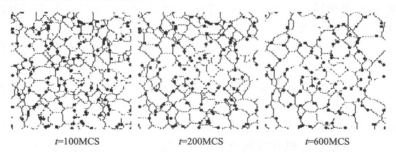

图 6-13　保持晶界析出第二相粒子稳定性的复相显微组织及其演变

（4）复合材料显微组织

由于复合材料具有可设计性及结构、材料、工艺不可分性的特点，显微组织、结构的设计和优化对于材料制备和开发尤为重要。考虑增强相的形状、尺寸、数量、分布等因素与基体有机组合，可以设计出满足一定使用要求的、优化的复合材料显微结构。

图 6-14 显示出了长纤维、短纤维、晶须和颗粒增强的金属基复合材料三维显微组织的截面形态。这些数字化的显微组织可作为与具体性能相联系的材料设计（如细观力学设计）的几何模型。

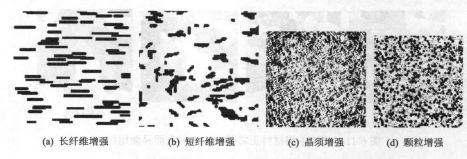

(a) 长纤维增强　　　(b) 短纤维增强　　　(c) 晶须增强　　　(d) 颗粒增强

图 6-14　不同增强相的金属基复合材料显微组织几何模型

6.2.2　Material studio 软件及其在材料设计中的应用

由分子模拟软件界的领先者——美国 ACCELRYS 公司在 2000 年初推出的新一代的模拟软件 Materials Studio，将高质量的材料模拟带入了计算机的时代。

Materials Studio 是 ACCELRYS 公司专门为材料科学领域研究者所涉及的一款可运行在计算机上的模拟软件。它可以帮助解决当今化学、材料工业中的一系列重要问题。支持 Windows98、NT、Unix 以及 Linux 等多种操作平台的 Materials Studio 使化学及材料科学的研究者们能更方便地建立三维分子模型，深入地分析有机晶体、无机晶体、无定形材料以及聚合物。

任何一个研究者，无论是否是计算机方面的专家，都能充分享用该软件所使用的高新技术，它所生成的高质量的图片能使讲演和报告更引人入胜。同时还能处理各种不同来源的图形、文本以及数据表格。

多种先进算法的综合运用使 Material Studio 成为一个强有力的模拟工具。无论是性质预测、聚合物建模还是 X 射线衍射模拟，都可以通过一些简单易学的操作来得到切实可靠的数据。灵活方便的 Client-Server 结构还可使在网络中任何一台装有 NT、Linux 或 Unix 操作系统的计算机上进行，从而最大限度地运用了网络资源。

ACCELRYS 的软件使任何的研究者都能达到和世界一流工业研究部门相一致的材料模拟的能力。模拟的内容囊括了催化剂、聚合物、固体化学、结晶学、晶粉衍射以及材料特性等材料科学研究领域的主要课题。

Materials Studio 采用了大家非常熟悉 Microsoft 标准用户界面，它允许通过各种控制面板直接对计算参数和计算结构进行设置和分析。

Materials Studio 是一个采用服务器/客户机模式的软件环境，它为计算机带来世界最先进的材料模拟和建模技术。

使用 Materials Studio 能够容易地创建并研究分子模型或材料结构，使用极好的制图能力来显示结果。与其他标准计算机软件整合的工具可以很容易共享这些数据。

Materials Studio 的服务器/客户机结构使得 Windows NT/2000/XP、Linux 和 Unix 服务器可以运行复杂的计算，并把结果直接返回到桌面。

Materials Studio 采用材料模拟中领先的、十分有效并广泛应用的模拟方法。Accelry's 的多范围的软件结合成一个集量子力学、分子力学、介观模型、分析工具模拟和统计相关为一体容易使用的建模环境。卓越的建立结构、可视化能力和分析、显示科学数据的工具支持了这些技术。

例 1：画一个苯酰胺结构图。

介绍 Materials Visualizer 中画图结构的工具，用到的模块是 Materials Visualizer。

化学家每天都要处理很多种类的小分子和中间物。所以容易的创建模型对建模环境都是很重要的。苯酰胺是典型的小分子结构。以下通过建立它的结构来学习 Materials Studio。如图 6-15 所示为要建立的苯酰胺的结构。

（1）创建 3D 文档

从菜单中选择 File | New...打开 New Document 对话框。选择 3D Atomistic Document（三维原子文档），按 OK 键。建立了一个三维窗口，工程管理器中显示建立了名为 3D Atomistic Document.xsd 的文件。在工程管理器这个文件名上右击鼠标，选择 Rename 改名。键入 my_benzamide 的新名字，按回车。选择 File | Save 命令，或按标准工具条中的 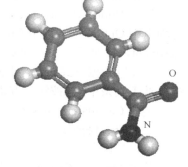 按钮。

在 my quickstart 文件夹（每个工程都对应一个同名的文件夹）中建立了名为 my_benzamide.xsd 的文件。

图 6-15　苯酰胺

（2）改变到 Ball and Stick 球棍模型显示方式

在三维窗口中右击鼠标，选择 Display Style，打开 Display Style 对话框，在 Atom 选项卡上设置。Materials Studio 能在任何显示方式下添加原子。

（3）画环和原子链

在草画工具条上单击 Sketch Ring  按钮，鼠标移到三维窗口。鼠标变为铅笔行状提示处于草画模式。鼠标旁的数字表示将要画的环包括的原子数目。可以通过按 3~8 的数字键改变。确保这个数字为 6，三维窗口中单击。画出了一个 6 个 C 原子的环。如果单击 Alt 键，产生共振键。

现在单击草画工具条 Sketch Atom 按钮，这是添加原子工具，可加入任何元素，默认加入 C 原子。在环上加入两个 C 原子的方法如下：在环上移动鼠标，当一个原子变为绿色时单击，键的一端就在这个原子上，移动鼠标再单击就加入一个 C 原子，再移动，并双击，这样可以在环上加入两个原子。

另一种结束添加原子的方法是在最后一个原子位置单击，然后按 ESC 键。新加入的原子的化学键已经自动加上。注意：可以按 Undo 按钮取消错误操作。

（4）加入氧原子

按 Sketch Atom 按钮 旁的向下按钮，显示可选元素，选择氧 Oxygen，在支链上移动鼠标，当变为蓝色显示时单击，这个原子就有了一个化学键，移动鼠标并双击，加入了 O 原子。在 3D 窗口工具条上按按钮，进入选择模式。

（5）编辑元素类型

单击链末端的 C 原子，选定它。选定的对象用黄色显示。按 Modify Element 按钮 旁的箭头，显示元素列表，选择氮 Nitrogen，选定的原子就变为氮原子。单击三维窗口中空白地方，取消选择，就可以看到这种变化。

（6）编辑键类型

三维窗口中在 C 和 O 原子中间单击选定 C—O 键。选定的键以黄色显示。按下 Shift 键，单击其他三个相间的键。现在选定了三个 C—C 键和一个 C—O 键。单击 Modify Bond 按钮 旁的向下按钮，显示键类型的下拉列表，选择 Double Bond 双键。取消选定。

（7）调整氢原子和结构

现在可以给结构自动加氢。单击 Adjust Hydrogen 按钮，自动给模型加入数目正确的氢原子。

单击 Clean 按钮，调节结构的显示，它调整模型原子的位置，以便键长、键角和扭矩显示的合理。

（8）Kekule 和共振键转变

Materials Studio 的计算键工具可以容易地在 KeKule（开库勒）和共振显示模式间转变。

选择 Build | Bonds 命令，打开 Bond Calculation 对话框。在 Bonding Scheme（键模式）选项卡中 Option 部分选中 Convert representation to checkboxKekule，空格里默认显示，选择 Resonant。按对话框底部的 Calculate（计算）按钮。

C 环以共振方式显示。本例子中要以 Kekele 方式显示，所以选择 Edit | Undo 命令，或者按标准工具条中 ⟲ 按钮，取消刚才的计算。

关闭 Calculate Bonds 对话框。

（9）查看修改键长

可以使用草画工具条 Measure/Change 工具来查看修改距离、角度和扭矩等。

单击 Measure/Change 按钮旁的向下按钮，选 Distance(距离)，然后鼠标在氧原子上移动，直到它以蓝色凸出显示，单击。以同样的方式单击和氧原子成键的那个 C 原子。这样建立了一个距离监视器，以"埃"为单位显示键长。

鼠标在三维窗口中空白处向下拖动，增加 C—O 键长度，再按 Clean 按钮。监视器的数值显示出当前的长度。

最后，单击 Rotation Mode（旋转模式）按钮 ✛，拖动鼠标，以不同角度查看模型。距离监视器的颜色在活动时为红色，不活动时为蓝色。

可以使用 Properties Explorer（属性管理器）查看创建模型的有关信息。选择 View | Explorers | Properties Explorer 命令打开属性管理器。

属性管理器一般停靠在窗口坐标。可以在它标题栏处拖动取消停靠或者停靠在其他地方。

单击属性管理器中的 Filter 下拉菜单，选择 molecule（分子）。

中心坐标（第一行）的值可能不同，取决于在窗口哪里开始画的结构。拖动两列中间的分割条可以改变两列的宽度。

在模型中选定一个原子，属性管理器就会自动显示有关它的信息。

可以在属性管理器中直接修改属性。在属性管理器中，双击 BondType（键类型）行，编辑键类型对话框就出现了。

单击向下箭头，显示不同键的类型，选择 Double，按 OK 键。选定的键就变为双键。

按按钮 ⟲ 取消刚才的更改。关闭文档，保存结果。

例 2：建立晶体。

介绍 Materials Visualizer 中建立晶体的方法。需要模块为 Materials Visualizer。药剂、农业化学品、颜料、特殊化学产品和炸药，都需要经历一个处理晶体材料的过程。能够建立这些结构的模型可以帮助人们更好地了解它们，控制它们的性质，如溶解度、保质期、形态、生物利用率、颜色、冲击敏感性、蒸气压力和密度。广泛使用的尿素是一种简单的分子晶体材料。

（1）打开分子晶体文档

选择 File | Import 命令，打开导入文档对话框。选择 Examples | Documents | 3D Model | urea.msi 文件，单击 Import 导入。

一个包含尿素晶体相结构的三维窗口显示出来。工程管理器中出现"urea.xsd"文件。

（2）计算氢键

选择 Build | Hydrogen Bonds 命令，打开 Hydrogen Bond Calculation 对话框。可以为计算氢键设置不同的模式和键的几何参数，也可以创建或保存自己的模式。

在此例子中，使用默认参数，按 Calculate 开始计算，氢键将以蓝色虚线显示在晶胞中。

计算氢键也可以通过位于原子和键工具条上的 Calculate Hydrogen Bonds 按钮 ![img]。关闭计算氢键对话框。

（3）调整晶体晶胞显示范围

在尿素文档的三维窗口中右击，从快捷菜单中选择 Display Style 显示方式命令。

切换到 Lattice 选项卡，改变晶胞显示方式。在 Display 部分，A 行最大值改为 2.0,B、C 行同样改变。Display 部分用于自定义显示单元的数目，显示 2×2×2 的晶格，氢键将显示得更清楚。

（4）改变晶格显示方式

在 Lattice 部分，选择 None。关闭 Display Style 对话框。

（5）检查结构的氢

旋转氢键网络。为了能看得更清楚，可以按 Reset View 按钮 ![img]，使用上下左右键每次旋转 45°。关闭并保存文档。

例 3：建立α-石英晶体。

介绍 Materials Visualizer 中建立晶体的工具，使用模块为 Visualizer。无机晶体的建模是另一个重要的领域，尤其对于设计非均匀催化、浮石催化剂或矿物开采。下面创建α-石英，介绍了 MATERIALS STUDIO 建立晶体的功能。

（1）建立α-石英晶体

选择 File | New...命令，在新建文档对话框中选择 3D 原子文档，按 OK 按钮。打开了一个三维窗口。工程管理器显示创建了一个 3D Atomistic Document.xsd 的文件。在文件名上右击，选择改名命令，键入新名 my_quartz_alpha，按回车。选择 File | Save 命令保存文件，或者按标准工具条上的保存按钮，就创建了名为 my_quartz_alpha.xsd 的文件。

选择 Build | Crystals | Build Crystal... 命令，打开 Build Crystal 对话框。在 Space Group（空间群）选项卡，Enter group 文本框内输入 p3221，按 Tab 键。也可以从下拉列表中选择空间群或者输入空间群序号。

在 Lattice Parameters（晶格参数），输入α-石英 a 轴和 c 轴的晶格参数：$a=4.910$, $c=5.402$。一旦空间群输入后，b、α、β、γ 的晶格参数自动设置。

按 Build 按钮，一个定义了晶格参数的空晶格出现在三维窗口中。

（2）加入 Si 和 O 原子

现在加入 Si 原子和 O 原子。由于对成形已经确定了，只需加入一个 Si 原子和一个 O 原子，对称位置的原子自动产生。

选择 Build | Add Atoms 命令，打开 Add Stoms 对话框。也可以通过单击 Add Atoms 按钮 ![img] 打开这个对话框。在 Options 部分，不要选择 Test for bonds as atoms are created。在此选项选定时，Materials Studio 会在建立晶体过程中自动加入键。Materials Studio 也有一个灵活的 Bond Calculation 工具，可以选择、编辑、定义键参数。此例中使用自动选项即可。

仍然是在 Options 部分，把 Coordinate system（坐标系统）设为 Fractional。回到 Atoms 选项页，元素列表中选择 Si，键入以下 a、b 和 c 的值 $a=0.480781$, $b=0.480781$, $c=0$。按 Add 按钮，一个 Si 原子和它的对称位置原子就加入晶胞中。

在 Atoms 选项页，选择 O 元素，键入下列数值 $a=0.150179$, $b=0.414589$, $c=0.116499$。单击对话框底部 Add 按钮，一个氧原子和它对称位置的原子就被加入。关闭 Add Atoms 对话框。

（3）比较晶体的两个版本

下面比较 Materials Studio 结构库中的α-石英和建立的石英。

选择 File | Import... 命令，打开 Import Document 对话框。选定 Examples | Documents | 3D Model | quartz_alpha.msi 文件并导入。工程管理器中一个名为 quartz_alpha.xsd 的文件被建立。

关闭其他打开的窗口，只留 my_quartz_alpha" and "quartz_alpha 两个窗口，选择 Window | Tile Vertically 命令。在每个文档窗口中使用 Reset View 按钮 🏠。使用上下左右键使它们在同一个方向上，比较它们是否相同。

注意：新建的 my_quartz_alpha 结构实际上有相邻的晶胞的原子，以便显示 SiO₂ 拓扑结构。

在 my_quartz_alpha 窗口中右击鼠标，选择 Display Style 命令，打开 Display Style 对话框。在 Lattice 选项页，选择 In-Cell 方式，关闭对话框。相邻晶胞中的原子被删除，这样两个结构才以同种方式显示。

注意：这种功能也能通过 Build | Crystals | Rebuild Crystal 菜单，单击 Rebuild Crystal 对话框中的 Rebuild 按钮完成。保存关闭文件。

思考题与上机操作实验题

1. 简要说明计算机辅助设计在材料设计中的作用及意义。
2. 举例说明国内外材料设计软件的应用情况。
3. 简述 material studio 软件的组成、功能和操作过程。
4. 应用 material studio 软件建立 P_2O_5 晶体、SiO_2 晶体结构模型及衍射图样。
5. 简述 THERMO-CALC 软件的组成、功能和操作过程。
6. 绘制 Fe-C 相图。
7. 绘制 Fe-C-Cr 三元相图垂直截面。

第7章 数据库及专家系统在材料科学与工程中的应用

7.1 数据库在材料科学与工程中的应用

7.1.1 数据库的组成与结构

将数据进行集合及其管理、利用，从而对工程数据建立数据库系统，用于存储、管理和使用面向工程设计所需要的工程数据和数据模型，这是将工程方法与数据库技术结合起来，并将人工智能及专家系统与数据库相结合，建成智能化的 CAD/CAM 集成系统。

（1）数据库系统概述

数据的管理经历了人工管理、文件管理和数据库管理几个阶段。现阶段广泛使用的是关系数据库模型，具有简单清晰、易于理解和掌握。之后有了各种领域的数据库系统，如分布式数据库、工程数据库、模糊数据库、并行数据库及其多媒体数据库等。现在又出现了面向对象数据库。

（2）数据库管理系统

DBMS 极大地方便了用户对数据的使用与管理，减轻了用户的工作量和复杂性，提高了数据库的安全性，常见的关系型 DBMS 有：

① DBASE；

② FoxBase；

③ FoxPro；

④ INFORMIX；

⑤ ORACLE；

⑥ DB2。

对于数据库的建立、使用和维护都是在 DBMS 的统一管理和控制下进行的，数据库管理系统通常有数据描述和操纵语言、数据库管理控制程序、数据库服务程序三部分组成。

（3）数据库系统结构，三个部分及三级模式

① 数据库　结构化的相关数据的集合，有数据间的关联性。

② 物理存储器　存储数据的介质，如光盘、磁盘、磁带等。

③ 数据库软件　负责对数据库管理和维护的软件，其核心是 DBMS。

（4）数据库数据的主要特征

数据库系统管理数据具有下列特征。

① 数据共享　多用户同时使用全部或部分数据。

② 数据独立性　每个用户所使用的数据有其自身的逻辑机构。

③ 减少数据冗余　数据集中管理，统一组织、定义和存储。

④ 数据的结构化　数据的相互关联和记录类型的相互关联。

⑤ 统一的数据保护功能　并发控制的问题，加强了对数据的保护。

（5）工程数据库的应用

数据库经历了第一代的层次数据库系统和网状数据库系统，第二代的关系型数据库系统，直到现在的第三代的面向对象数据库系统，从而满足了现在要在数据库中存放和管理的诸如多媒体数据、空间数据、实时数据、复杂对象、图像对象、知识和超文本等工程数据的需求，也就有了面向对象的工程数据库系统。

工程数据库系统可以适合于 CAD、CAM、CIM 等工程应用领域。要建立工程数据库系统首先需要选择合适的 DBMS 作为其开发平台，再将工程数据映射成 DBMS 支持的数据模型，利用 DBMS 提供的数据定义语言和数据操纵语言，设计数据库的结构，提供操纵数据库数据的用户界面。

7.1.2　材料科学与工程数据库的发展

（1）材料数据库的发展

对于材料数据而言，其数据量十分庞大，目前世界上已有的工程材料数据库有数十万种，各种化合物大约几百万种。材料的成分、结构、性能及使用等构成了庞大的信息体系，它们依然在不断更新和扩大。材料中成分的组合若进行实验的话，将耗时、耗力，如果利用材料数据库和其他信息处理技术则可以极大地减少研制工作量、缩短研究周期、降低成本和提高效率。计算机材料性能数据库具有下列优点：

① 储存信息量大且存取速度快；

② 查询方便，由材料查性能，也可以由性能查材料；

③ 通过比较不同材料的性能数据，进行选材或材料代用；

④ 使用灵活，及时对材料的数据进行补充、更新和修改；

⑤ 功能强大，实现单位的自动转换、图形化表示数据、进行数据的派生；

⑥ 应用广泛，配合 CAD、CAM 实现计算机辅助选材，还可以设计材料性能预测或材料设计的专家系统。

现有的材料数据库主要是欧美等发达国家开发研制的，而国内的相关单位也进行了不断的探索，取得了一定成绩，如清华大学材料研究所等单位于 1990 年联合建成的新材料数据库，它采用 Oracle 数据库，含有新型金属和合金、精细陶瓷、新型高分子材料、先进复合材料和非晶态材料五个子库，这个数据库主要内容有：

① 材料牌号；

② 材料产地；

③ 材料成分；

④ 技术条件；

⑤ 材料等级；

⑥ 材料性能；

⑦ 材料评价。

今后的材料数据库是向网络版方向发展。

（2）材料数据库的应用举例

① 用 PC-PDF 检索系统分析 PVD 表面涂层　X 衍射 PDF 卡片（powder diffraction file），即粉末衍射文档，用于研究 X 衍射相分析，利用计算机进行检索、处理 PDF 卡片。由美国、英国、法国和加拿大等国家开发的 PC-PDF 可在 www.icdd.com 下载该软件的演示版 DEMO。

② 二元相图数据库系统　合金相图可以了解合金中各种组织的形成及变化规律，从而

研究合金组织与性能之间的关系。合金相图是用图解的方法表示合金系中合金状态、温度和成分之间的关系。利用相图就可以知道各种成分的合金在不同温度下有哪些相，各相的相对含量、成分以及温度变化时可能发生的变化。现在已有了通过各种方法测定得到的大量二元、三元相图，利用它们来为新材料的研究、新工艺的开发提供有效的工具。相图的量非常大，数据库技术为相图的管理提供了必要的条件。美国金属学会 ASM 和美国国家标准局 NIST 通过在世界上征集和其他各种渠道，收集了最完整的相图资料，开发出相图数据库，包含二元和三元合金相图数据库系统。其二元合金相图数据库系统现有 4700 余幅二元合金相图。

③ 现代网络数据库及估算

随着国际互联网的发展，出现了网络化的数据库技术。FACT（facility for the analysis of chemical thermodynamics）由加拿大蒙特利尔多学科性工业大学计算热力学中心为主开发，它包括了物质和溶液两个数据库及一套热力学和相图等的优化计算软件。FACT 收集并整理了有关 Internet 网络无机热化学网络地址，形成了一个虚拟的无机热化学中心。在 FACT 的网上用得最多的应用程序有 Compound-Web、Reaction-Web、Euilib-Web 和 Aqua-Web。它们是用 CGI，有人机交互功能（http://www.crct.polymtl.ca）。Internet 上的相图网络数据库提供了很多免费的相图，乔治亚洲工学院（Georgia Institute of Technology）的网站（http://cyberbuzz.gatech.edu.cn/asm-tms/phase-diagrams）和 SGTE 的网站（http://www.met.kth.se/pd）都提供了相图网络数据库。中国科学院过程工程研究所提供了一个工程化学数据库（http://www.ipe.ac.cn），中国科学院科学数据库（www.sdb.ac.cn）上也有多个数据库。

7.2　专家系统及其在材料科学与工程中的应用

7.2.1　专家系统基本知识

（1）专家系统的定义

Expert System 源于人类专家的知识，应用人工智能技术将一个或多个人类专家提供的特殊领域的知识、经验进行推理和判断，模拟人类专家做出决断的过程，解决那些原来只有工业专家才能解决的各种各样的复杂问题。专家系统实际上是一种计算机程序，在某一特定领域内，能够利用知识和推理来解决人类专家才能解决的问题。

（2）专家系统的工作原理

专家系统（expert system），又称基于知识的系统，是人工智能科学走向实用化研究中最引人注目的成就之一。专家系统产生于 20 世纪 60 年代中期，经过三十余年的科学研究，理论和技术日臻完善，应用领域也越来越宽阔，并取得了巨大的经济效益。

专家系统实质上就是一个具有智能特点的计算机程序系统，能够在某特定领域内，模仿人类专家思维求解复杂问题的过程。它具有启发性、灵活性、透明性的特点，开发工具大致可分为程序设计语言（主要采用 Lisp 语言及 Prolog 语言）和专家系统外壳。在各种专家系统外壳中，尤以 CLIPS 和 NEXPERT 在铸造中的应用最为广泛。一般专家系统由知识库、推理机、数据库、知识获取机制、解释机制以及人机界面组成，其相互间的关系如图 7-1 所示。

完整的专家系统由六个部分组成（图 7-1）。

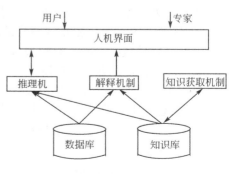

图 7-1　专家系统结构简图

① 知识库　用于存放领域专家提供的专门知识，它有知识的数量和质量之分，要选择合适的知识表达方式和数据结构，把专家的知识形式化并存入知识库中。

② 工作数据库　包含问题的有关初始数据和求解过程的中间信息组成。

③ 推理机　它要解决如何选择和使用知识库中的知识，并运用适当的控制策略进行推理来实现问题的求解。推理机的推理方式主要有以下三种：正向推理，是由原始数据出发，按一定策略，运用知识库的知识，推断出结论的方法；逆向推理，是先提出结论（假设），然后去找支持这个结论的证据，其优点是可提高系统的运行效率；正反向混合推理，是根据数据库中的原始数据，通过正向推理帮助系统提出假设，然后用逆向推理寻找支持假设的证据，如此反复这个过程。

④ 知识获取机制　实现专家系统的自我学习，在系统使用过程中能自动获取知识，不断完善、扩大现有系统功能。

⑤ 解释机制　专家系统在与用户的交互过程中，回答用户提出的各种问题，包括与系统运行有关的求解过程和与运行无关的关于系统自身的一些问题。

⑥ 人机接口　实现系统与用户之间的双向信息转换，即系统将用户的输入信息翻译成系统可以接受的内部形式，或把系统向用户输出的信息转换成人类所熟悉的信息表达方式。

知识库用以存放专家提供的专门知识。专家系统的问题求解是运用专家提供的专门知识来模拟专家的思维方式进行的，所以知识库是决定一个专家系统是否优越的关键因素，专家系统的性能水平取决于知识库中所拥有知识的数量和质量。知识表示采用产生式、框架和语意网络等几种形式，其中以产生式规则表示应用最普遍，其模式为：IF（条件/前提）THEN（动作/结论）。

数据库用于存放系统运行过程中所需要和产生的所有信息。推理机是针对当前问题的信息，识别、选取、匹配知识库中规则，以得到问题求解结果的一种机制。目前应用较为广泛的两种推理方法分别为正向推理和反向推理。一般的铸造问题多为诊断性问题，较多采用反向推理。知识获取是专家系统的关键，也是专家系统设计的"瓶颈"问题，通过知识获取机制可以扩充和修改知识库，实现专家系统的自我学习。解释机制能够根据用户的提问，对结论、求解过程以及系统当前的求解状态提供说明。用户界面则为人机间相互交换信息提供了必要的手段。

（3）专家系统的类型

按照工程中求解问题的不同性质，将专家系统分为下列几类。

① 解释专家系统　通过对已知信息和数据的分析与解释，确定它们的含义，如图像分析、化学结构分析和信号解释等。

② 预测专家系统　通过对过去和现在已知状况的分析，推断未来可能发生的情况，如天气预报、人口预测、经济预测、军事预测。

③ 诊断专家系统　根据观察到的情况来推断某个对象机能失常（即故障）的原因，如医疗诊断、软件故障诊断、材料失效诊断等。

④ 设计专家系统　工具设计要求，求出满足设计问题约束的目标配置，如电路设计、土木建筑工程设计、计算机结构设计、机械产品设计和生产工艺设计等。

⑤ 规划专家系统　找出能够达到给定目标的动作序列或步骤，如机器人规划、交通运输调度、工程项目论证、通信与军事指挥以及农作物施肥方案等。

⑥ 监视专家系统　对系统、对象或过程的行为进行不断观察，并把观察到的行为与其应当具有的行为进行比较，以便发现异常情况，发出警报，如核电站的安全监视等。

⑦ 控制专家系统　自适应地管理一个受控对象的全面行为，使之满足预期的要求，如

空中交通管制、商业管理、作战管理、自主机器人控制、生产过程控制等。

7.2.2　材料科学与工程中的部分专家系统介绍

（1）铸造工艺专家系统

铸造生产中影响铸件质量的因素错综复杂，专家的丰富经验和具体指导对获得优质铸件起到重要的作用，因此专家系统技术在铸造中的应用非常必要，甚至有人指出专家系统将成为未来铸造业的一个重要决定因素。

铸造工艺历史悠久，长期以来一直是一种手工经验的积累。虽然近年来铸造工艺 CAD 取得了很大进展，但由于铸造工艺设计涉及多学科知识，各种影响因素众多且关系复杂，在实际生产中，即便较为成熟的工艺也可能出现问题，因此经验显得极为重要。这些经验和规律往往又是对多种影响因素综合作用的归纳，难以用一种理论或模型加以描述。而具有人工智能的专家系统能够模拟铸造专家的决策过程，对复杂情况加以推理和判断，使工艺设计更为合理。

① 铸造方法选择中的专家系统　选择适当的铸造方法是铸造工艺设计的前提和基础。由于各种决定因素错综复杂，采用专家系统可将各种因素间的关系规范化，给出统一的思考顺序，全面、合理、迅速地选择铸造方法。在铸造方法选择的过程中，主要是对规则的管理和运算的匹配，所以铸造方法选择专家系统多基于产生式规则的知识表达。

英国沃里克大学的 A.Er 等采用模块化设计方法，反向推理策略进行了铸造方法选择的研究。知识库由四个相互独立而又关联的子库组成，分别为合金种类、形状复杂程序、铸造精度和产量。根据用户提供的以上信息，系统能够自动推理出最恰当的铸造方法。在伯明翰大学研制的用于铸件设计和加工过程的 CADcast 软件中构造了一个用于选择合金和铸造方法的知识库。根据已选合金初步选择与之匹配的铸造方法，还可由零件结构进一步加以确定。但系统要求用户对所选择合金的成分及性能具有一定的了解。专家系统 PCPSES，可从铸件的设计、生产、加工和成本分析特性出发，由砂型（手工或机器）、压铸、壳型、塑料模、熔模精铸、金属型和离心铸造中选出适宜的铸造方法。国内在这方面的研究和开发不多，典型的有西北工业大学采用 C 语言构建的铸造工艺 CAD 产生式专家系统开发工具。它能提供近七种铸造方法，其中知识库与数据库采用两种耦合方式，实现了经验与标准相结合的设计模式。

随着并行工程技术在铸造应用中的不断深入，产品设计人员与铸造工艺设计专家之间适时交流显得更加重要。把专家知识融于铸造方法选择之中帮助选择最佳的铸造方法正日益引起人们的兴趣。

② 专家系统在浇冒系统中的研究和应用状况　铸件质量在很大程度上取决于浇冒系统的设计。传统的浇冒系统设计主要依据流动和传热的一些基本概念及经验，经验知识在设计中发挥着重要作用，因此在浇冒系统设计中引入专家系统可行、实用，具有许多优点：将铸造工艺设计者及专家长期积累的丰富经验储存到知识库中，以利今后借鉴；普通工艺设计人员也可借助专家系统进行新铸件的浇冒系统设计；采用专家系统能够减少浇冒系统设计的校核时间，从而降低成本，缩短开发周期；经专家系统初步设计的浇冒系统可用于数值模拟过程。

近来，一些研究者对专家系统在浇冒系统设计中的应用进行了不懈的努力，开展了许多卓有成效的工作。例如美国亚拉巴马大学的 J.L.Hill 等采用 CLIPS 开发了一个用于砂型铸造轻金属铸件浇冒系统设计的专家系统 RDEX。专门编制的铸件几何特征提取模块 CFEX，可利用商业化 CATIA 和 CAEDS 软件包获取边界面表示（B-rep）信息，并在此基础上确定分型方向和分型面。同时采用启发式方法识别厚壁区域，确定冒口、自然流道和浇口位置，最后由 CAEDS 绘出三维浇冒系统。但该专家系统目前仅能处理一些简单形状铸件，且要求安放冒口的顶平面与分型面平行。之后，J.L.Hill 及其合作者又将工作进一步扩展到基于知识的熔模铸造浇冒系统 DIREX 软件的研制中。设计中可根据铸件的加工和几何特征为其分配成组技术（GT）编码，从而自动选取相应规则，用于浇注系统设计。但铸件的特征提取算法和浇冒系统设计功能使其仅能处理带毂的圆形轴对称结构铸件，且知识库所含规则只适用于钛合金铸件，令其应用范围受到一定限制。

在意识到包括以上专家系统在内的现有设计软件多未形成完整的集成系统，即不仅能够进行浇冒系统设计，而且将设计与包括流场、传热耦合和凝固动力学在内的模拟计算直接联系起来。美国宾夕法尼亚州并行技术公司的 G.Upadhya 等尝试采用基于启发性知识和几何分析的集成方法进行浇冒系统的自动、优化设计。在几何分析的基础上，提出了适于复杂形状铸件的点模数模型，可用于三维铸件的壁厚分布计算。这较 Hill 等在相似研究中采用的二维方法更为精确。他们针对推理过程中出现的规则冲突问题，采用权系数予以解决。设计中并未采用专门的专家系统外壳，而代以 FORTRAN 语言。其不足之处在于最终设计结果采用有限差分网格而非实体形式。除此之外，美国密苏里大学研制了倾斜浇注金属型浇注系统设计的专家系统。该系统运行在 AutoCAD 的 Lisp 环境下，采用 Auto CAD 进行铸件的实体造型，以 NEXPERT OBJECT 作为专家系统外壳。通过 Lisp 程序获取拓扑信息和几何信息，允许用户以交互或自动方式确定分型方向和分型线。由专家系统给出浇注系统的最佳结构设计，Lisp 加以实现。最后还可将设计结果传给 ProCAST 软件，进行凝固模拟，以分析浇冒系统设计的合理性。

现有的浇冒系统设计基本都由铸件实体造型开始，然后划分网格。在专家系统中，采用经验和启发性规则进行浇注系统设计，并在几何分析基础上确定自然流道。冒口设计依据经验准则，诸如 Chvorinov 准则计算铸件凝固时间，最后确定冒口的尺寸和位置。具体设计过程如图 7-2 所示。

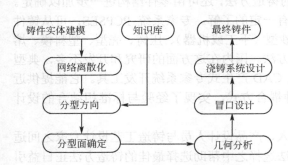

图 7-2 专家系统在浇冒系统设计中的应用

由此可见，铸件的几何特征，诸如铸件边界、砂芯位置、厚壁区域和流道等对浇冒系统的设计至关重要。系统中应重视铸件几何特征提取功能，合理选择分型面，从而简化工艺，提高设计准确性和效率。近来有人对轻合金、铸钢和球墨铸铁铸件的浇冒系统设计规则进行了系统的归纳和研究。关键的分型设计也有详细的分析和总结。

目前国内在这方面的研究还刚刚起步，见诸报道的有华南理工大学采用 Turbo-Prolog 语言编制的压铸工艺参数设计及缺陷判断专家系统。文中提出了压铸工艺参数和缺陷判断的参数设计多途径设计方法，即按人工设计思路和计算机自动搜索差别的辅助设计法。在基础工艺参数设计部分，以速度、温度、压力和时间为主导，确定充填时间、内浇口速度及尺寸，慢压射速度和快压射位置及速度。沈阳工业大学在轧钢机机架铸造工艺 CAD 中用专家系统拟定工艺方案，建立了相应的知识层次结构模型，不同层次上的知识采用不同的表示方法和推理策略。在此基础上进行了造型、制芯方法、铸造种类选择、浇注位置、分型面选择以及浇冒系统设计。

虽然目前专家系统技术在铸造的许多领域中已广为展开，但在铸造方法选择和浇冒系统设计中的专家系统还刚刚起步。浇冒系统设计中所涉及的铸件一般较为简单，在实用性方面尚需不断加以完善。在今后的工作中应建立更加友好的用户界面，同时注重铸件几何特征提取功能的提高，合理选择分型面，从而简化工艺，提高设计的准确性和效率。由于铸造工艺设计中知识形式的多样化，如何有效管理和处理不同类型知识及其之间的相互关系，仍是铸造工艺专家系统设计中急需解决的问题。

（2）热处理专家系统及性能预报

专家系统作为一项崭新的技术，还处在不断发展的时期，因此，专家系统的结构也没有一个固定不变的模式。根据现有的发展状况，一般认为，专家系统的核心主要包括知识表示和推理机制两个方面，热处理专家系统也不例外。

由于材料和热处理领域的特殊性，热处理专家系统有其自身特点。在知识表示方面，热处理使用的常规数据，包括材料牌号、零件及产品名称、工件类型及尺寸、工艺规范、化学成分、抗拉强度、冲击韧度、硬度、淬透性、相变动力学数据等，一般以数值形式表示，所以热处理专家系统通常采用关系型数据库系统保存知识，利用数据库技术实现数据的管理和控制。在此基础上，插入热处理领域知识和热处理专家知识，实现专家系统的知识表示。

在推理和决策方面，以经验和理论公式的计算为主要线索，辅以逻辑推理，实现决策功能。在决策过程中，根据用户输入的数据和已知的事实得到中间结果这一环节是至关重要的，也是整个系统的"心脏"。在热处理专家系统中，这一部分称为数据导出系统。纵观目前的热处理专家系统，其数据导出机制不外乎以下两种方式：一种是以相变动力学计算为基础，这方面比较典型的有 STAMP 系统和 PPS 系统；另一种是以淬透性计算为基础，这方面比较典型的有 AC3 系统和 SSH 系统。以下对数据导出系统作进一步的介绍。

以相变动力学计算为基础的专家系统，其数据导出系统所使用的基础方程有三个。

热传导微分方程：使用二维瞬态热传导方程，其形式如下。

$$\left(\lambda\frac{\partial T}{\partial r}\right)+\beta\frac{\lambda}{r}\times\frac{\partial T}{\partial r}+q_v=\rho c_p\frac{\partial T}{\partial r} \tag{7-1}$$

式中　t——时间；

　　T——温度；

　　r——位置坐标；

　　q_v——相变潜热；

　　ρ——密度；

　　c_p——比热容；

　　λ——热导率，对平板 $\beta=0$，对圆柱 $\beta=1$。

在具体计算时，针对平板和圆柱类等简单形状，采用差分数值方法近似求解。

转变动力学微分方程组：计算组织转变量，一般采用 Avrami 方程，这里给出 Avrami 方程的一种变化形式。

$$\frac{d_y}{d_t}=Ky^{b_1}(1-y)^{b_2}\left[\ln\frac{1}{1-y}\right]^{b_3} \tag{7-2}$$

式中　　　　　y——转变量；

　　K，b_1，b_2，b_3——与温度、成分和晶粒度有关的参数。

描述组织和性能关系的方程组，采用广义线性混合率计算性能，即：钢的某种性能 P_j 是各组成相性能的积分和。

$$P_j=\int x[T(r,t),y_j]\mathrm{d}y_j(t) \tag{7-3}$$

式中　$x[T(r,t),y_j]$——权重函数；

y_j——组成相的体积分数。

以淬透性计算为基础的专家系统,其数据导出系统所使用的基础方程如下。

① 淬透性计算 含硼钢和非硼钢的淬透性计算公式是不一样的。

对非硼钢 $\hspace{4cm} D_i = AF \times CF$ \hspace{3cm} (7-4)

对含硼钢 $\hspace{4cm} D_i = AF \times CF \times F$ \hspace{2.5cm} (7-5)

$$AF = f_{Mn} f_{Si} f_{Ni} f_{Cr} f_{Mo} f_{Cu} f_V \hspace{3cm} (7-6)$$

式中 $\quad D_i$——理想临界直径;

$\qquad$ AF——合金乘子,即除碳和硼以外的其他合金元素的乘子的乘积;

$\qquad$ CF——碳及晶粒度的乘子;

$\qquad f_{Mn}$——锰元素的乘子;

$\qquad f_{Si}$——硅元素的乘子,其余类同。

② 组织转变计算 首先根据下述公式按钢的化学成分和奥氏体化参数计技各种组织的临界冷速 v_{ci}。

$$v_{ci} = g(P\alpha, C, Si, Mn, \cdots) \hspace{3cm} (7-7)$$

式中 $\quad v_{ci}$——获得各种组织的临界冷速,$i=1$ 对应获得马氏体的体积分数 100% 的临界冷速,

$\qquad\qquad i=2$ 对应获得马氏体的体积分数 90%+贝氏体的体积分数 10% 的临界冷速等;

$\qquad P\alpha$——奥氏体化参数;

$\qquad$ C——碳的质量分数;

$\qquad$ Si——硅的质量分数,余同。

由工件的实际冷速 v 计算各种组织的体积分数,如 $v_{ci} < v < v_{ci}+1$,则

$$f_M = \frac{AM}{(v_{ci}+1-v_{ci})(v-v_{ci})+BM}$$

$$f_B = \frac{AB}{(v_{ci}+1-v_{ci})(v-v_{ci})+BB} \hspace{2cm} (7-8)$$

$$f_{FP} = \frac{AP}{(v_{ci}+1-v_{ci})(v-v_{ci})+BP}$$

式中 $\hspace{4cm} f_M, f_B, f_{FP}$——马氏体、贝氏体和铁素体-珠光体的体积分数;

AM,AB,AP,BM,BB,BP——与临界冷速有关的常数。

③ 描述组织和性能关系的方程组 采用线性混合率计算性能,即钢的某种性能 P_j 是各组成相性能的加权平均

$$P_j = f_M P_j^M + f_B P_j^B + f_{FP} P_j^{FP} \hspace{3cm} (7-9)$$

式中 $\quad P_j^M$——马氏体的性能;

$\qquad P_j^B$——贝氏体的性能;

$\qquad P_j^{FP}$——铁素体-珠光体的性能。

需要指出的是,以相变动力学计算为基础的专家系统和以淬透性计算为基础的专家系统并不是截然不同的,在技术上很多方面互相渗透,功能也是类似的。

以数据导出系统作为核心的专家系统,其功能包括下列一些方面。

① 组织和性能预测 根据钢的化学成分和热处理参数计算预测工件热处理后的组织和性能。

② 工艺过程变更分析及优化 分析工艺参数变化对热处理结果的影响,进而进行热处理缺陷分析和对工艺参数进行优化。

③　热处理工艺辅助设计　利用专家系统的决策功能进行热处理工艺计算机辅助设计。

④　过程的在线实时监控　渗碳过程的多时碳势控制、优化控制渗层深度和碳浓度分布。

⑤　根据零件几何尺寸和性能要求选择材料　为待热处理的工件选择适当的牌号，该牌号的淬透性足以保证在给定条件下淬火时，工件截面上指定点处的性能满足使用要求。

下面以一个例子来说明热处理专家系统的功能。假定工程上要为直径 45mm 的国产轴承选择最优的钢材。出于生产考虑，使用淬火油（流速 1m/s，淬火烈度 $H=0.4cm^{-1}$）作为冷却介质。工件经调质处理，为使工件具有较好的疲劳性能，在工件截面 3/4 半径处回火后的硬度要求为 35HRC。将上述目标和约束条件输入后，系统首先经计算将约束条件（工件截面 3/4 半径处回火硬度 35HRC）进行变换，最后确定此要求等价于在端淬试样上距水冷端 11mm 处的硬度为 45.3HRC。以此作为约束条件进行决策搜索，初步得到 GB 40CrNi，GB 4OMnVB，GB 42CrMo 三个牌号的钢种。进一步比较三个钢种的淬透性带，系统确定 GB 42CrMo 能够很好地满足上述的设计要求。

除北京机电研究所的 SSH 结构钢淬透性选材和工艺优化系统外，国内一些大学和工厂也进行了很多有关热处理专家系统方面的研究和开发工作。例如，上海交通大学研制的渗碳过程控制系统，以描述渗碳过程的数学模型为知识表示方式，以计算机计算结果作为判断的依据，实现了渗层浓度分布和硬度分布的预测；并提出一种新的碳势控制方法，使整个工艺过程始终保持在最优化状态。北京航空航天大学开发了航空材料热处理工艺辅助决策系统，将零件 CAD 与热处理理论相结合，以材料、工艺和标准数据库作为知识表示，以此为基础进行推理和决策，实现工艺流程制定和专业知识咨询。此外，一些工厂也在进行计算机辅助热处理工艺的研究与开发工作，包括工艺卡片的生成与管理、特殊零件的热处理工艺制定等。

目前，专家系统在工业生产上获得了实际应用。例如有的汽车公司，在生产上广泛使用热处理专家系统进行工艺分析和制定、现有的生产周期优化、辅助材料选择、构件设计等工作，取得了良好效果，渗碳过程在线控制系统在我国的很多工厂也得到使用。可以说，专家系统技术已得到工程技术人员的普遍认可。热处理专家系统对于降低生产成本、缩短生产周期、提高产品质量有着重要的作用，在这一点已达成共识。

不过，同时也应该看到，专家系统在设计和工业部门的使用率还不是很高。这有两方面的原因，一方面需要加强推进专家系统的使用方面的工作；另一方面，需要发展新的和更优的方法以使专家系统能更直接和更有效地帮助完成工艺设计等任务。

在技术上，目前的热处理专家系统以统计数据和经验知识为基础，其结果的精度和可靠性需要进一步提高。从使用上看，专家系统应用于工业过程和设计工作时，还在不同程度上包含传统的试错法（trial-and-error）的成分。另外，对于工业生产上关于国民经济发展的重大关键件以及工业上大量使用的基础件，热处理过程产生的内应力和残余变形不仅影响性能和质量，而且影响后续的装配精度和加工成本，而在目前的热处理专家系统中，还没有考虑这一因素，这不能说不是目前的专家系统的一个缺憾。

目前，热处理专家系统主要应用于碳钢和低合金钢的热处理过程及相关的设计活动中，所以需要拓宽专家系统的应用范围。此外，目前的专家系统的决策过程需要大量人工干预，在决策结果处理和人机界面方面还需要进一步的工作，以使专家系统更方便工程技术人员使用。

思　考　题

1．材料工程数据库的概念、组成及功能是什么？

2．建立一个简单的材料成分数据库。

3．专家系统的组成及功能、分类。

4．请用所学的专家系统原理，结合具体实例，构建一个专家系统基本模型。

第 8 章 人工神经网络及 Matlab 软件在材料科学与工程中的应用

8.1 人工神经网络与 Matlab 软件简介

8.1.1 人工神经网络介绍

（1）人工神经网络定义及特点

近代神经生理学和神经解剖学的研究结果表明，人脑是由约一千亿个神经元（大脑皮层约 140 亿，小脑皮层约 1000 亿）交织在一起的、极其复杂的网状结构，能完成智能、思维、情绪等高级精神活动，无论是脑科学还是智能科学的发展都促使人们对人脑（神经网络）的模拟展开了大量的工作，从而产生了人工神经网络这个全新的研究领域。

人工神经网络（ANNS）常常简称为神经网络（NNS），是以计算机网络系统模拟生物神经网络的智能计算系统，是对人脑或自然神经网络的若干基本特性的抽象和模拟。网络上的每个结点相当于一个神经元，可以记忆（存储）、处理一定的信息，并与其他结点并行工作。

神经网络的研究最早要追溯到 20 世纪 40 年代心理学家 Mcculloch 和数学家 Pitts 合作提出的兴奋与抑制型神经元模型及 Hebb 提出的神经元连接强度的修改规则，其成果至今仍是许多神经网络模型研究的基础。20 世纪 50～60 年代的代表性工作主要有 Rosenblatt 的感知器模型、Widrow 的自适应网络元件 Adaline。然而在 1969 年 Minsky 和 Papert 合作发表的"Perceptron"一书中阐述了一种消极悲观的论点，在当时产生了极大的消极影响，加之数字计算机正处于全盛时期并在人工智能领域取得显著成就，这导致了 20 世纪 70 年代人工神经网络的研究处于空前的低潮阶段。20 世纪 80 年代以后，传统的 Von Neumann 数字计算机在模拟视听觉的人工智能方面遇到了物理上不可逾越的障碍。与此同时 Rumelhart、Mcclelland 和 Hopfield 等在神经网络领域取得了突破性进展，神经网络的热潮再次掀起。目前较为流行的研究工作主要有：前馈网络模型、反馈网络模型、自组织网络模型等方面的理论。人工神经网络是在现代神经科学的基础上提出来的。它虽然反映了人脑功能的基本特征，但远不是自然神经网络的逼真描写，而只是它的某种简化抽象和模拟。

求解一个问题是向人工神网络的某些结点输入信息，各结点处理后向其他结点输出，其他结点接受并处理后再输出，直到整个神经网工作完毕，输出最后结果。如同生物的神经网络，并非所有神经元每次都一样地工作。如视、听、摸、想不同的事件（输入不同），各神经元参与工作的程度不同。当有声音时，处理声音的听觉神经元就要全力工作，视觉、触觉神经元基本不工作，主管思维的神经元部分参与工作；阅读时，听觉神经元基本不工作。在人工神经网络中以加权值控制结点参与工作的程度。正权值相当于神经元突触受到刺激而兴奋，负权值相当于受到抑制而使神经元麻痹直到完全不工作。

如果通过一个样板问题"教会"人工神经网络处理这个问题，即通过"学习"而使各结点的加权值得到肯定，那么，这一类的问题它都可以解决。好的学习算法会使它不断积累知识，根据不同的问题自动调整一组加权值，使它具有良好的自适应性。此外，它本来就是一部分结点参与工作。当某结点出故障时，它就让功能相近的其他结点顶替有故障结点参与工作，使系统不致中断。所以，它有很强的容错能力。

人工神经网络通过样板的"学习和培训"，可记忆客观事物在空间、时间方面比较复杂的关系，适合于解决各类预测、分类、评估匹配、识别等问题。例如，将人工神经网络上的各个结点模拟各地气象站，根据某一时刻的采样参数（压强、湿度、风速、温度），同时计算后将结果输出到下一个气象站，则可模拟出未来气候参数的变化，作出准确预报。即使有突变参数（如风暴，寒流）也能正确计算。所以，人工神经网络在经济分析、市场预测、金融趋势、化工最优过程、航空航天器的飞行控制、医学、环境保护等领域都有应用的前景。人工神经网络的特点和优越性使它近年来引起人们的极大关注，主要表现在三个方面。

第一，具有自学习功能。例如实现图像识别时，只需把许多不同的图像样板和对应的应识别的结果输入人工神经网络，网络就会通过自学习功能，慢慢学会识别类似的图像。自学习功能对于预测有特别重要的意义。人工神经网络计算机将为人类提供经济预测、市场预测、效益预测，其前途是很远大的。

第二，具有联想存储功能。人的大脑是具有联想功能的。用人工神经网络的反馈网络就可以实现这种联想。

第三，具有高速寻找最优解的能力。寻找一个复杂问题的最优解，往往需要很大的计算量，利用一个针对某问题而设计的人工神经网络，发挥计算机的高速运算能力，可能很快找到最优解。

人工神经网络是未来微电子技术应用的新领域，智能计算机的构成就是作为主机的冯·诺依曼计算机与作为智能外围机的人工神经网络的结合。

神经元是脑组织的基本单元，其结构如图 8-1 所示，神经元由三部分构成：细胞体，树突和轴突，每一部分虽具有各自的功能，但相互之间是互补的。树突是细胞的输入端，通过细胞体间联结的节点"突触"接收四周细胞传出的神经冲动；轴突相当于细胞的输出端，其端部的众多神经末梢为信号的输出端子，用于传出神经冲动。神经元具有兴奋和抑制的两种工作状态。当传入的神经冲动使细胞膜电位升高到阀值（约为 40mV）时，细胞进入兴奋状态，产生神经冲动，由轴突输出。相反，若传入的神经冲动使细胞膜电位下降到低于阀值时，细胞进入抑制状态，没有神经冲动输出。

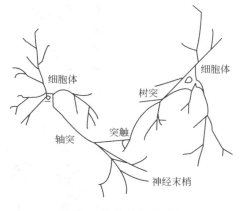

图 8-1　生物神经元结构

人工神经元模型是以大脑神经细胞的活动规律为原理的，反映了大脑神经细胞的某些基本特征，但不是也不可能是人脑细胞的真实再现，从数学的角度而言，它是对人脑细胞的高度抽象和简化的结构模型。虽然人工神经网络有许多种类型，但其基本单元——人工神经元是基本相同的。如图 8-2 所示是一个典型的人工神经元模型。

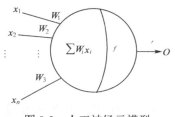

图 8-2　人工神经元模型

神经元模型相当于一个多输入单输出的非线性阀值元件，x_1, x_2, …, x_n 表示神经元的 n 个输入，W_1, W_2, …, W_n 表示神经元之间的连接强度，称为连接权，$\sum W_i x_i$ 称为神经元的激活值，O 表示这个神经元的输出，每个神经元有一个阀值 θ，如果神经元输入信号的加权和超过 θ，神经元就处于兴奋状态。以数学表达式描述为

$$O = f\left(\Sigma W_i x_i - \theta\right)$$

作为 NNS 的基本单元的神经元模型，它有三个基本要素：一组连接（对应于生物神经元的突触），连接强度有个连接上的权值表示，权值为正表示激活，权值为负表示抑制；一个求和单元，用于求取各输入信号的加权和（线性组合）；一个激活函数 f，起映射作用，并将神经元输出幅度限制在一定范围内。激活函数 f 决定神经元的输出，它通常有以下几种形式：阈值函数；分段线性函数，它类似于一个放大系数为 1 的非线性放大器；双曲函数；Sigmoid 函数。

（2）人工神经网络的类型

人工神经网络是一个并行和分布式的信息处理网络结构，该结构一般由多个神经元组成，每个神经元有一个单一的输出，它可以连接到很多其他的神经元，其输入有多个连接通路，每个连接通路对应一个连接权系数。

人工神经网络结构可分为以下几种类型。

① 不含反馈的前向网络，见图 8-3（a）。

② 从输出层到输入层有反馈的前向网络，见图 8-3（b）。

③ 层内有相互连接的前向网络，见图 8-3（c）。

④ 反馈型全相互连接的网络，见图 8-3（d）。

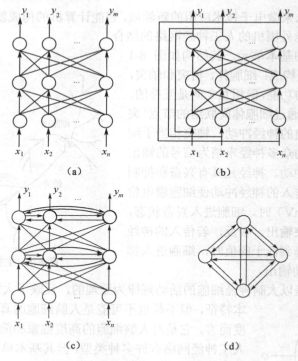

图 8-3　人工神经网络结构几种类型

（3）神经网络的学习方法

学习规则是修正神经元之间连接强度或加权系数的算法，使获得知识结构适用周围环境的变换。

① 无监督 Hebb 学习规则　Hebb 学习是一类相关学习，它的基本思想是：如果有两个神经元同时兴奋，则它们之间的连接强度的增强与它们的激励的乘积成正比。用 y_i 表示单元 i 的激活值（输出），y_j 表示单元 j 的激活值，w_{ij} 表示单元 j 到单元 i 的连接加权系数，则 Hebb 学习规则可表示如下。

$$\Delta w_{ij}(k) = \eta y_i(k) y_j(k)$$

式中　η——学习速率。

② 有监督 δ 学习规则或 Widow-Hoff 学习规则　在 Hebb 学习规则中引入教师信号，将上式中的 y_i 换成网络期望目标输出 d_i 与实际输出 y_i 之差，即为有监督 δ 学习规则

$$\Delta w_{ij}(k) = \eta[d_i(k) - y_i(k)] y_j(k) = \eta \delta y_j(k)$$

$$\delta = d_i(k) - y_i(k)$$

上式表明，两神经元之间的连接强度的变化量与教师信号 $d_i(k)$ 和网络实际输出 y_i 之差成正比。

③ 有监督 Hebb 学习规则　将无监督 Hebb 学习规则和有监督学习规则两者结合起来，组成有监督 Hebb 学习规则，即

$$\Delta w_{ij}(k) = \eta[d_i(k) - y_i(k)] y_i(k) y_j(k)$$

这种学习规则使神经元通过关联搜索对未知的外界作出反应，即在教师信号 $d_i(k) - y_i(k)$ 的指导下，对环境信息进行相关学习和自组织，使相应的输出增强或消弱。

8.1.2　线性神经网络

线性神经网络是最简单的一种神经元网络，由一个或多个线性神经元构成。1959 年，美国工程师 B.widrow 和 M.Hoft 提出自适应线性元件（adaptive linear element，简称 adaline）是线性神经网络的最早典型代表。它是感知器的变化形式，尤其在修正权矢量的方法上进行了改进，不仅提高了训练收敛速度，而且提高了训练精度。线性神经网络与感知器神经网络的主要不同之处在于其每个神经元的传递函数为线性函数，它允许输出任意值，而不是像感知器中只能输出 0 或 1。此外，线性神经网络一般采用 Widrow-Hoff（简称 W-H）学习规则或者最小场方差（least mean square，LMS）规则来调整网络的权值和阀值。

线性神经网络的主要用途是线性逼近一个函数表达式，具有联想功能。另外，它还适用于信号处理滤波、预测、模式识别和控制等方面。线性神经元可以训练学习一个与之对应的输入／输出函数关系，或线性逼近任意一个非线性函数，但它不能产生任何非线性的计算特性。图 8-4 描述了一个具有 R 个输入的由纯线性函数组成的线性神经元。

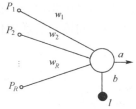

图 8-4　线性神经元模型

由于线性神经网络中神经元的传递函数为线性函数，其输入与输出之间是简单的比例关系：$a = g(wp，b)$ 其中函数 $g(x)$ 为线性函数。

在 Matlab 神经网络工具箱中提供了基于线性神经网络的初始化函数 initlin、设计函数 solvelin、仿真函数 simulin 以及训练函数 trainwh 和 adaptwh。下面分别介绍多种函数的使用方法。

（1）初始化函数 initlin

函数 initlin 对线性神经网络初始化时，将权值和阀值取为绝对值很小的数。其使用格式 [w,b]=initlin(R,S)，R 为输入数，S 为神经元数。另外，R 和 S 也可用输入向量 P 和目标向量 T 来代替，即 [w,b]=initlin(P,T)。

（2）设计函数 solvelin

与大多数其他神经网络不同，只要已知其输入向量 P 和目标向量 T，就可以直接设计出线性神经网络使得线性神经网络的权值矩阵误差最小。其调用命令如下：[w,b]=solve lin(P,T)。

（3）仿真函数 simulin

函数 simulin 可得到线性网络层的输出 a=simulin(p,w,b)

其中 a 为输出向量,b 为阀值向量

（4）训练函数 trainwh 和函数 adaptwh

线性神经网络的训练函数有两种：trainwh 和 adaptwh。其中函数 trainwh 可以对线性神经网络进行离线训练；而函数 adaptwh 可以对线性神经网络进行在线自适应训练。利用 trainwh 函数可以得到网络的权矩阵 w，阀值向量 b，实际训练次数 te 以及训练过程中网络的误差平方和 lr。

$$[w,b,te,lr]=trainwh(w,b,p,t,tp)$$

输入变量中训练参数 tp 为：

① tp(1)指定两次更新显示间的训练次数，其缺省值为 25；

② tp(2)指定训练的最大次数，其缺省值为 100；

③ tp(3)指定误差平方和指标，其缺省值为 0.02；

④ tp(4)指定学习速率，其缺省值可由函数 maxlinlr（此函数主要用于计算采用 W-H 规则训练线性网络的最大的稳定的分辨率）得到。

而利用函数 adaptwh 可以得到网络的输出 a、误差 e、权值矩阵 w 和阀值向量 b。

$$[a,e,w,b]=adaptwh(w,b,p,t,lr)$$

输入变量 lr 为学习速率，学习速率 lr 为可选参数，其缺省值为 1, 0。

另外，函数 maxlinlr 的调用格式为

$$lr=maxlinlr(p)$$

8.1.3　BP 神经网络

BP 型神经网络是一种多层前馈网络，最基本的 BP 网络是三层前馈，即输入层、隐含层和输出层单元之间的前向连接。各层次间的神经元形成相互连接，而各层次内的神经元之间没有连接。输入信息从输入层经过隐含层再传递给输出层，得到网络的实际输出，并将实际输出与期望输出相比较，把网络输出出现的误差归结为各连接权的过错，通过把输出层单元的误差逐层向输入层逆向传播以分摊给各层单元从而获得各层单元的参考误差以便调整相应的连接权，使误差信号最小。典型的 BP 网络模型结构如图 8-5 所示。

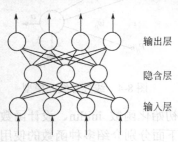

感知器神经网络模型和线性神经网络模型虽然对人工神经网络的发展起了很大的作用，它们的出现也曾掀起了人们研究神经网络的热潮。但它们有许多不足之处。人们也曾因此失去了对神经网络研究的信心，但 rumelhart、mcclellard 和他们的同事洞悉到网络信息处理的重要性，并致力于研究并行分布信息处理方法，探索人类认知的微结构，于 1985 年发展了 BP 网络的学习算法。从而给人工

图 8-5　典型的 BP 网络模型结构

神经网络增添了活力，使其得以全面迅速地恢复发展起来。BP 网络是一种多层前馈神经网络，其神经元的激励函数为 S 形函数，因此输出量为 0~1 的连续量，它可以实现从输入到输出的任意的非线性映射。由于其权值的调整是利用实际输出与期望输出之差，对网络的各层连接权由后向前逐层进行校正的计算方法，故而称为反向传播（back-propogation）学习算法，

简称为 BP 算法。BP 算法主要是利用输入、输出样本集进行相应训练，使网络达到给定的输入输出映射函数关系。算法常分为两个阶段：第一阶段（正向计算过程）由样本选取信息从输入层经隐含层逐层计算各单元的输出值；第二阶段（误差反向传播过程）由输出层计算误差并逐层向前算出隐含层各单元的误差，并以此修正前一层权值。BP 网络主要用于函数逼近、模式识别、分类以及数据压缩等方面。

（1）BP 网络的网络结构

BP 网络通常至少有一个隐含层，如图 8-6 所示的是一个具有 R 个输入和一个隐含层的神经网络模型。

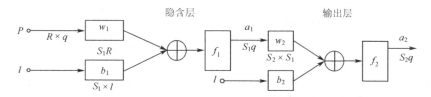

图 8-6　具有一个隐含层的 BP 网络结构

感知器与线性神经元的主要差别在于激励函数上：前者是二值型的，而后者是线性的。BP 网络除了在多层网络上与已介绍过的模型有不同外，其主要差别也表现在激励函数上。

如图 8-7 所示的两种 S 形激励函数的图形，可以看到 f 是连续可微的单调递增函数，这种激励函数的输出特性比较软，其输出状态的取值范围为[0, 1]或者[−1, +1]，其硬度可以由参数 λ 来调节。函数的输入和输出关系表达式如下所示。

双极型的 S 形激励函数：$f(\mathrm{net}) = \dfrac{2}{1 + \exp(-\lambda \mathrm{net})}$，$f(\mathrm{net}) \in (-1, 1)$

单极型的 S 形激励函数：$f(\mathrm{net}) = \dfrac{1}{1 + \exp(-\lambda \mathrm{net})}$，$f(\mathrm{net}) \in (0, 1)$

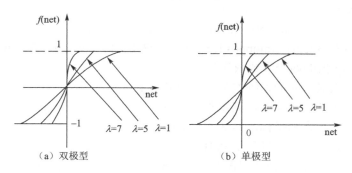

图 8-7　sigmoid 型函数图形

对于多层网络，这种激励函数所划分的区域不再是线性划分，而是由一个非线性的超平面组成的区域。

因为 S 形函数具有非线性的大系数功能。它可以把输入从负无穷到正无穷大的信号变换成−1～1 输出，所以采用 S 形函数可以实现从输入到输出的非线性映射。

（2）重要 BP 神经网络函数的使用方法

函数 initff 和函数 simuff 可以用来初始化和仿真不超过三层的前馈型网络。函数 trainbp、函数 trainbpx、函数 trainlm 可用来训练 BP 网络。其中函数 trainlm 的训练速度最快，但它需要更大的存储空间，也就是说它是以空间换取了时间；函数 trainbpx 的训练速度次之；函数 trainlm 最慢。

① 初始化函数 initff   函数 initff 的主要功能就是对至多三层的 BP 网络初始化。其使用格式有多种，现列如下。

[w,b]=initff(p, s, f)

[w1, b1, w2, b2]=initff(p, s1, f1, s2, f2)

[w1, b1, w2, b2, w3, b3]=initff(p, s1, f1, f2, s3, f3)

[w, b]=initff(p, s, t)

[w1,b1,w2,b2]=initff(p, s1, f1, s2, t)

[w1, b1, w2, b2, w3, b3]=initff(p, s1, f1, s2, f2, s3, t)

[w, b]=initff(p, s, f)可得到 s 个神经元的单层神经网络的权值和阀值，其中 p 为输入向量，f 为神经元的激励函数。

BP 网络有一个特点很重要，即 p 中的每一行中必须包含网络期望输入的最大值和最小值，这样才能合理地初始化权值和阀值。

② 仿真函数 simuff   BP 网络是由一系列网络层组成，每一层都从前一层得到输入数据，函数 simuff 可仿真至多三层前馈型网络。对于不同的网络层数，其使用格式为

a=simuff(p, w1, b1, f1)

a=simuff(p, w1, b1, f1, w2, b2, f2)

a=simuff(p, w1, b1, f1, w2, b2, f2, w3, b3, f3)

以上三式分别为单层、双层和三层网络结构的仿真输出。

③ 训练函数   关于前面所提到的几种 BP 网络训练函数，在这里只介绍其中之一：函数 trainbp。

函数 trainbp 利用 BP 算法训练前馈型网络。函数 trainbp 可以训练单层、双层和三层的前馈型网络，其调用格式分别为

[w, b, te, tr]=trainbp(w, b, f′ ,p, t, tp)

[w1, b1, w2, b2, te, tr]=trainbp(w1,b1, f1′ ,w2, b2, f2′ ,p, t, tp)

[w1,b1,w2,b2,w3,b3,te,tr]=trainbp(w1, b1, f1′ ,w2, b2, f2′ ,w3, b3, f3′ ,p, t, tp)

可选训练参数 tp 内的四个参数依次为：

a. tp(1)指定两次显示间的训练次数，其缺省值 25；

b. tp(2)指定训练的最大次数，其缺省值 100；

c. tp(3)指定误差平方和指标，其缺省值 0.02；

d. tp(4)指定学习速率，其缺省值 0.01。

只有网络误差平方和降低到期望误差之下，或者达到了最大训练次数，网络才停止学习。学习速率指定了权值与阀值的更新比例，较小的学习速率会导致学习时间较长，但可提高网络权值收敛效果。

目前，在人工神经网络的实际应用中，绝大部分的神经网络模型是采用 BP 网络和它的变化形式，它也是反向网络的核心部分，主要应用于函数逼近、模式识别、分类和数据压缩。

反向网络初始化函数 initff，调用格式：[w,b]=initff(p, s, f) ，说明：initff（p, s, f）可以得到 s 个神经元的单层神经网络的权值和阈值，其中 p 为输入矢量，f 为神经网络层间神经元的传递函数，传递函数有 purelin、tansig、logsig 等。

反向网络训练函数 trainbp，调用格式：[w,b,te,tr]=trainbp(w,b′,f′,p ,t ,tp)在神经网络建立初始化之后要对网络进行训练,训练的实质就是通过训练样本的输入参数与输出参数之间的反

复对比来调节网络各层神经元的权值与偏差,以得到适应所有训练样本结果的网络。调用函数 trainbp 可得到新的权值矩阵 w、阈值矢量 b、网络训练的实际训练次数 te 及网络训练误差平方和的行矢量 tr。

网络的仿真函数 sim,对于训练好的网络,可以使用它来处理实际的问题。Matlab 提供了一个函数 sim 用于实现神经网络的仿真功能。调用格式为

$$a = sim(net, p)。$$

式中　p——需要预测的矩阵;
　　　a——经过网络预测后的结果。

8.2　Matlab 软件在材料科学与工程中的应用

8.2.1　数表公式化——曲线拟合

数表公式化就是运用数学的方法找出数表中所列的离散数据之间的函数关系,通常采用曲线拟合法。表 8-1 是滚动轴承选择计算时常用的温度系数表,试用 Matlab 求出滚动轴承工作温度-温度系数的拟合曲线及关系式。

表 8-1　滚动轴承温度系数 f_t

轴承工作温度 /℃	温度系数 f_t	轴承工作温度 /℃	温度系数 f_t
125	0.95	225	0.75
150	0.90	250	0.70
175	0.85	300	0.60
200	0.80	350	0.50

在 Matlab 命令窗口输入如下指令。
c=[125 150 175 200 225 250 300 350]
ft=[0.95 0.90 0.85 0.80 0.75 0.70 0.60 0.50]
f=polyfit(c,ft,1)　　% 调用曲线拟合函数
t=120:1:360
u=polyval(f,t)
plot(t,u,c,ft,'o') % 调用绘图函数
运行结果如下:f = − 0.0020　　1.2000
即:ft = − 0.002t+1.2000

图 8-8 中曲线是用 Matlab 的绘图函数自动绘出的,离散点是表 8-1 中的数值。

关于线图的公式化,通常的步骤是:首先从给定的线图上读取一些离散数据,作出数表;然后再根据设计精度的要求,采用前面所述的"曲线拟合法"将线图公式化。例如:如图 8-9 所示,是进行轴的疲劳强度设计时所使用的线图:轴上有通孔时,在受剪工作状态下的应力集中系数线图,试把它公式化。首先,在所给的图 8-9 的线图上读取一些离散数据,做出数表,记录见表 8-2。

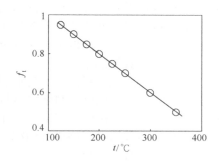

图 8-8　滚动轴承温度系数 f_t

表 8-2 轴上横向孔处应力集中系数

孔径/轴径 d/D	应力集中系数 α_τ	孔径/轴径 d/D	应力集中系数 α_τ
0.00	2.00	0.20	1.50
0.05	1.78	0.25	1.46
0.10	1.66	0.30	1.42
0.15	1.57		

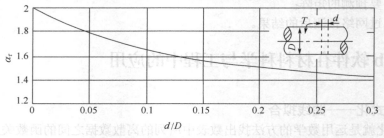

图 8-9 轴上横向孔处应力集中系数

在 Matlab 命令窗口输入如下指令。

dD=0:0.05:0.30

at=[2.0 1.78 1.66 1.57 1.5 1.46 1.42]

A=polyfit(dD,at,3)

运行结果如下。

A = −22.2222   16.3810   −4.8397   1.9957

即得如图 8-9 所示线图的拟合公式为

$$\alpha_\tau = -22.2222\left(\frac{d}{D}\right)^3 + 16.3810\left(\frac{d}{D}\right)^2 - 4.8397\left(\frac{d}{D}\right) + 1.9957 \tag{8-1}$$

有了这些公式，设计中就可以把它们编入程序，利用公式（8-1）可以求任意温度对应的温度系数，而无需再去查表输值；可以求任意（d/D）值所对应的应力集中系数 α_τ，而无需再去查图输值。

例如：要求 d/D=0.22 时的 α_τ 值只需在 Matlab 命令窗口输入如下指令。

at= polyval(A,0.22)   % at 为前面所求的系数矩阵

运行结果如下：at= 1.4872

8.2.2 焊接神经网络模型建立

对于焊接领域来说，主要包括工艺参数如：焊接速度、焊接电压、焊接电流、保护气体、焊丝直径等，以及考核指标熔深、熔宽、表征焊接质量的指标如抗拉强度、冲击韧性等。

Matlab 的神经网络工具箱提供了很多函数，以简化网络训练的复杂运算和编程，以便集中精力对实际的应用问题进行深入分析。

（1）训练数据的获得

作为有教师的训练算法，其网络模型的最终获得需要在一定量的实验数据的基础上进行反复的迭代运算，以便使网络输出与实际试验验证数据的误差达到要求。对于不同的试验目的，有不同的考核指标。其试验设计一般通过正交设计方法来优化，以便使得用尽量少的并且较为全面的数据对网络进行训练。

（2）训练数据的处理

一方面在训练过程中，会遇到经过较长时间训练，网络均方差并不随迭代运算次数的增

加而减小的现象，为避免和减少这种情况的发生，一般都对训练数据进行归一化处理，主要函数如下。

预处理函数：[pn，minp，maxp，tn，mint，maxt]=premnmx(p，t)；[pn，meanp，stdp，tn，meant，stdt]=prestd(P，t)。训练后相应的后处理函数：Ⅱ postmnmx(an，mint，maxt)；poststd(an，meant，stdt)。

另一方面处理训练数据是为使输入矢量正交化，从而减少冗余数据，提高训练数据的有效性，缩短训练周期。在 Matlab 中称为"主要因素分析"（principal component analysis），并提供如下函数：[ptrans，transMat] prepea(pn，min_frac)；其中 min_frac 为一个小数值，如 0.01，表示只保留影响整体数据变异超过 1%的输入数据。

（3）网络参数的初始化和训练

初始化函数为 newff，应用方法如下：net=newtt(minmax(ptr)t[a_6]，{ Transfer1 Transfer2 }，train_algorithm；即建立一个称为 net 网络数据结构，隐层节点数为 a、传递函数为 Transferl，输出层节点数为 b、传递函数为 Transfer2，训练算法为 train_algorithm。

训练过程如下：一般先对如下参数进行付值，其他参数可用缺省值：最大训练步数 net.trainParam.epochs；最小梯度差 net.trainParam.min_grad；精度目标值 net.trainParam.goal；显示间隔 net.trainParam.show。

然后调用函数 train 进行训练，并把训练后的网络结构保存在 net 数组中：net= train(net，pn，tn)泛化能力的提高：人工神经网络的泛化能力一般指网络对未经过训练的新样本数据的适应能力。通常在训练中，对训练数据来说，经过一段时间的训练其均方差可以达到很小，但会存在过拟和（overfitting）现象，对新样本仿真运算后，其结果与实际数据的误差很大，这与建立网络模型的目的相违背。为提高网络的泛化能力，Matlab 提供了两种方法。

① 自动调整法　通过调用函数 Trainbr 来自动获得网络中权重和阈值的有效个数，以寻找最适合网络结构，使网络结构达到最简，去掉多余的神经元提高网络的泛化能力。

② 即时停止法　把试验获得的数据分为三部分，除训练数据和测试数据以外，还有一部分用于检验网络的过拟和的发生。在训练的过程中，当这部分数据得到的误差开始增大并经过一定的迭代次数后，训练自动停止，并保存网络误差最小时的权重和阈值。使用方法如下：[net，tr]=train(net，pn，tn，[ ]，[ ]，v，t)，其中 v 为检验过拟和发生的数据；t 为测试数据用于检验网络输出性能（网络训练时刻不用）。

8.2.3　混凝土板瞬态温度场算法分析

混凝土板是建筑结构的关键构件，负担着承重和隔断的双重作用，火灾作用下混凝土板的耐火性能直接关系着结构在火灾中的安全性。而在火灾温度作用下钢筋混凝土板的内部温度场的确定是抗火设计的依据。神经网络具有高度并行计算能力和极强的非线性映射能力，在非线性控制方面表现出巨大的潜力，因此借助适当的神经网络方法可以把混凝土板温度场的计算问题映射为系统辨识问题。

（1）混凝土板温度场差分解析

由传热学可知：通过傅里叶定律和热力学第一定律，可以把物体内各点的温度关联起来，建立起温度场的导热微分方程，表达了物体的温度随空间和时间变化的关系。混凝土板在火灾作用下的导热属于第三类边界条件的一维非稳态导热，板内温度场为非稳态温度场，板内某点温度关系示意图如图 8-10 所示。

混凝土板属于一维导热问题，将板厚等分，可将上述微分方程变为差分方程。

图 8-10　板内某点温度关系示意图

$$T(x,t+\Delta t)=\frac{\alpha\Delta t}{(\Delta x)^2}[T(x+\Delta x,t)+T(x-\Delta x,t)]+\left(1-2\frac{\alpha\Delta t}{(\Delta x)^2}\right)T(x,t)$$

上式表明，在时刻 $t+\Delta t$，将板厚划分为厚为 Δx 的区间后，每一节点的时刻温度由该点温度和前后两点温度所决定。

为了保证解的稳定性，必须满足 $\alpha\Delta t/(\Delta x)^2\leqslant0.5$。例如：$\Delta x=0.01\mathrm{m}$，$\alpha=7.365\times10^{-7}\mathrm{m^2/s}$，如 68s，则可取 $\Delta t=60\mathrm{s}$。

（2）BP 神经网络与非线性系统的辨识求温度场

差分法计算需要通过时刻划分，按初始条件及边界条件，每隔 Δt 时间间隔，逐一计算各节点温度，直到 t 增至所要求的时间，从而得到温度场。此过程是非常繁琐和复杂的。若采用人工神经网络方法，在通过差分法计算有限个时刻温度后，通过训练学习将其视为非线性系统辨识问题，则温度求解将变得简单明了。

BP 神经网络（Backpropagation NN）是由非线性变换单元组成的前馈式网络，采用误差反向传播学习算法。基于 BP 算法的多层前馈型网络的结构如图 8-11 所示。

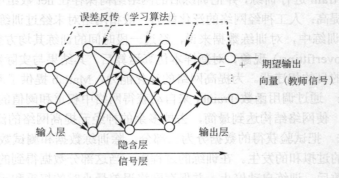

图 8-11　基于 BP 算法的神经元网络的结构

经总结分析，一般 BP 算法的步骤可概括如下。

步骤 1：选定权系数初值。

步骤 2：重复下述过程直到收敛。

① 对 $k=1\sim N$

正向过程计算：计算每层各单元的 $O_{jk}^{1-lj},\mathrm{net}_{jk}^l,\bar{y}_k,k=2,K,N$。

反向过程计算：对各层（$l=-1\sim2$），对每层个单元，计算 δ_{jk}^l。

其中 O^{1-lj}_k 表示 1–l 层，输入第 k 个样本时，第 j 个单元节点的输出。

$$\mathrm{net}_{jk}^l=\sum_j w_{ij}^i O_{jk}^{l-1}$$

表示当第 l 层的第 j 个单元，当输入第 k 个样本时，节点 j 输入；y_{jk} 表示单元的实际输出

② 修正权值

$$w_{ij}=w_{ij}-\mu\frac{\partial E}{\partial w_{ij}}\quad\mu>0$$

式中　μ——步长。

$$\frac{\partial E}{\partial w_{ij}} = \sum_{k=1}^{N} \frac{\partial E_k}{\partial w_{ij}}$$

（3）基于神经网络的混凝土板瞬态温度场求解

对于某混凝土板，在受火环境相同的情况下，影响混凝土内各点温度大小因素仅与受火时间（t）和距受热表面的距离（s）有关。利用差分法解析的数据，选取 49 个数据进行学习，选取 7 个数据进行测试，所谓测试就是进行非线性辨识，利用仿真函数来获得网络的输出，然后检查输出和实际差分法值之间的误差是否满足要求。由于学习数据过多，不一一列出，这里仅列出数据归一化处理后的测试样本数据，见表 8-3。

表 8-3　利用差分法解析的部分温度场数据

项　　目	1	2	3	4	5	6	7
t/×100 min	0.30	0.40	0.50	0.60	0.70	0.80	0.90
s/×100 mm	0.35	0.55	0.45	0.35	0.25	0.15	0.75
T/×1000 ℃	0.239	0.191	0.300	0.418	0.541	0.664	0.330

单隐层 BP 神经网络设计，采用单隐层的 BP 网络进行非线性系统的辨识。由于输入样本为二维的输入向量，因此输入层一共有 2 个神经元；根据 Kolmogorov 定理，选定中间层为 5 个神经元；网络只有 1 个输出数据，则输出只有 1 个神经元。按照 BP 网络的一般设计原则，中间层神经元的传递函数为 S 形正切函数。由于输出已被归一化到区间[0,1]中，因此，输出神经元的传递函数可以设定为 S 形对数函数。本文设定的训练参数见表 8-4，其他参数取默认值。因此，利用 Matlab 编写的部分代码如下。

```
threshold=[0 1;0 1];
net=newff(threshold,[5,1],{'tansig','logsig'},'traingdx');
net.trainParam.epochs=1000;
net.trainParam.gold=0.01;
net=init(net);
net=train(net,P,T);
Y(i,:)=sim(net,P_test)
```

其中，P 和 T 分别为输入向量和目标向量；P_test 为测试向量；threshold 设定了网络输入向量的取值范围[0,1]，网络所用的训练函数为 traingdx，该函数以梯度下降法进行学习，并且学习速率是自适应的。

对于中间层的神经元个数是很难确定的，而这又在很大程度上影响着网络的辨识性能。本文首先取 5 个，然后，观察性能；之后，再分别取 6、7 和 8，并与此时的辨识性能进行比较，检验中间层神经元个数对网络性能的影响。当网络的辨识误差最小时，网络中间层的神经元数目就是最佳值。

表 8-4　训练参数

训练次数	1000	5000	10000
训练目标	0.01	0.001	0.0001

结果分析，利用 Matlab 数值模拟，分别选取不同的训练次数和训练目标对表 8-4 的数据进行混凝土板温度场非线性辨识，所得结果见表 8-5。辨识误差对比曲线分别如图 8-12～图 8-14 所示。

表 8-5　不同参数的 BP 网络辨识结果对比表

训 练 参 数		平均误差/%			
		隐层神经元数目			
训练次数	训练目标	5	6	7	8
1000	0.01	4.43	5.76	11.66	10.96
5000	0.001	1.89	5.30	3.79	3.55
10000	0.0001	1.75	7.76	4.24	3.13

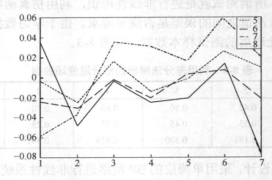

图 8-12　辨识误差对比曲线(1000-0.01)

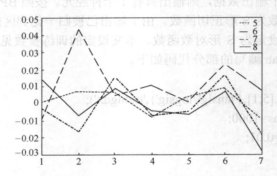

图 8-13　辨识误差对比曲线(5000-0.001)

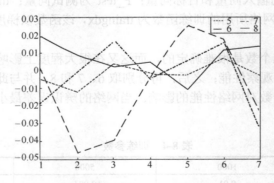

图 8-14　辨识误差对比曲线(10000-0.0001)

由表 8-5 可知，随着训练次数和训练精度的提高，所得到的平均误差将不断下降。虽然进行学习的时间有所增加，但是考虑到进行 10000 步训练的时间约 60s，因此，本文最终选取了训练次数为 10000 步；训练目标为 0.0001；单隐层神经元为 5 个 BP 网络进行非线性辨识。所得结果还原后与利用差分法解得部分温度场数据对比见表 8-6。

表 8-6　BP 解相对于差分解的误差

项　目	1	2	3	4	5	6	7
t/min	30	40	50	60	70	80	90
s/mm	35	55	45	35	25	15	75
差分解/℃	239	191	300	418	541	664	330
BP 解/℃	235	179	304	416	538	671	327
误差/%	−1.67	−6.28	1.33	−0.48	−0.55	1.05	−0.91

注：相对误差=（BP 解 − 差分解）/差分解。

由表 8-5 和表 8-6 可知，在利用差分法解得部分温度场的基础上，利用 BP 神经网络进行混凝土板非线性辨识所得到的结果与理论上利用差分法所求的解之间误差很小。因此，可以利用 BP 神经网络辨识求解未知的温度场数据。

思　考　题

1．请综述人工神经网络的起源、发展、方法、原理以及在材料科学领域的具体应用。
2．举例说明 Matlab 软件在材料科学中的应用。

第9章　材料加工成形过程的计算机模拟

9.1　概述

材料加工是人类利用自然、创造有用产品的一种基本的生产活动，它将贯穿于人类的全部历史。狭义地说，材料加工主要是指现代金属材料的加工，即采用铸造、锻压等方法将金属原材料加工成所需的形状、尺寸，并达到一定的组织性能要求，这又称为材料成形。在现代制造业中，材料成形是生产各种零件或零件毛坯的主要方法。

过去，由于缺乏科学的预测方法，材料成形工艺设计和模具设计的主要依据是设计人员在长期工作中积累的经验，以及由对简单模型的实验研究总结出的多种图表。对于复杂的零件，按照设计结果制造出工装模具以后，往往还需要通过反复的试验、修改，才能最终生产出合格的制品。这样，不但造成人力、物力、时间的巨大浪费，也难以保证产品质量。

近十几年来，随着计算机硬件、软件技术的飞速发展和对材料成形过程物理规律研究的深入，材料成形过程计算机模拟技术取得了很大的进展。计算机模拟即是通过数值计算得到用微分方程边值问题来描述的具体材料成形问题中工件和模具的速度场（位移场）、应变场、应力场、温度场等，据此预测工件中组织性能的变化以及可能出现的缺陷；利用计算机图形技术将这些分析结果直观、动态地呈现在研究设计人员面前，使他们能通过这个虚拟的材料加工过程检验工件的最终形状、尺寸、性能等是否符合设计要求，正确选用机器设备和模具材料。

采用模拟技术，能在材料成形工艺设计和模具设计初步方案完成后立即对其进行检验，寻求可行的甚至最优的设计方案，然后再完成详细设计并进行模具制造。这样，在新产品开发时，就能使得产品设计、工装模具设计和制造等相关工作同时展开，即实现并行工程，达到降低成本、提高质量、缩短产品交货期的目的。数值模拟方法的基本特点是将微分方程边值问题的求解域进行离散化，将原来欲求得在求解域内处处满足场方程、在边界上处处满足边界条件的解析解的要求降低为求得在给定的离散点（节点）上满足由场方程和边界条件所导出的一组代数方程的数值解。这样，就使一个连续的、无限自由度问题变成离散的、有限自由度问题。

已经发展的数值模拟方法可以分为两大类：一类以有限元法为代表；另一类以有限差分法为代表。有限差分法以差分代替微分，将求解对象在时间与空间上进行离散，对每个离散单元进行各种物理场分析（如温度场、流动场及应力场等），然后将所有单元的求解结果汇总，得到整个求解对象在不同时刻的行为变化，并对分析对象的可能变化（发展）趋势作出预测。

目前，在工业发达国家，材料成形计算机模拟技术越来越广泛地在各工业部门中得到应用，产生了明显的经济效益，正在深刻地改变着传统的产品设计和制造方式。在工业需求的推动下，国外已涌现出一批用于材料成形计算机模拟的商业软件，如用于金属板料成形分析的 DYNAFORM、PAM-STAMP、AutoForm 等，用于金属体积成形及热处理分析的 DEFORM 等。我国也研究开发了一些模拟软件，但在软件商品化，尤其是模拟技术的实际应用方面与工业发达国家相比还有差距。材料成形计算机模拟技术有着巨大的发展前景。一方面，人们对于模拟的精度、速度和能力的期望是没有止境的；另一方面，随着各种新材料的发明和应用，必然会出现各种物理的、化学的甚至生物的材料成形新工艺，这将扩展材料成形计算机模拟的研究领域。随着计算机技术的发展和人们对材料成形基本规律，其中尤其是材料本身结构关系和边界条件研究的深入，模拟中将采用越来越精确的计算模型，更深刻地揭示材料的各种物理、力学性能和细观、微观组织性能与成形工艺的关系，以更短的计算时间得到更精确、更全面的模拟结果。

本章介绍了塑料注塑成形过程模拟软件 MoldFlow 和体积成形模拟软件 Deform 以及铸造过程模拟软件 ProCast，分别从软件的特点、功能、组成模块、操作步骤进行了详细介绍，并给出详细的实例操作步骤。

9.2　MoldFlow 塑料注塑成形过程模拟软件介绍及使用

MPI（moldflow plastics insight）是决定产品几何造型及成形条件最佳化的进阶模流分析软件。从材料的选择、模具的设计，即成形条件参数设定，以确保在注射成形过程中塑料在模具内的充填行为模式，以获得高质量产品。

MPI 能分析模拟塑料流动形态、产品体积收缩、冷却时间、纤维配向性、产品翘曲等，并且加强了塑料材料的使用。此外 MPI 还能分析模拟气体辅助射出及热固性成型。MoldFlow 可以发现并控制的常见塑件成型缺陷，主要有下列几种：短射、滞流、喷射、流痕、烧伤、熔接线、气泡、剪切力过大、收缩不均、缩水凹痕、翘曲变形等。

MPI 模拟分析减少生产周期时间。通过计算机模拟分析能确定和修改潜在问题，并帮助模具设计人员预测常遇到的问题并加以修正设计，以达到降低成本的目的。

9.2.1　MoldFlow 软件介绍

MPI/Flow 基本分析模块能模拟注射成形过程中熔胶流动行为模式，以确保产品设计、质量及制造的可行性。使用流动分析能够迅速找到最佳射出成形条件、预知产品可能发生问题点及自动修正流道系统以达模穴平衡。由流动分析结果来考虑生产方式和修正产品几何造型以及决定最佳的浇口位置、阀浇口数目或使用冷热流道系统。

功能：预测和查看模具的填充；决定所需的注射压力和锁模力；优化制品壁厚，从而获得均匀的充模，缩短循环时间，降低成本；预测熔接纹的位置，移动，减少或者消除它们；预测气穴的位置，从而确定排气孔的位置；优化工艺条件，例如注射时间、注射速率、熔解温度、保压压力、保压时间和循环时间；预测体积收缩的区域，这些区域会出现翘曲问题；预测浇流道的凝固时间；模拟热流道的流动充模。

所支持的模型/网格类型:有限元中性层模型；基于实体的 Fusion 模型（可选的）；真正的 3D 实体模型（可选的）。可以相互组合的分析类型：MPI/Fiber;MPI/Optim; MPI/Co-injection; MPI/Injection Compression; MPI/Gas; MPI/MuCell。

选择成型材料，设定进胶位置及模温和料温，进行充填模拟分析，流动分析结果/充填时间（Fill Time）如图 9-1 所示，显示的是整个充填过程，从图 9-1 中可以得到塑胶流过每一点的时间，蓝色为最后充填处。主要作用：预估充填所需时间，预测最后充填处，充填是否平衡，有无滞流现象等。

流动分析结果/充填压力：如图 9-2 所示的是充填结束时模型各点的压力，根据图中颜色的不同可以判断压力的高低。通过该图可以查看充填过程中所需的最大压力，以此压力为参考值来设置成形工艺参数和选择成形机规格。

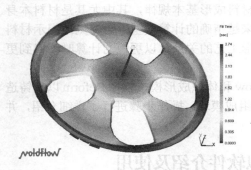

图 9-1　流动分析结果/充填时间

图 9-2　流动分析结果/充填压力

流动分析结果/充填温度：图 9-3 显示的是充填结束时模型各点的温度，根据图中颜色的不同可以判断温度的高低。通过该图可以查看温度是否超出塑胶的成形温度范围。温度过低会降低塑胶的流动性，产生短射或滞流；温度过高会使塑胶发生裂解，影响产品质量。

图 9-3　流动分析结果/充填温度

如图 9-4 的圆圈中黑色线条显示的是熔接线位置。主要作用：预测熔接线位置，避免熔接线影响外观或降低强度。通过调整浇注系统来改变熔接线位置，控制波前对接角度和温度也可以控制熔接处的质量。

如图 9-5 中黑色圆点显示的是气泡可能出现的位置。主要作用：预测气泡位置，避免在产品内部形成气泡，甚至烧伤。在可能出现气泡的地方做好排气。

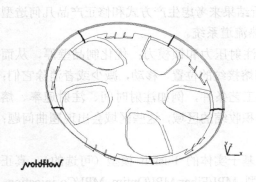

图 9-4　流动分析结果/熔接线（Weld Lines）

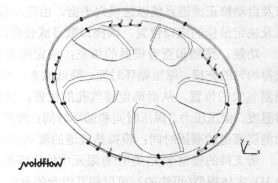

图 9-5　流动分析结果/气泡（Air Traps）

9.2.2　MoldFlow 软件操作步骤及分析实例

（1）操作步骤

① 塑件三维实体模型的建立　启动 UG（或其他三维造型软件）软件，新建一个公制文件；根据塑件具体几何数据进行三维建模；保存塑件三维实体模型；输出塑件三维模型的*.stl文件。

② 建立模具的三维几何模型（以 UG 为例） 进入 UG 模具设计模块（moldwizard）；装载塑件三维模型；放收缩率；构建模芯实体；构建分型面，建立动、定模三维实体模型；加入模架；加入标准件，如顶杆、定位环、浇口套等；抽取小型芯，镶件；设计浇注系统；布置冷却系统；输出模具装配明细表。

③ 运用 MoldFlow 软件进行注塑成型分析 启动 MoldFlow 软件；新建一分析项目；输入分析模型*.stl 文件；网格划分，网格修改；流道设计；冷却水道布置；成形工艺参数设置；各参数单参数变动，其流程图如图 9-6 所示；运行分析求解器；制作分析报告；用试验用模具在注塑机上进行工艺实验，记录相关参数变动情况及产生的现象；分析模拟分析报告，并与实验结果相比较；得出结论。

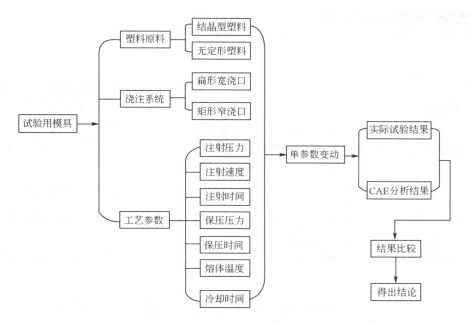

图 9-6 注射成形充填分析参数变动流程图

（2）操作实例

① 运行 MPI 安装完成后，如同运行任何其他 windows 程序一样。

② 建立一个 Project 单击菜单 File→New Project 出现下拉式菜单，出现如图 9-7 所示的窗口，取一个名称并入。

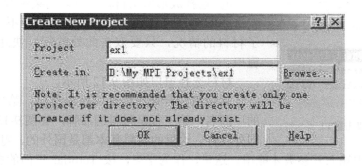

图 9-7 建立一个 Project

③ CAD 模型输入　接步骤②确定，再在菜单中选择 File→Export 输入一个分析模型，以便进行分析。按照 Tutorial 里的例子是输入 mpi 目录下 Tutorial 下的 tutorial1.mfl，如图 9-8 所示。

输入模型时，以 Fusion 方式划分分析单元。输入模型后，出现 study 分析界面：其中的 Study 名称可以自己修改。记住：一个 Project 是针对一个模型来分析的，在一个 Project 里，可以对同一模型进行多次分析，以便比较不同的方案，来获得好的设计结果。可以直接单击输入 Study 的名称，如图 9-9 所示的窗口是 Study tasks，也就是当前分析的各项参数设置情况。

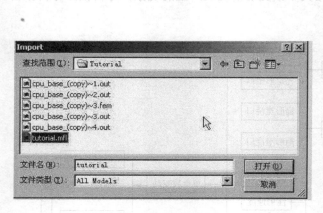

图 9-8　CAD 模型输入

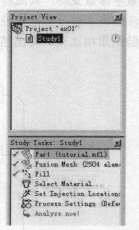

图 9-9　Study Task 窗口

Study 窗口的第一项是 Part 的文件名，Study 窗口的第二项是 Mesh 单元形式和 2504 个单元数量，Study 窗口的第三项是 Fill 成形工艺。

④ 查看模型　可以用如图 9-10 所示的工具栏，如按下旋转工具可以将模型旋转到其他角度来观察

图 9-10　查看模型

⑤ 模型网格划分　Mesh→Generate Mesh，确定单元格的长度，划分网格。网格生成后进入网格状态下察看有关网格信息。

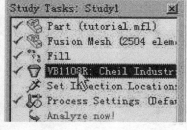

图 9-11　双击窗口

⑥ 选择成形所用材料　可以用菜单方式操作，也可以双击如图 9-11 所示位置（英文名称可能不一样，这是已选了材料的情况，只要双击此处就行）快速进入材料选择窗口。

材料选择窗口如图 9-12 所示。

其中第一行是已经选用过的材料，第二行是材料生产的厂商名，第三行是材料的品牌，如图 9-13 所示。由于是国外软件，这里的材料基本都是国外的，对于国内的材料，要自己在材料库中输入其参数才能用。这里，作为学习，按 Tutorial 里面的提示，先选定厂商名。

204

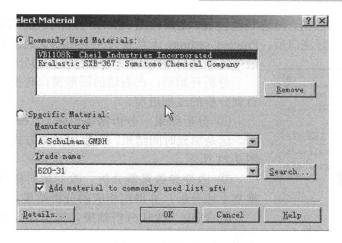

图 9-12　材料选择窗口

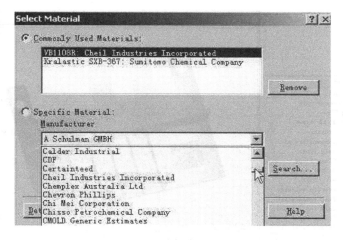

图 9-13　选择窗口注释

在最下面的一个可选项里打钩，就可以将选用过的材料，放到最上面一行，这样下次选用同样材料时就很方便了，只要在第一行选择就行了。下一步，是要选定浇口的位置。

⑦　确定浇口位置　双击如图 9-14 所示的位置，即可进入选定浇口。浇口位置如何选定？这是一个专业问题，最好同时看看"塑料成形工艺与模具"的教科书，随机选一个位置，如图 9-15 所示。

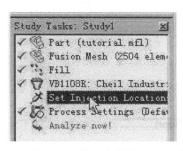

图 9-14　进入选定浇口

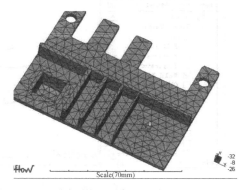

图 9-15　随机选的位置

205

觉得不好,可以取消,再选其他位置。之后按右键,在出现的快捷菜单中选择第一项,退出浇口设定。设定好浇口后,Process settings 工艺设置先采用默认的设置。这样可以双击最下面图 9-16 的位置,就进行模型的分析了。

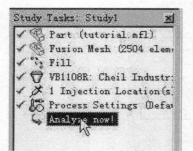

图 9-16 进入模型分析

分析开始后,在右边的图形窗口转换为文本输出,可以看到分析的过程进度。

⑧ 分析结果 分析结果出来后,就可以一项一项地查看。这是填充时间结果,可以用动画方式查看:如图 9-17~图 9-21 所示。

⑨ 改变参数重新分析 改变塑料材料或成形工艺参数重复上述分析,并得出相应的分析结果。

⑩ 结论 比较分析结果,提出相应的工艺及模具改进措施。

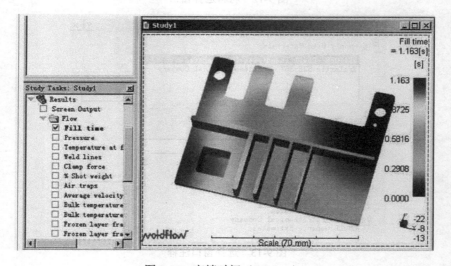

图 9-17 充填时间(fill time)

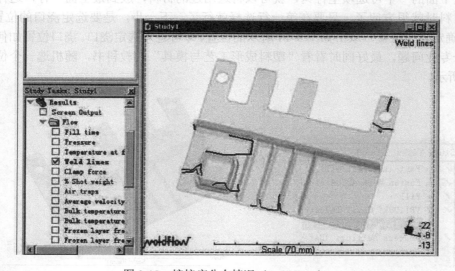

图 9-18 熔接痕分布情况(weld lines)

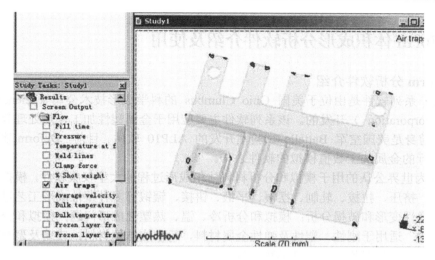

图 9-19 可能产生气泡的位置（air trap）

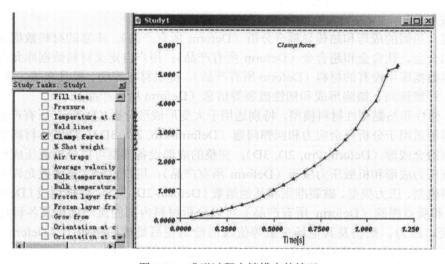

图 9-20 成形过程中锁模力的情况

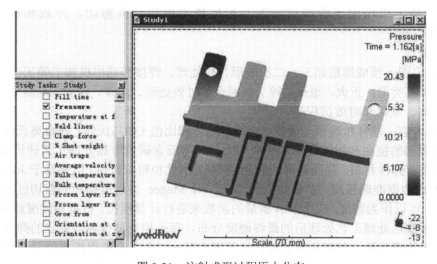

图 9-21 注射成形过程压力分布

9.3 Deform 体积成形分析软件介绍及使用

9.3.1 Deform 分析软件介绍

Deform 系列软件是由位于美国 Ohio Clumbus 的科学成形技术公司（science forming technology corporation）开发的。该系列软件主要应用于金属塑性加工、热处理等工艺数值模拟。它的前身是美国空军 Battelle 试验室开发的 ALP10 软件。目前，Deform 软件已经成为国际上流行的金属加工数值模拟的软件之一。

Deform 为世界公认的用于模拟和分析材料体积成形过程的大型权威软件，模拟和分析自由锻、模锻、挤压、拉拔、轧制、摆辗、平锻、饼接、辗锻等多种塑性成形工艺过程；进行模具应力、弹性变形和破损分析；模拟和分析冷、温、热塑性成形问题；模拟和分析多工序塑性成形问题；适用于刚性、塑性及弹性金属材料，粉末烧结体材料，玻璃及聚合物材料等的成形过程，确保模具设计与制造的可靠性。

Deform 功能主要有以下几方面。

（1）成形分析

冷、温、热锻的成形和热传导耦合分析（Deform 所有产品）；丰富的材料数据库，包括各种钢、铝合金、钛合金和超合金（Deform 所有产品）；用户自定义材料数据库允许用户自行输入材料数据库中没有的材料（Deform 所有产品）。提供材料流动、模具充填、成形载荷、模具应力、纤维流向、缺陷形成和韧性破裂等信息（Deform 所有产品）。

刚性、弹性和热黏塑性材料模型，特别适用于大变形成形分析（Deform 所有产品）；弹、塑性材料模型适用于分析残余应力和回弹问题（Deform-Pro, 2D, 3D）；烧结体材料模型适用于分析粉末冶金成形（Deform-Pro, 2D, 3D）；完整的成形设备模型可以分析液压成形、锤上成形、螺旋压力成形和机械压力成形（Deform 所有产品）；用户自定义子函数允许用户定义自己的材料模型、压力模型、破裂准则和其他函数（Deform-2D, 3D）；网格划线（Deform-2D, PC, Pro）和质点跟踪（Deform 所有产品）可以分析材料内部的流动信息及各种场量分布温度、应变、应力、损伤及其他场变量等值线的绘制使后处理简单明了（Deform 所有产品）；自我接触条件及完美的网格再划分使得在成形过程中即便形成了缺陷，模拟也可以进行到底（Deform-2D, Pro），变形体模型允许分析多个成形工件或耦合分析模具应力（Deform-2D, Pro, 3D）；基于损伤因子的裂纹萌生及扩展模型可以分析剪切、冲裁和机加工过程（Deform-2D）。

（2）热处理

① 模拟范围 预成形粗加工、二次成形、热处理、焊接和通用机加工等工艺。 能够模拟的热处理工艺类型：正火、退火、淬火、回火、时效处理、渗碳、蠕变、高温处理、相变、金属晶粒重构、硬化和时效沉积等。

② 模拟内容 能够精确预测硬度、金相组织体积比值（如马氏体、残余奥氏体含量等），热处理工艺引起的挠曲和扭转变形、残余应力、碳势或含碳量等热处理工艺评价参数。

材料模型有弹性材料、塑性材料、弹塑性材料、刚性和粉末材料。能够基于 Johnson-Mehl 方程和 T-T-T 数据准确预测与扩散相关的相变。用 Magee 方程所描述的剪切过程相关的非弥散性相变，可以作为温度、应力和含碳量的函数来进行计算模拟。根据相硬度或 Jominy 数据能够精确预测热处理工艺处理后的最终硬度分布。每个相变具有各自独立的弹性、塑性、温度和硬化等物理参数。材料相应的综合性能则由某一时刻各金相组织类型及其所占比例等因素决定。集成有成形设备模型，如：液压压力机、锤锻机、螺旋压力机、机械压力机、轧机、摆辗机和用户自定义类型。不需要人工干预，AMG 全自动网格优化再剖分。Deform-HT 支持 CAD 系统，如 PRO/ENGINEER、IDEAS 和 PATRAN，以及 STL/SLA 格式。局部加热和淬火窗口可用于选择部位的热处理工艺。Deform-HT 用于模拟零件制造的全过程，从成形、热处理到精加工。零件的典型制造过程一般为零件成形→热处理（奥氏体化、渗碳、淬火、回火等）→精加工。Deform-HT 的主旨在于帮助设计人员在制造周期的早期能够检查、了解和修正潜在的问题或缺陷。Deform－HT 图形用户界面（GUI）非常便于输入工艺参数、几何数据、材料性能、热性能、扩散和材料金相组织数据。Deform-HT 能够模拟复杂的材料流动特性，自动进行网格重划和插值处理。除了变形过程模拟外，还能够考虑材料相变、含碳量、体积变化和相变引起的潜热，以及马氏体体积分数、残留奥氏体比例、残余应力、热处理变形与硬度等一系列相变引发的参数变量。能够模拟的热处理工艺类型：正火、退火、淬火、回火、时效处理、渗碳，希望的金相组织临界点和最终产品的机械性能。如图 9-22（a）为某一齿轮在锻造并切去飞边后进行淬火时的马氏体分布，（b）为轴承内架渗碳后的碳浓度分布，含碳量较高区域在轴承表面，（c）为某尺轮淬火后的马氏体分布。

（a）　　　　　　　　　　　（b）　　　　　　　　　　　（c）

图 9-22　热处理模拟

9.3.2　Deform 软件操作步骤及实例

　　针对轴对称体的塑性成形问题进行 1/4 建模。零件是轴称的，所以也可以进行 2-D 模拟，这里主要是想通过这样的练习来阐述 3-D 模拟中的些主要概念。在轴对称问题中，是不会有物质穿过轴对称面流动的。这样在建模的候就可以沿轴称面切开物体并规定在这些面上的节点只能沿面内移动。在本练习中，通过对称面节点沿垂直于该面的流动速度置零来实现。本练习的目的：导入模具和工件的 STL 格式的几何图形文件；给工件划分网格；在相互正交的平面上施加对称边界条件观察的要点：模具与工件以及对称面交叠几何关系的正确定义对称边界条件的正确定义。

　　创建一个新问题的方法如下。

　　① 新建一个 BLOCK 的同级目录：SPK_SIM，并启动 Deform-3D。

　　② 把问题名称改为 SPK_SIMD，DEFORM-3D 系统窗口中点击 Pre Processor 进入前处理。

　　③ 设置模拟控制参数

　　a. 在前处理控制窗口中点击 Simulation Controls … 按钮，在 Simulation Controls 窗口中，把模拟标题改为 SPK-SIM，把 Simulation Parameters 中的 Heat Transfer 选项设置为 Yes。

　　b. 点击 Step 按钮，设置如下参数（图 9-23）。

　　c. 点击返回按钮。

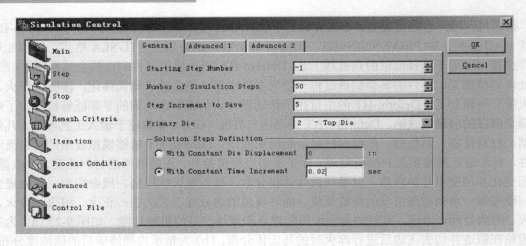

图 9-23　参数设置

④ 创建新的物体

a．点击按钮 Geometry，然后选择 Import…按钮，在弹出的读取文件窗口中找到 Spike_Billet.STL（.../ deform /3d/v 5.0/LABS）并加载此文件。

b．在 Objects 窗口中点击 Insert Objects 按钮，在物体的列表中增加了一个名为 Top Die 的物体，并点击按钮 Geometry -Import．…导入 Spike_TopDie1.STL。

c．同 b.，增加一个名为 Bottom Die 的刚性物体，导入 Spike _ Bottomdies.stl（图 9-24）。

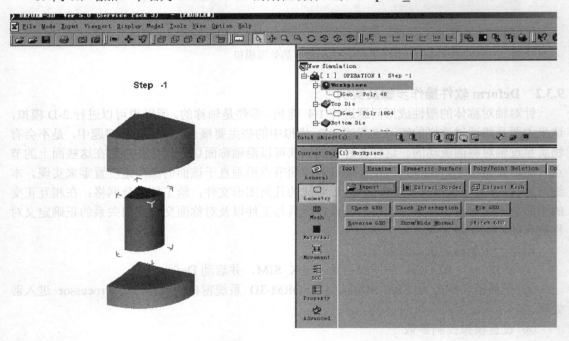

图 9-24　增加刚性物体

划分网格技术有，Objects、Workpiece，Mesh；在 DEFORM 3D 的前处理中，有三个标签。

a．Tool　最简单的默认划分方式，只需设置单元数。

b．Detailed Settings　详细的网格参数及划分方式定义。

c．RemeshCriteria　网格划分设置，一般都去默认值。

其中的 Detailed Settings 比较常用，它包括两个大的选项即系统网格（System Setup）和用户设置（User Setup）。System Setup 设置有四个标签。

a．General　设置绝对尺寸（Absolute）或相对尺寸（Relative），前者设置网格的绝对大小（Max/Min Element Size），而后者设置的是单元的数量（Number of Elements）。

此外，还可以设置最大和最小单元的尺寸比值限制（Size Ratio）。

b．Weight Factors（权重因子）　在一些高梯度地区，即应变、应变速率、温度、几何尺寸等变化比较剧烈的地区，网格需要细化，这里可以设置细化的比例因子。

还有一个重要的设置就是网格密度窗口（Mesh Density Windows）因子，这个选项与后面介绍的网格密度设置有关，为了在一些地方设置更为细密的网格，光靠上面滑杆设置的几个因子还不行，如果几何体比较复杂，就需要用户设置来调节网格密度的分配。将 Mesh Density Windows 后的滑杆设为非 0 数字（一般最好设为 1），就可以启动下面的标签 Mesh Window 了，在下面的标签所控制的窗口中，数字都是要乘以这个非 0 因子的。

c．Mesh Windows　可以用矩形框和圆柱体框设置一些局部区域，这些区域的网格大小可以与前面整体设置的不一样（一般情况下要细化）。

如果前面选择了 Ralative，这里设置的系数就是指该处网格与整体网格尺寸的比值。

如果前面选择网格大小是 Absolute，这里可以设置局部网格的绝对大小。为了更好的适应变形的需要，这个密度窗口还可以随着变形体运动或独立于变形体单独运动。

首先选择 Workpiece，然后点击按钮 Mesh，进入 Detailed Settings，在 System Setup 下选择 Relative，并设单元的数量为 10000（图 9-25）。

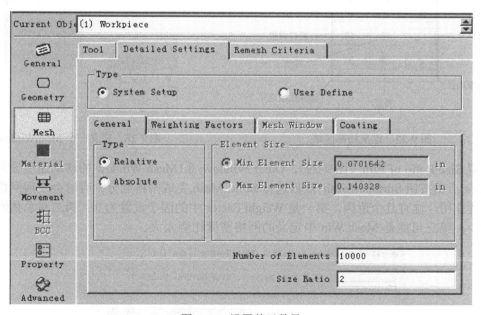

图 9-25　设置单元数量

接着点击标签 Weight Factors（图 9-26），将 Mesh Density Windows 后的滑杆设为 1，其他权重因子不变。

接着点击标签 Mesh Window，在 Windows 区域内，点击按钮 Add,在屏幕的图形显示窗口左下方弹出一个小窗口，可以定义局部区域（图 9-27）。在定义、调整 Mesh Window 时，必须注意是获取点的状态，不能是缩放观察等状态，可以先点击按钮。

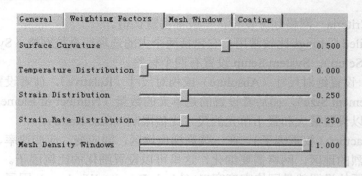

图 9-26　设置 Weight Factors

定义一个 MeshWindow 如图 9-28 所示（对于本例来说，这样的网格细划可能意义不大，这里只是为了说明这个功能，用户在分析具体的例子时，可以根据自己的需要调整）。

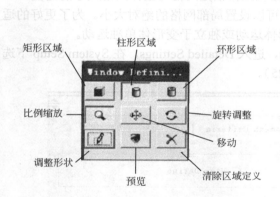

图 9-27　定义局部区域

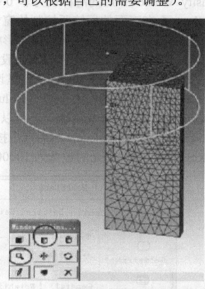

图 9-28　定义一个 MeshWindow

设置 Size Ratio of Elm（图 9-29），Outer Window: 0.1Mesh Window 的移动速度设为跟随 workpiece 点击按钮 Surface Mesh 然后选择 Solid Mesh,完成网格划分。有时会发现网格窗口没有发挥作用，这有几个原因，第一是 Weight Factor 中的因子设置为 0；第二是总体网格的数量太少；第三可能是 Mesh Win 中定义的网格密度比例太大。

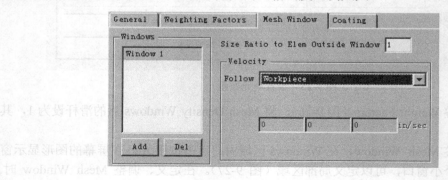

图 9-29　设置 Size Ratio of Elm

⑤ 定义热边界条件（图 9-30），这是一个 1/4 对称体的一部分，所以在分析中，要通过边界条件的定义体现出来，因为要分析热问题，所以制定一个热边界条件即可。这一步操作不许是对已经划分网格的物体才能操作。选择 Workpiece，点击按钮 BCC，弹出对话框，在 BCC Type 下选择 Thermal 类中的 Heat Exchange with Environment，再选择右面的按钮 Define，在弹出的窗口中，设置环境温度为 70℃。

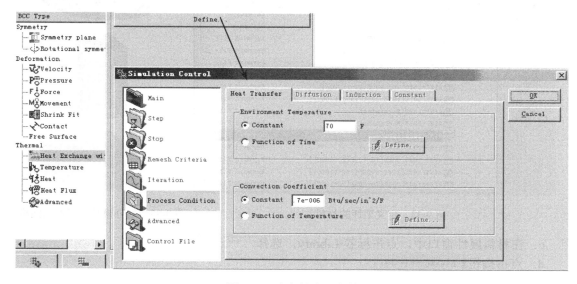

图 9-30　定义热边界条件

⑥ 定义热边界条件（图 9-31）　关闭 Simulation Control 窗口，在屏幕的左下角中出现的小窗口是为了选择边界面，在默认的情况，点击毛坯的上下和圆柱外面，然后点击边界参数定义窗口下面的按钮　，在选择上述三个面的过程中，可能不能在一个视角内将三个面都能找到，必须要在　和　之间切换，前者通过旋转角度寻找边界面，后者保证能够用鼠标选择。在选中 Workpiece 的前提下，点击按钮设定毛坯的初始温度为 2000℃。

⑦ 定义毛坯的材料（图 9-32）　在物体列表窗口中选择 WorkPiece，在前处理控制窗口中，点击　Material Properties 按钮 3，在材料属性窗口中，点击标签 Library，选择 System Library　Steel　AISI 1025(1800- 点击按钮 Assign material 。

⑧ 划分模具的网格（图 9-33）；

a. 选中上模下 Top Die，然后再选择按钮　Mesh ；

b. 在默认的情况下，点击按钮 Generate Mesh ；

c. 选中上模下 Top Die，然后再选择按钮　Mesh ；

d. 在默认的情况下，点击按钮 Generate Mesh 。

⑨ 定义模具的材料（图 9-34），

a. 在物体列表窗口中选择下 Top Die；

b. 在前处理控制窗口中，点击 Material Properties 按钮；

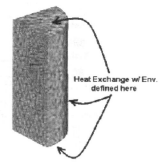

图 9-31　热边界条件

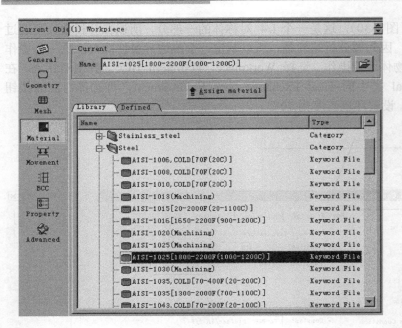

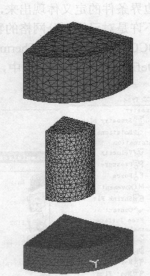

图 9-32 定义毛坯的材料   图 9-33 划分模具和工件的网格

c. 在材料属性窗口中，点击标签 Library，选择 System Library ⇒ Die Material ⇒ Carbide (24%Cobalt)；

d. 点击按钮 ⬆Assign material。

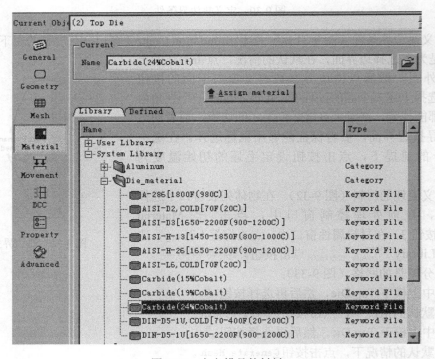

图 9-34 定义模具的材料

选择 bottom die 重复上面 a～d 的动作。

⑩ 定义模具的热边界条件（图 9-35）选择 Top Die，点击按钮 BCC，然后选择 Thermal

Exchange with，在屏幕的左下角中出现的小窗口是为了选择边界面，在默认的情况，点击 Top Die 的上下和圆柱外面，然后点击数定义窗口下面的按钮　。选择 Bottom Die，作如上所述的相同操作，选择 Bottom Die 的上下和圆柱面。在选择上述三个面的过程中，可能不能在一个视角内将三个面都能找到，必须要在　和　切换，通过旋转角度，寻找边界面，后者保证能够用鼠标选择。

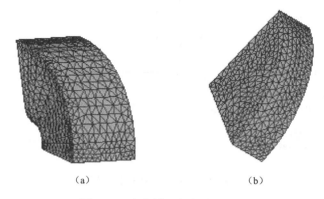

（a）　　　　　　　　　　（b）

图 9-35　定义模具的热边界条件

⑪ 定义毛坯和模具接触关系（图 9-36）。

a．在前处理控制窗口的右上角点击 Inter Object…按钮，会出现一个提示，选择 Yes 弹出 Inter Object 窗口。

b．定义物间从属关系，点击按钮 Edit 在 Constant 后选择 Free resting，模具和毛坯之间的热传递系数自动设为 0.0003。

c．Close 返回上一级窗口，点击按钮　。这个操作的意义是将 Top Die-WorkPiece 的接触关系直接等效到 Bottom Die-WorkPiece 的关系上。

d．最后不要忘记在 Inter-Object 窗口中点击按钮　。

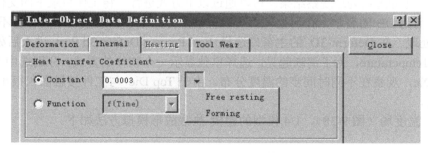

图 9-36　定义毛坯和模具接触关系

⑫ 调整毛坯和模具位置（图 9-37）　前面定义了毛坯和模具的接触关系，但在几何上还没有实现，所以必须通过 Object Positioning 功能将它们接触上。这主要是为了节省时间，将模具与毛坯接触的过程省略。在前处理控制窗口的右上角点击 Object Positioning 按钮的窗口，会弹出新的窗口。

a．首先选择 Interface，这个功能能够将两个物体自动接触上。

b．选择 Position Object（要移动的物体）：Top Die。

c．选择 Reference （参照）：Workpiece。

d．选择 Approach Direction 为 "−Z"。

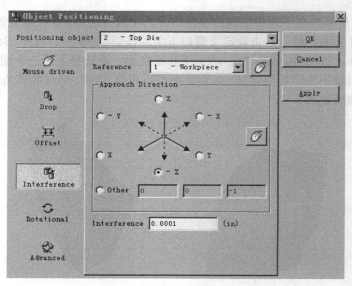

图 9-37　调整毛坯和模具位置

e. 选择 Apply。

f. 选择 Position object（要移动的物体）：Bottom Die。

g. 选择 Approach Direction 为 "Z"。

h. 选择 Apply。

⑬ 保存 Key 文件　生成数据 DB 文件，选择 File→Save 存盘，保存 Key 文件，这是为了保存前面所作的操作，这是一个文本文件，相当于数据卡。为了让后面的程序能够调用前处理的设置，需要生成数据文件。

⑭ 退出前处理　进行计算，选择 File→Quit 退出前处理程序。在 Deform-3D 的主窗口中，选择 Run，进行计算。在计算过程中，可以查看计算的进程信息，如果在一个运算时间较长的算例中，想通过后处理观察结果。可以通过以下方式进行。将工作目录下的文件 FOR003 给一个扩展名为 DB 的名字，在后处理就可以观察部分结果了。规模较小的计算不必这样。

⑮ 后处理　在 Deform-3D 的主窗口选择 Post Process Deform3d Post 进入后处理。选择 Variable 为 Temperature，为了清晰起见，选择单独显示一个物体的方式，分别选中 Workpiece 和 Bottom Die，观察在不同时间步的温度分布。由于 Top Die 与工件接触面积很小，所以温度几乎没变。

后处理-温度场（图 9-38），1/4 模型的建模-热锻成形模拟方法如下。

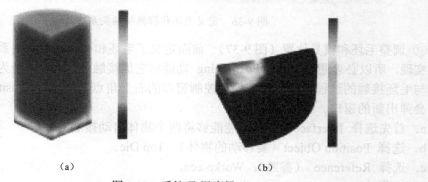

（a）　　　　　　　　　　（b）

图 9-38　后处理-温度场

9.4　ProCAST 铸造成形过程模拟软件介绍及使用

9.4.1　ProCAST 软件介绍

ProCAST 软件是由美国 ESI 公司开发的铸造过程的模拟软件，采用基于有限元（FEM）的数值计算和综合求解的方法，对铸件充型、凝固和冷却过程中的流场、温度场、应力场、电磁场进行模拟分析。

（1）ProCAST 适用范围

ProCAST 适用于砂型铸造、消失模铸造；高压、低压铸造；重力铸造、倾斜浇铸、熔模铸造、壳型铸造、挤压铸造；触变铸造、触变成型、流变铸造。

由于采用了标准化的、通用的用户界面，任何一种铸造过程都可以用同一软件包 ProCAST™ 进行分析和优化。它可以用来研究设计结果，例如浇铸系统、通气孔和溢流孔的位置以及冒口的位置与大小等。实践证明 ProCAST™ 可以准确地模拟型腔的浇铸过程，精确地描述凝固过程。可以精确地计算冷却或加热通道的位置以及加热冒口的使用。

（2）ProCAST 材料数据库

ProCAST 可以用来模拟任何合金，从钢和铁到铝基、钴基、铜基、镁基、镍基、钛基和锌基合金，以及非传统合金和聚合体。

ESI 旗下的热物理仿真研究开发队伍汇集了全球顶尖的五十多位冶金、铸造、物理、数学、计算力学、流体力学和计算机等多学科的专家，专业从事 ProCAST 和相关热物理模拟产品的开发。得益于长期的联合研究和工业验证，使得通过工业验证的材料数据库不断地扩充和更新，同时，用户本身也可以自行更新和扩展材料数据。

除了基本的材料数据库外，ProCAST 还拥有基本合金系统的热力学数据库。这个独特的数据库使得用户可以直接输入化学成分，从而自动产生诸如液相线温度、固相线温度、潜热、比热容和固相率的变化等热力学参数。

（3）ProCAST 模拟分析能力

可以分析缩孔、裂纹、裹气、冲砂、冷隔、浇不足、应力、变形、模具寿命、工艺开发及可重复性。ProCAST 几乎可以模拟分析任何铸造生产过程中可能出现的问题，为铸造工程师提供新的途径来研究铸造过程，使他们有机会看到型腔内所发生的一切，从而产生新的设计方案。其结果也可以在网络浏览器中显示，这样对比较复杂的铸造过程能够通过网际网络进行讨论和研究。

缩孔是由于凝固收缩过程中液体不能有效地从浇注系统和冒口得到补缩造成的。由于冒口补缩不足而导致了很大的内部收缩缺陷。ProCAST 可以确认封闭液体的位置。使用特殊的判据，例如宏观缩孔或 Niyama 判据来确定缩孔缩松是否会在这些敏感区域内发生。同时 ProCAST 可以计算与缩孔缩松有关的补缩长度。在砂型铸造中，可以优化冒口的位置、大小和绝热保温套的使用。在压铸中，ProCAST 可以详细、准确地计算模型中的热节、冷却加热通道的位置和大小，以及溢铸造在凝固过程中容易产生热裂以至在随后的冷却过程中产生裂纹。利用热应力分析，ProCAST™ 可以模拟凝固和随后冷却过程中产生的裂纹。在真正的生产之前，这些模拟结果可以用来确定和检验为防止缺陷产生而尝试进行的各种设计。

液体充填受阻而产生的气泡和氧化夹杂物会影响铸件的机械性能。充型过程中的紊流可能导致氧化夹杂物的产生，ProCAST 能够清楚地指示紊流的存在。这些缺陷的位置可以在计算机上显示和跟踪出来。由于能够直接监视裹气的运行轨迹，从而使设计浇铸系统、合理安排气孔和溢流孔变得轻而易举。

在铸造中，有时冲砂是不可避免的。如果冲砂发生在铸造零件的关键部位，那将影响铸件的质量。ProCAST 可以通过对速度场和压力场的分析确认冲砂的产生。通过虚拟的粒子跟踪则能很容易地确认最终夹砂的区域。

在浇铸成形过程中，一些不当的工艺参数如型腔过冷、浇速过慢、金属液温度过低等都会导致一些缺陷的产生。通过传热和流动的耦合计算，设计者可以准确计算充型过程中的液体温度的变化。在充型过程中，凝固了的金属将会改变液体在充型中的流动形式。

ProCAST 可以预测这些铸造充型过程中发生的问题，并且可以随后快速地制订和验证相应的改进方案。热循环疲劳会降低压铸模的使用寿命。ProCAST 能够预测压铸模中的应力周期和最大抗压应力，结合与之相应的温度场便可准确预测模具的关键部位进而优化设计以延长压铸模的使用寿命。

在新产品市场定位之后，就应开始进行生产线的开发和优化。ProCAST 可以虚拟测试各种革新设计而取之最优，因此大大减少工艺开发时间，同时把成本降到最低。即使一个工艺过程已经平稳运行几个月，意外情况也有可能发生。由于铸造工艺参数繁多而又相互影响，因而无法在实际操作中长时间连续监控所有的参数。然而任何看起来微不足道的某个参数的变化都有可能影响到整个系统，这使得实际车间的工作状况非常复杂。ProCAST 可以让铸造工程师快速定量地检查每个参数的影响，从而确定为了得到可重复的、连续平稳生产的参数范围。

（4）ProCAST 分析模块

ProCAST 是针对铸造过程进行流动-传热-应力耦合作出分析的系统。它主要由八个模块组成：有限元网格划分 MeshCAST 基本模块、传热分析及前后处理 Base License、流动分析 Fluid flow、应力分析 Stress、热辐射分析 Rediation、显微组织分析 Micromodel、电磁感应分析 Electromagnetics、反向求解 Inverse，这些模块既可以一起使用也可以根据用户需要有选择地使用。对于普通用户，ProCAST 应有基本模块、流动分析模块、应力分析模块和网格划分模块。对于铸造模拟有更高要求的用户则需要有更多功能的其他模块。

标准模块：

* 基本模块（传热分析模块）
* 流体分析模块

高级模块：

* 晶粒结构分析模块
* 微观组织分析模块

附加模块：

* 应力分析模块
* 辐射分析模块

工具模块：

* 网格生成模块 MeshCAST
* 反向求解模块

（1）基本模块（传热分析模块）

本模块进行传热计算并包括 ProCAST 的所有前后处理功能。传热包括传导、对流和辐射。使用热熔方程计算液固相变过程中的潜热。

ProCAST 的前处理用于设定各种初始和边界条件，可以准确设定所有已知的铸造工艺的边界和初始条件。铸造的物理过程就是通过这些初始条件和边界条件使计算机系统所认知的。边界条件可以是常数，或者是时间或温度的函数。ProCAST 配备了功能强大而灵活的后处理，与其他模拟软件一样，它可以显示温度、压力和速度场，但又同时可以将这些信息与应力和变形同时显示。不仅如此，ProCAST 还可以使用 X 射线的方式确定缩孔的存在和位置，采用缩孔判据或 Niyama 判据也可以进行缩孔和缩松的评估。ProCAST 还能显示紊流、热辐射通量、固相分数、补缩长度、凝固速度、冷却速度，温度梯度等。

（2）流体分析模块

流体分析模块可以模拟所有包括充型在内的液体和固体流动的效应。Procast 通过完全的

Navier-Stocks 流动方程对流体流动和传热进行耦合计算。本模块中还包括非牛顿流体的分析计算。此外，流动分析可以模拟紊流、触变行为及多孔介质流动（如过滤网），也可以模拟注塑过程。流动分析模块包括以下求解模型。

① Navier-Stokes 流动方程。

② 自由表面的非稳态充型。

③ 气体模型　用以分析充型中的囊气、压铸和金属型主宰的排气塞、砂型透气性对充型过程的影响以及模拟低压铸造过程的充型。

④ 滤模型　分析过滤网的热物性和透过率对充型的影响，以及金属在过滤网中的压头损失和能量损失，粒子轨迹模型跟踪夹杂物的运动轨迹及最终位置。

⑤ 牛顿流体模型　以 Carreau-Yasuda 幂律模型来模拟塑料蜡料粉末等的充型过程。

⑥ 紊流模型　用以模拟高压压力铸造条件下的高速流动。

⑦ 消失模模型　分析泡沫材料的性质和燃烧时产生的气体、金属液前沿的热量损失、背压和铸型的透气性对消失模铸造充型过程的影响规律。

⑧ 倾斜浇铸模型　用以模拟离心铸造和倾斜浇铸时金属的充型过程。

从以上列出的流动分析模型可知在模拟金属充型方面 ProCAST 提供了强大的功能。

（3）应力分析模块

本模块可以进行完整的热、流场和应力的耦合计算。应力分析模块用以模拟计算领域中的热应力分布，包括铸件铸型型芯和冷铁等。采用应力分析模块可以分析出残余应力、塑性变形、热裂和铸件最终形状等。应力分析模块包括的求解模型有六种：线性应力；塑性、黏塑性模型；铸件、铸型界面的机械接触模型；铸件疲劳预测；残余应力分析；最终铸件形状预测。

（4）辐射分析模块

本模块大大加强了基本模块中关于辐射计算的功能。专门用于精确处理单晶铸造、熔模铸造过程热辐射的计算。特别适用于高温合金，例如铁基或镍基合金。此模块被广泛用于涡轮叶片的生产模拟。该模块采用最新的"灰体净辐射法"计算热辐射自动计算视角因子、考虑阴影效应等，并提供了能够考虑单晶铸造移动边界问题的功能。此模块还可以用来处理连续性铸造的热辐射，工件在热处理炉中的加热以及焊接等方面的问题。

（5）显微组织分析模块

显微组织分析模块将铸件中任何位置的热经历与晶体的形核和长大相联系，从而模拟出铸件各部位的显微组织。ProCAST 中所包括的显微组织模型等轴晶模型、包晶和共晶转变模型，将这几种模型相结合就可以处理任何合金系统的显微组织模拟问题。ProCAST 使用最新的晶粒结构分析预测模型进行柱状晶和轴状晶的形核与成长模拟。一旦液体中的过冷度达到一定程度，随机模型就会确定新的晶粒的位置和晶粒的取向。该模块可以用来确定工艺参数对晶粒形貌和柱状晶到轴状晶的转变的影响。

（6）Fe-C 合金专用模型

包括共晶/共析球墨铸铁、共晶/共析灰口/白口铸铁、Fe-C 合金固态相变模型等。运用这些模型能够定性和定量地计算固相转变、各相如奥氏体、铁素体、渗碳体和珠光体的成分以及相应的潜热释放。

（7）电磁感应分析模块

电磁感应分析模块主要用来分析铸造过程中涉及的感应加热和电磁搅拌等问题。如半固态成形过程中的用电磁搅拌法制备半固态浆料，以及半固态触变成形过程中用感应加热重熔半固态坯料。这些过程都可以用 ProCAST 对热流动电磁场进行综合计算和分析。

（8）网格生成模块 MeshCAST

MeshCAST 自动产生有限元网格。这个模块与商业化 CAD 软件的连接是天衣无缝的。它可以读入标准的 CAD 文件格式如 IGES、Step、STL 或者 Parsolids。同时还可以读诸如 I-DEAS、Patran、Ansys、ARIES 或 ANVIL 格式的表面或三维体网格，也可以直接和 ESI 的 PAM SYSTEM 与 GEOMESH 无缝连接。MeshCAST TM 同时拥有独一无二的其他性能，例如初级 CAD 工具、高级修复工具、不一致网格的生成和壳型网格的生成等。

（9）反向求解模块

本模块适用于科研或高级模拟计算之用。通过反算求解可以确定边界条件和材料的热物理性能。虽然 ProCAST 提供了一系列可靠的边界条件和材料的热物理性能，但有时模拟计算对这些数据有更高的精度要求，这时反算求解可以利用实际的测试温度数据来确定边界条件和材料的热物理性能。利用实际的测温数据来确定数值模拟的边界条件和材料的热物理性能，以最大限度地提高模拟结果的可靠性。在实际应用技术中首先对铸件或铸型的一些关键部位进行测温，然后，将测温结果作为输入量通过 ProCAST 反向求解模块对材料的热物理性能和边界条件进行逐步迭代，使技术的温度/时间曲线和实测曲线吻合从而获得精确计算所需要的边界条件和材料热物理性能数据。

9.4.2 ProCAST 软件的操作步骤

（1）基本操作过程

① 创建模型 可以分别用 IDEAS、UG、PATRAN、ANSYS 作为前处理软件创建模型，输出 ProCAST 可接受的模型或网格格式的文件。

② MeshCAST 对输入的模型或网格文件进行剖分，最终产生四面体网格，生成 xx.mesh 文件，文件中包含节点数量、单元数量、材料数量等信息。

③ PreCAST 分配材料、设定界面条件、边界条件、初始条件、模拟参数，生成 xxd.dat 文件和 xxp.dat 文件。

④ DataCAST 检查模型及 Precast 中对模型的定义是否有错误，输出错误信息，如无错误，将所有模型的信息转化为二进制，生成 xx.unf 文件。

⑤ ProCAST 对铸造过程模拟分析计算，生成 xx.unf 文件。

⑥ ViewCAST 显示铸造过程模拟分析结果。

⑦ PostCAST 对铸造过程模拟分析结果进行后处理。

（2）详细过程说明

① Ideas 造型与划分表面网格

a. 造型（Simulation +Master Modeler）：建模顺序为铸件、浇铸系统、砂箱。注意直浇口面、明冒口面和砂箱上表面必须在一个平面上。对于一般的砂芯，可看作砂箱的一部分。

b. Partition（先选铸件，再选砂箱）。

c. 划分模型的表面网格（Simulation+ Meshing）。

d. 输出面网格模型 File, Export, Ideas Simulation Universal File, 键入文件名（文件为 *.unv），OK。

② Meshcast（划分体网格）

a. 在 Dos 窗口键入 Meshcast。

b. File/Open, 文件类型选 I-deas Surface Mesh（*.unv）。

c. Check Mesh, Check Intersection, 检查表面网格质量，提示信息显示在左下角的 Message Window 中，如表面网格通过，则进入下一步，否则修改。

d．Tet Mesher, Full Layer（对砂型采用 No Layer），Gen Tet Mesh。

e．Display Ops 下（点击 Bad Element, Negative Jac）检查是否有坏单元和负雅各比单元。如果有坏单元，则 Smoothing 优化单元（Smooth 优化建议不要超过两次），Save。有些坏单元无法消除，需对表面网格进行修改。

f．Exit（生成 *.mesh 文件）。

③ Precast（设定材料的热物性参数，边界条件，运行参数等）

a．在文件所在的目录下键入 Precast *（*为文件名前缀）。

b．Geometry, Units（mm），Meshcast *.mesh, Apply，（读入体网格文件）。

c．检查几何体网格，Check Geom 如有错，退出，修改网格。

d．Material：首先根据具体情况定义材料，Database 材料热物性数据库管理，根据所用材料选取库中已有的材料或 add 添加新材料。Assign 把定义的材料分配到不同的件上，注意选的材料前面的 T 或 F 符号，如果只进行温度场模拟，则可选带 T 的材料，要有流场的模拟，必须选带 F 的材料。

e．Interface[不同件（如砂型和铸件）之间的界面]：Database（界面传热数据库管理，根据具体情况添加），Create（创立界面，Yes, Apply），Assign（把数据库中的界面参数分配到对应的界面上）。

f．Boundary，设定边界条件：对砂型铸造，需要定义 Temperature（浇注温度），Heat，Velocity 几个边界条件，Temperature 和 Velocity 定义在浇口，Heat 定义冒口对环境的传热以及砂箱表面对环境的传热。此外对剖分的模型还要有 Symmetry（对称）定义，选择对称面时，一定要把铸件和砂型的对称面都选上。Database 边界条件数据库管理，针对实际情况添加 Add。Velocity 的定义注意 u,v,w 方向的设定，即根据坐标系铁水浇铸的方向。Temperature 的定义添加 Film Coff 和 Ambi Temp 两个参数。Assign Surface，分别 Add（Temperature, Velocity, Heat，Symmetry），然后 Assign，Select（temperature 和 Vvelocity）选浇口面，注意直浇道内必须有节点（建议浇道内的节点密一些）；两个 Heat 分别选冒口上面和砂型表面（只显示砂型，用 Select All 可以全选中）。每选定一个后都要 Store。最后查看对应的选项的显示。

g．Process 下定义 Gravity（根据坐标系设置重力加速度为 $9.81m/s^2$，方向根据坐标系设置+或−）。

h．Initial Condition，初始条件设置：Constant，分别设置砂型和铸件的初始温度；Free Surface，设定铸件对应的 Empty 为 Yes（这是模拟流场的需要，如果只模拟温度场，铸件 Empty 项应为 no）。

i．Run Parameters，设置运行参数：Units 设置结果输出的缺省单位；General（Inlev 为 0, Nstep 设置模拟的总步数，运算到此步后终止，Tfinal 设置模拟工艺的总时间。）；Thermal（Tfreq, Qfreq 设置结果输出频率，即几步一存，决定了输出温度场结果文件的大小，可设为 5 或 10）；Flow（Vfreq 同上，决定了输出流场结果文件的大小，可设为 5 或 10）。Freesurface 为 1 时为压力快速浇注，2 时为重力慢速浇注，砂型铸造一般设为 2。Lvsurf 为转换模拟模式前（考虑了浮力和收缩的影响）填充的分数（可设为 1）。

j．Exit, 检查左右数字是否相等，如果前几项不等，则 go back, 检查前面的设置。最后continue。生成 *d.dat（含边界条件等）和 *p.dat 文件（含运行参数）。

④ 运行 Datacast *。

⑤ 运行 Procast *。

⑥ 重开一个 dos 窗口，运行 Prostat *，随时检查模拟中的情况。

Number of steps=100　　　　　　　当前运行到哪一步

Simulated time=11.698071 S　　　模拟了多长时间

Time step=0.658118 S　　　　　当前步的步长

Percent filled=100%　　　　　　已填充比例

Solid fraction=0.713875%　　　已凝固比例，……

⑦ 运行 Viewcast *（模拟结果的图像显示）。

⑧ 灵活运用 Viewcast 分析模拟结果。

a．首先通过转动，显示模型到合适位置。

ⓐ 可以先点击 Materials，取消砂型，以便于观察铸件的位置。

ⓑ 然后根据坐标采用快捷键 X，Y，Z（或＋Ctrl，+Shift）把铸件转动到合适的位置。

ⓒ 另外可通过快捷键 F2，F3 放大或缩小模型以适合观察。

ⓓ 采用 View，Hidden 命令有助于观察。

b．查看温度场结果。

ⓐ Contour, thermal，temperature（温度场）。

ⓑ 设置动画显示的频率，steps, start=0, end=最后一步，freq=1（实际根据前面 Precast 中运行参数的设置的步数输出）。

ⓒ 控制连续或单步输出，在 Parameters 下，循环单击 Continuous 和 Single-Step。

ⓓ 最后 View，Picture。注意，此时的温度场云图只是在铸件的表面。在后面将学会如何观察铸件内部的温度场。

c．改变颜色条，改变显示单位，观察自由表面。

ⓐ Viewcast 可根据结果缺省给出颜色条。用户为了观察特定区域特定温度场结果，可以自己半自动和全手动设置颜色条。如下，Parameters，Semi-Auto（Base=设置的最低值，Delta=各颜色条之间的间隔值）或 Manual（手动设置各颜色条对应的温度值）。

ⓑ 可以改变显示的温度单位，如采用摄氏度或华氏温度。Parameters，Units（单击 Temperature 在各温度单位间转换）。

ⓒ 观察自由表面前沿。Parameters，Free Surface。

ⓓ 最后 View，Picture。

d．使用单步显示。

ⓐ 如前所示 Parameters，循环单击在 Continuous 和 Single-Step 间转换。单步显示可以按照自己设定的步骤显示结果并在感兴趣的画面详细观察或保存（ST 表示存储一个重放文件，G 表示存储一个 GIF 格式图片，P 表示存储一个 Postscrip 格式文件）。单击向前、向后按钮可以显示不同步骤的画面。

ⓑ 最后 View，Picture。

e．观察有色矢量结果。流场速度、温度梯度等结果可以采用矢量箭头来观察。

ⓐ Contour，None。

ⓑ Vector，Fluid Velocity。

ⓒ 矢量箭头的颜色缺省为白色，可以改变其颜色。Parameters, Colorvectors, Magnitude。

ⓓ 最后 View，Picture。如果矢量箭头太大或太小，观察时可以通过敲击 Ctrl+B 键使其变大，Ctrl+S 键使其变小。

f．观察固相分数结果。

ⓐ 固相分数结果显示了金属从液相向固相凝固的情况。颜色条 0 表示全液相，颜色条 1 表示全固相。固相分数结果可以帮助分析哪些地方有可能出现收缩，拉伸或其他结果。Contour，Thermal, Fraction Solid。

ⓑ 使用 Reverse Video，使背景成为白色，有利于结果的打印。Parameters，Reverse Video。

ⓒ 最后 View，Picture。

g．使用 Cut-Off 功能。Cut-Off 结合某些云图或矢量结果，可以提供铸件内部的信息。下面是结合 Fraction Solid，观察留在铸件内液体的情况。

ⓐ Contour，Thermal，Fraction Solid。

ⓑ Parameters，Cut-Off（击成 Blow，键入值 0.75 并回车）。

ⓒ 最后 View，Picture。

会看到在一定的步数下液相（即固相分数低于 75% 的部分）在铸件内部的存在情况。

h．看铸件的内部截面。

ⓐ View, XYZ planes 可分别选不同的 X, Y, Z 截面，再点击前面的 X, Y, Z 按钮成红色，然后 Picture。

ⓑ View, Any plane, New，创建任一位置截面显示。

i．缩孔缩松观察。要有缩孔缩松结果，Precast 设置中必须有两个条件：一是 Run Parameters 的 Thermal 中的 Poros 参数设为 1 或 3，此值一般为缺省值；二是材料的物性参数中的 Density 必须是温度的函数。

ⓐ Contour, Thermal, Shrinkage Porosity。

ⓑ 最后 View, Picture。

j．观察凝固时间。铸件不同部位从浇注开始到凝固完成的时间也可以以云图的形式显示。为了正确的显示凝固时间，必须把观察的开始步设成存储的最后一步，如模拟的最后一步为 1548 步，文件输出频率为 5 步一输出，那么应该把开始步设为 1545。

ⓐ Contour，Thermal，Solodification Time。

ⓑ Steps（Start=最后一步）。

ⓒ 最后 View, Picture。

注：关于颜色条上的单位，可以通过 Parameters 中的 Units 来控制。长度单位缺省为 cm（如应力计算结果中的变形量）。缩孔缩松单位为"%"，固相分数单位为"%"。

⑨ 应力场的模拟

a．Precast 参数设置：一般与温度场模拟耦合进行。有几种情况：一是在建模时把砂型除去，只考虑铸件的应力计算；二是考虑砂箱的应力参数；三是把砂型看成刚性的，即不分配应力参数给砂型。

b．第一种情况可以节省计算时间，但结果比较粗糙。把模型中的砂箱去掉，只划分铸件网格。经过 Meshcast 后，读到 Precast 中。定义并分配 Material，注意材料前面的 F 应改为 T，然后 Stress 定义并 Assign。Boundary 中定义 Heat，并分配到整个铸件表面，注意 Heat 定义中的 Ambient Temp 应为砂箱温度，可设为 200～300℃（粗略），Symmetry（如果有剖分面的话）。Initial Cond 中设温度，Empty 为 No。在 Run Parameters 中的 Stress 设为 1，Sfreq 设为 5 或 10（几步一存，决定结果文件大小）。Flow 中的 Flow 设为 0。Exit, Continue, Datacast *，运行 procast *。

c．第二种情况模拟的结果比较与实际情况接近。参数设置如前，把砂型的应力参数分配上。这样计算时能充分考虑到砂型对铸件阻碍产生的应力，铸件收缩产生的气隙而导致的传热状况改变也被充分考虑到。砂型中的应力状况也能被计算。

d．第三种情况，在 Precast 的 Material，Stress 中设砂箱为刚性，即在 Assign 时只分配铸件的应力参数。其他同前。在此情况下，砂型中的应力状况不能被模拟。

e．Viewcast 分析应力场。

9.4.3　ProCAST 软件应用实例

（1）浇道优化设计

气泡和收缩性气孔是导致铸形件形成缺陷的主要原因，正确的布置浇口和冒口位置对改善铸件质量至关重要。图 9-39 显示了金属液充满 4 个型腔的过程，从图 9-36 可以看出金属液充满底部 2 个型腔，同时金属液从上下 2 个型腔连接处喷射到下部型腔。这样所有的空气和气体都难以排除，遗留下气泡，因为没有排出通道，气泡将变成如图 9-39（b）所示的气孔缺陷。另外一个缺陷是凝固过程中的收缩性气孔。在 X 射线下发现不正确的浇铸方法导致铸件上有 3 个区域有缩孔[图 9-40（a）]。用 Procast 软件进行模拟得到同样的结果，如图 9-40（b）所示。找到了缺陷产生的原因以后，设计了一种水平分布的浇注系统，代替初始的树状分布，采用水平布置（图 9-41），采用新的设计后，用计算机模拟来验证潜在的内部气泡和收缩缺陷，模拟显示浇铸过程中及凝固后不会产生气孔缺陷。新的设计在批量生产中广泛应用，显著提高了铸件的质量。通过热辐射和传热分析模块的凝固过程进行模拟[图 9-42（a）]，结果发现位于模组中部的铸件由于接收到的辐射热比位于四周的铸件多，因而温度偏高，不利于铸件的顺序凝固，容易产生缩孔、缩松。通过增大浇道尺寸[图 9-42（b）]，对修改后的模型进行模拟，发现可以实现顺序凝固。

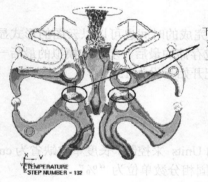

（a）气泡

下面铸件的气泡
难以溢出，因为
上部很早已充满

（b）铸件的气孔缺陷

图 9-39　初始的蜡模组布置

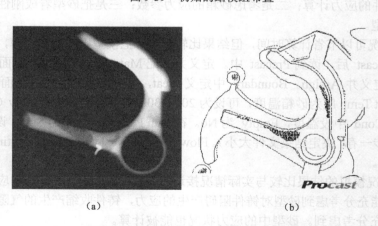

（a）　　　　　　　　　　　　　（b）

图 9-40　X 射线和 Procast 模拟下的收缩缺陷

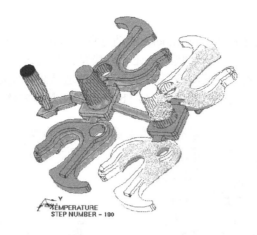

图 9-41　优化后的设计方案

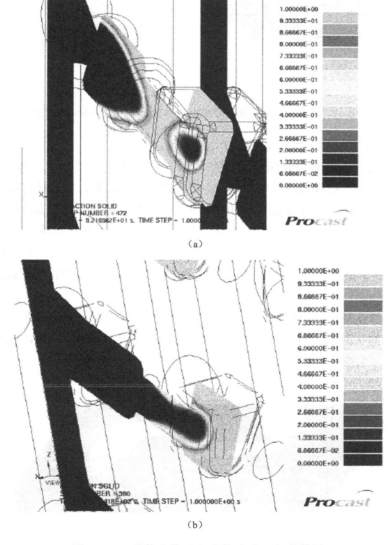

图 9-42　工艺修改前（a）和修改后（b）的模拟

（2）射蜡过程模拟

Procast 流动分析模块通过 Navier-Stocks 流动方程进行流动和传热耦合计算，不仅可以模拟金属液在浇铸系统和型腔中的流动状态，还可以模拟流体通过多孔介质（陶瓷过滤器）的流动，预报倒流、喷流等现象，预测冷隔和浇不到等铸造缺陷。空心涡轮叶片蜡模充型接合线形成模拟[图 9-43（a）]和实际情况[图 9-43（b）]的对比是非常吻合的。

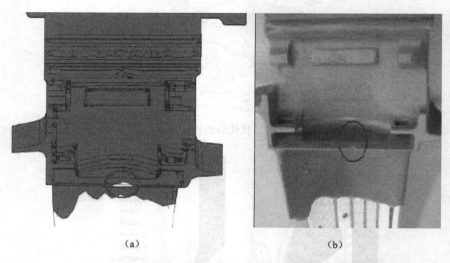

(a)　　　　　　　　　　　　　　(b)

图 9-43　蜡模充型接合线形成模拟（a）和实际情况（b）的对比

（3）Procast 软件在压铸中的应用实例

如图 9-44 所示的几何模型是压铸模具的下模，其中远离柱塞管状几何体表示冷却水道，应用这个实例来研究压铸模具疲劳寿命模型。铸件温度为 720℃，模具设有冷却管道。在第一个假定的方案中，设冷却管道温度为 20℃，在第二个假定方案中，除去冷却管道。冷却管道对有效应力和模具疲劳寿命的影响如图 9-45 所示，可以发现在压铸模/铸件和冷却管道之间的温度梯度使模具内部的循环应力增加，临近冷却水道的位置模具的疲劳寿命很有限。在第二个方案中，由于不存在冷却管道，高应力区消失，模具的疲劳寿命得到了提高，如图 9-46所示。

热裂预测，当压铸模具中充型的金属已经部分凝固，但是没有金属液来补偿，就产生了热裂，这是由于糊状凝固引起的，晶粒之间还有少量液体金属，形成液膜，强度很低，在外

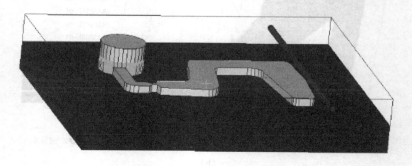

图 9-44　模拟所使用的几何模型

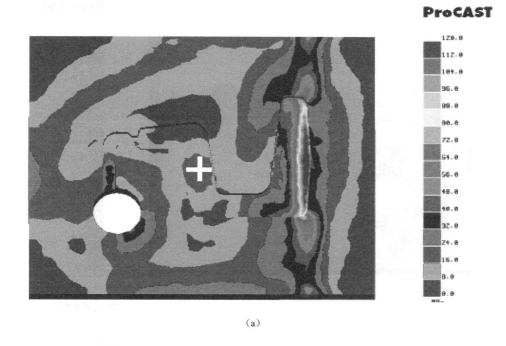

(a)

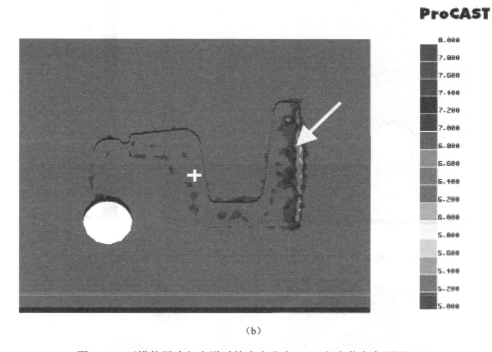

(b)

图 9-45　下模使用冷却水道时的应力分布（a）和疲劳寿命预测（b）

力作用下就形成了热裂。对于凝固范围大的金属，结晶边界液态层维持的时间比较长，就更容易形成热裂。热裂是否发生取决于加载的负荷，因为它会导致热收缩和限制模具产生的应变。总应变（包括塑性和弹性）在模具的应力集中的位置累积，总应变是一个很关键的热裂指标，如果这个值比较高，发生热裂的可能性就越大（图 9-47 和图 9-48）。

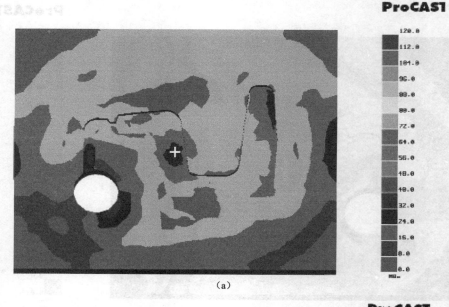

（a）

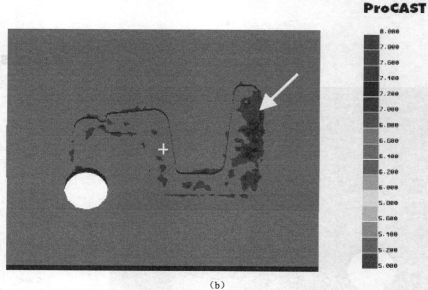

（b）

图 9-46　下模不使用冷却水道时的应力分布（a）和疲劳寿命预测（b）

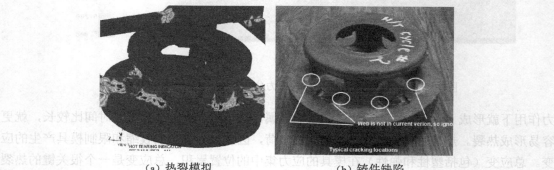

（a）热裂模拟　　　　　　　　　　（b）铸件缺陷

图 9-47　使用 ProCAST 进行热裂预测

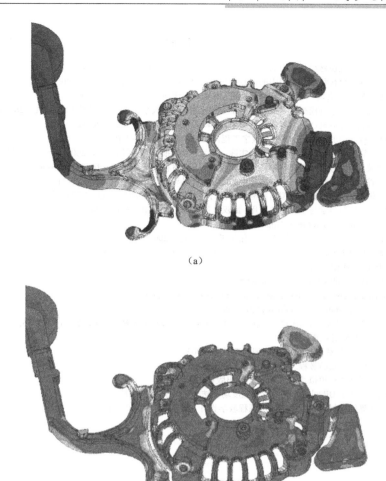

（a）

（b）

图 9-48 铸件脱模后的塑性变形（a）和热裂倾向（b）

思考题与上机操作实验题

1. 简要说明计算机模拟在材料成形过程中的作用及意义。
2. 举例说明国内外材料成形模拟软件的应用情况。
3. Deform 软件的应用、组成和操作过程。
4. Moldflow 软件的应用、组成和操作过程。
5. ProCAST 软件的应用、组成和操作过程。

参 考 文 献

[1] 许鑫华，叶卫平编. 计算机在材料科学中的应用. 北京：机械工业出版社，2003.

[2] 樊新民，孔见，孙斐编. 材料科学与工程中的计算机技术. 徐州：中国矿业大学出版社，2002.

[3] 高技术新材料要览编辑委员会编. 高技术新材料要览. 北京：中国科学技术出版社，1993.

[4] 高英俊，刘慧，钟夏平. 计算机模拟技术在材料科学中的应用. 广西大学学报(自然科学版)，2001，26（4）：291-294.

[5] 陈文革，魏劲松，谷臣. 计算机在材料科学中的应用. 材料导报，2000，11（2）：20-21.

[6] 李伟. 计算机在材料科学中的应用. 计算机与数字工程，2007，35（5）：194-198.

[7] 张景祥，边秀房. 计算机研究材料科学的理论与实践. 济南大学学报（自然科学版），2001，15（3）：237-239.

[8] 樊新民，孔见，金波. 人工神经网络在材料科学研究中的应用. 材料导报，2002，16（4）：28-30.

[9] 陈文革，魏劲松，谷臣清编. 计算机在材料科学中的应用. 材料导报，2000，14（2）：20-21.

[10] 陈明和，谢兰生，朱知寿等. 计算机模拟与预测方法在材料科学研究中的应用. 机械工程材料，2005，29(6)：1-3.

[11] 曾令可主编. 计算机在材料科学与工程中的应用. 武汉：武汉理工大学出版社，2004.

[12] www.wangshuai.net/zhuanti/Origin/Origin7/index.htm

[13] 伍洪标主编. Excel 在材料实验中的应用. 北京：化学工业出版社，2005.

[14] 王勖成，邵敏编著. 有限单元法基本原理和数值方法. 北京:清华大学出版社，1997.

[15] ANSYS 公司编. 热分析指南[内部资料]. 2000.

[16] ANSYS 公司编. ANSYS 帮助文档[内部资料]. 2005.

[17] http://www.china-machine.com/adv_technology/virtual_tec/virtual_ite15.htm

[18] 美国 ACCELRYS 公司编. Materials Studio 软件指南. 2004.

[19] 耿昌松，林泳，王威等. 用 MATLAB 建立焊接参数人工神经网络模型的方法. 焊接，2001(5)：8-15.

[20] ESI 集团编. ProCast 软件设计指南. 2004.

[21] 美国通力（UFC）有限公司编. PROCAST 培训简要教程. 2003.

[22] 夏华，陈元芳编. 材料加工实验教程. 北京：化学工业出版社，2007.

[23] 董湘怀主编. 材料成形计算机模拟.北京：机械工业出版社，2001.

[20] 王威，韩阳，赵月平. 基于 BP 网络的砼板瞬态温度场算法分析.中国论文在线.

[21] 胡红军，杨明波. 计算机在材料科学中的应用课程教学设计. 制造技术，2007(7).